浙江金华地区农业地学研究

黄春雷　龚日祥 等　著

科 学 出 版 社
北　京

内 容 简 介

2010年10月至2014年8月，浙江省国土资源厅和金华市人民政府开展首个省市合作农业地质项目“金华市农业地质环境调查”。通过金华全市调查工作的开展，探索了“多学科融合、多技术集成、多目标服务”的工作方法，总结了县市级农业地质调查工作（1∶5万）的方法技术，形成了以“调查—评价—研究—应用—示范”为主线的调查方法技术体系。本书是该项目成果的集中反映，主要从农业地质背景、富硒土壤资源、农田土壤重金属累积、农产品安全、特色农产品种植、土地质量评价及农业综合区划等几方面进行阐述，力图从成果应用角度，提供可对国内同类工作具有借鉴和示范意义的最新农业地质调查研究成果。

本书可供农业地质、农学、土壤、环境等专业人士及农业、国土、环境等管理人员参阅。

图书在版编目(CIP)数据

浙江金华地区农业地学研究／黄春雷等著．—北京：科学出版社，2016.6

ISBN 978-7-03-048413-0

Ⅰ.①浙…　Ⅱ.①黄…　Ⅲ.①农业-地质环境-研究-金华市
Ⅳ.S159.255.3

中国版本图书馆CIP数据核字（2016）第121584号

责任编辑：王　运／责任校对：张小霞
责任印制：张　倩／封面设计：铭轩堂

科学出版社 出版
北京东黄城根北街16号
邮政编码:100717
http://www.sciencep.com

中国科学院印刷厂 印刷

科学出版社发行　各地新华书店经销

*

2016年6月第　一　版　开本：787×1092　1/16
2016年6月第一次印刷　印张：13 1/2
字数：320 000

定价：158.00元

作者名单

黄春雷　龚日祥　宋明义　郑　文　冯立新

蔡子华　魏迎春　简中华　殷汉琴　孔向军

周宗尧　徐明星　陈华民　金钦帅　岑　静

祝泽刚　曲　颖　潘卫丰　马学文　褚先尧

郑存江　袁名安　刘军保　康占军　周兴南

序

金华市地处浙中盆地，国土面积10941平方千米，历来是浙江省重要的粮食和农副产品基地。随着工业化和城镇化的推进，金华市的农业地质环境也发生了新的变化。为了查明农业地质环境现状，促进现代农业的发展，金华市人民政府2009年向浙江省国土资源厅提出申请，要求开展全市农业地质环境调查评价工作。浙江省国土资源厅经过系统调研论证，于2010年10月批准了这一项目。

浙江省国土资源厅明确要求，开展金华市农业地质环境调查项目要紧贴实际需求，立足成果应用。为了达到这一要求，省国土资源厅与金华市人民政府签订了合作开展“金华市农业地质环境调查项目”协议书，明确了调查评价的主要目的、任务及双方的职责；金华市人民政府成立了由常务副市长任组长、市政府各相关部门负责人参加的“农业地质环境调查工作领导小组”，统筹协调工作推进中的有关问题；浙江省地质调查院在组织实施该项目过程中，主动邀请金华市农业科学研究院、金华市地质环境监测站等单位的有关领导和专家参与项目调查评价的有关工作；项目推进过程中的一些重要阶段性成果，省地质调查院及时向市政府领导及相关部门汇报，等等。这一系列创新的管理举措，有效地保证了金华市农业地质环境调查项目，从可行性研究、设计、实施到成果提交的各个环节，都能及时听取、反映和体现市政府领导、政府各部门、市直属有关科研单位对农业地质环境调查的意见、建议和要求，同时了解项目的进展及成果情况，使合作双方的信息充分交流，为成果的及时转化应用提供了重要的制度保证。

金华市农业地质环境调查评价，是我任副厅长时分管的工作内容。在项目推进过程中，我也深入实际，就如何切实搞好调查评价，以及成果的转化应用，做过一些调研指导。经过项目组全体科技人员历时三年多的努力，浙江第一个省市合作的农业地质环境调查项目圆满完成，其成果不仅得到了专家们的高度评价，而且得到了金华市政府领导、有关部门以及不少农业企业的好评，这一点，让我感到十分欣慰。

省地质调查院的科技人员，在完成该项目的同时，对调查区域内的特色农产品适生地质环境条件、土壤质量改良、富硒农产品开发、典型元素生态地球化学问题等，开展了深入研究。这些研究成果在服务土地质量管理、农业种植结构调整、优质高效农业发展、地质环境监测等方面，已经发挥或正在发挥积极的作用。因此，将这些成果进行集成，出版《浙江金华地区农业地学研究》，对进一步提升成果水平，促进地学理论发展，扩大经验的交流互鉴，具有重要意义。在此，我要特别感谢浙江省地质调查院对农业地质工作的高度重视，感谢全体从事该项目的科技人员付出的辛劳和努力。

在浙江，农业地质工作正迎来一个全新的发展阶段。调查评价系统化、服务需求精准化、成果应用制度化、土地监测常态化，是这个全新发展阶段的显著特征。希望广大地质工作者顺势因时、把握机遇，勇于实践、开拓创新，在农业地质工作的生动实践中不断丰富农业地学，为创立我国完善的农业地质学作出新的努力和新的贡献！

2016年1月25日

前　言

农业地质（农业地学）通常被解释为“服务于农业的地质学”，是地球科学与农业科学等学科相结合而衍生的应用性学科，目前其内涵及研究范畴已大大拓展，不仅为农业服务，也为国土资源管理和环境保护服务。农业地质环境是指与农业生产及其发展密切相关的地质环境要素的总和，地质背景条件、土壤地质条件、水文地质条件、地球化学条件等是地质环境的基本构成，环境要素的地球化学组成是农业地质环境的基础特征。农业地质调查是一项具有区域性、基础性和战略性特点的地质调查工作。

当前，农业地学研究主要集中在三个层面。一是基础研究，包括农业地质背景、生态地球化学、农业环境与农产品质量安全等；二是技术研究，包括调查方法技术、分析测试质量保证体系、评价方法与评价体系、评价模型与实践检验等；三是应用研究，包括土地资源评价与土地利用决策、农业区划与产业结构调整、名特优农产品发展布局、农业生态修复与农业地质资源开发等。实践证明，农业地质工作具有广阔的研究空间和多目标服务的方向。

《浙江金华地区农业地学研究》是在“金华市农业地质环境调查”成果的基础上编制完成的。浙江是农业地质研究开展较早的省份之一，“金华市农业地质环境调查”是浙江第一个以省、市合作启动的农业地质调查项目，调查面积5350km^2，涉及金华市所辖的婺城区、金东区、兰溪市、东阳市、义乌市、永康市、浦江县、武义县和磐安县九个县（市、区）。项目由浙江省地质调查院承担并组织实施，金华市地质环境监测站、金华市农业科学研究院、国土资源部杭州矿产资源监督检测中心、国土资源部合肥矿产资源监督检测中心等单位参与了项目部分工作。项目历时近四年（2010～2014年），取得了多方面、多层次的调查研究成果。其中部分成果实现了资料的更新，如土壤养分调查评价；一些成果填补了空白，如大气干湿沉降调查研究、农产品安全现状调查评价；有的成果已产生了经济社会效益，如富硒土壤资源开发利用、酸化土壤的改良等；有些成果的研究思路体现了创新性，如农业地质背景研究、特色农产品种植的地学研究；有些成果的研究内容得到了扩展与深化，如重金属累积与预测预警研究等。另外，成果表达方式的多样化也不失为一个特色，多样化不仅能满足不同层次、不同部门的需要，也为农业地质成果的应用转化探索了新途径。

回顾项目工作的全过程，我们深切地感受到，做到“五个坚持”的重要性，这“五个坚持”，既是体会，也是总结。

一是坚持以“调查—研究—评价—应用—示范”为主线的技术路线。调查是手段，研究是基础，评价是核心，应用是目的，示范是样板，这条技术路线，充分体现了县（市、区）级农业地质调查工作的特色。在整个项目实施过程中，我们始终把握这条主线不偏离，并在实际工作中做到了调查与研究的结合、调查与评价的结合、研究与应用的结合、应用与示范的结合，这应是一条可以深入总结的经验。

二是坚持以“需求”为中心。服务是本项目的宗旨，为国土资源管理服务、为农业生产服务、为环境保护服务、为规划区划服务、为企业和农民服务，这是不可动摇的目标任务。要做好服务，就必须了解需求，有需求调查成果才具有针对性，了解需求的工作从项目的可行性论证阶段开始，从未间断过。我们从所获悉的数十条建议与要求中归纳出三大方面：第一，对本地区资源环境现状了解的需求（包括坡地资源、土壤污染、土壤养分、土地质量等）；第二，对地质环境安全与农产品质量安全了解的需求（包括生态地球化学环境问题、农产品污染与超标问题、生物地方病问题等）；第三，如何发展效益农业的需求（包括富硒土壤资源的开发利用问题、提升农产品品质实施品牌战略的问题等）。针对不同部门、不同行业、不同层次的需求，我们开展了系列性的专题研究和试验工作，这些工作成果，在各县（市、区）的调查报告中、在向地方政府和部门的专报中、在成果通报会和现场会上都得到了充分反映。这也是我们向各级领导交出的答卷。

三是坚持以创新为动力。如果说创新是国家兴旺发达的不竭动力的话，农业地质工作的创新则是农业地学学科发展的内在动力，创新思想贯穿于项目的全过程。项目管理方式的创新在于，根据工作性质建立了以项目领导小组为核心的组织协调机制，保证了项目的顺利推进；技术思路的创新表现在多学科的融合、多技术手段的综合运用、多要素的综合、多目标成果的整合；成果的创新表现在以服务为目的的多样化表达方式和应用示范。没有实践就没有科学性，没有创新就没有先进性，创新是体现农业地质成果科学性和先进性不可或缺的科学要素。

四是坚持严把质量关。质量管理是项目实施过程中的一项重要工作，质量的优劣直接影响成果的好坏，影响成果的可利用性。项目专门成立了质量监控组，建立了质量控制标准体系和制度，从项目的设计到调查的三级（院级、所级、项目）质量检查、从综合研究到成果编制、从文字报告到图件制作，全部纳入ISO质量控制体系之中。项目设计书被评为优秀级，调查工作野外验收被评为优秀级，九个县（市、区）的农业地质环境调查报告被评为优秀级，项目设置的专题研究课题也达到了优秀级水平。在质量管理中，始终坚持“三不”的原则，即“不合格的数据不采用、资料不经检验合格不得转入下阶段工作、依据不充分的研究不能下结论”，把质量意识、责任意识落实到每位项目成员的实际工作中。

五是坚持合作与协作。打破地质工作的封闭、半封闭模式，是农业地质工作一直坚持的理念，尤其在县市级农业地质环境调查工作中，实行开放性、合作性的工作思路更显必要。项目在实施过程中，不仅与市农业科学研究院、市地质环境监测站等单位，以及浙江大学、中国地质大学（北京）等院校进行了有效的合作，也更加重视了与金华及各县（市、区）的相关部门进行协作，这些合作与协作对项目成果的提升起到了重要的作用。这种做法，在全国同类工作中，尚是一条很有价值的经验。

金华市农业地质环境调查项目虽已如期完成，但服务于经济社会发展的农业地质工作还在实践探索之中。为进一步深化对已有成果的认识，并促进成果的交流，浙江省地质调查院组织编制了《浙江金华地区农业地学研究》一书。本书主要从农业地质背景、富硒土壤资源、农田土壤重金属累积、农产品安全、特色农产品种植、土地质量评价及农业综合区划等几方面进行阐述，力图从成果应用角度，提供对国内同类工作具有借鉴和示范意义的最新农业地质调查研究成果，供有关农业地质方面的教学、研究单位参考。

本书共八章，各章编写分工为：前言由黄春雷负责编写；第1章农业地质环境调查由黄春雷、蔡子华负责编写；第2章区域地质背景由周宗尧、黄春雷、岑静、陈华民负责编写；第3章土壤有益元素地球化学由简中华、冯立新、魏迎春、曲颖负责编写；第4章重金属元素生态地球化学研究由殷汉琴、徐明星、郑文负责编写；第5章富硒土壤研究与资源开发示范由黄春雷、魏迎春、宋明义、岑静负责编写；第6章特色农产品种植及品质的地学研究由宋明义、孔向军、黄春雷、祝泽刚、袁名安负责编写；第7章土地质量地球化学评价由魏迎春、简中华、殷汉琴、马学文、潘卫丰负责编写；第8章农业地质区划由黄春雷、周宗尧、孔向军、郑文负责编写；后记由黄春雷负责编写；全书由黄春雷、龚日祥统稿、修改与审定；参加本书编写工作的人员还有金钦帅、褚先尧、郑存江、刘军保、康占军、周兴南等。

受水平所限，如有疏漏、错误之处，敬请读者批评指正。

目　　录

第1章 农业地质环境调查

1.1 项目概况

金华是浙江省重要的粮食产区，农业生产历史悠久，农特产资源极为丰富。近年来，随着经济社会的快速发展，为满足现代农业发展和资源环境管护的需要，金华市人民政府于2009年10月向浙江省国土资源厅提出合作开展“金华市农业地质环境调查”的申请，2010年10月浙江省国土资源厅予以批准，并下达了调查工作任务书，这是浙江省首个以省市合作形式开展的农业地质调查项目。

1.1.1 目标任务

1. 工作目标

查明金华市土壤养分丰缺状况、土地环境质量、浅层地下水质量、农产品安全现状，系统总结农业地质背景和生态地球化学特征，重点研究与农业可持续发展相关的资源环境问题，为制定地区经济社会发展规划提供依据，为发展效益农业、优化产业布局、国土资源管理、生态环境保护提供技术支持。

2. 工作任务

（1）以生态地质、地球化学调查为基本手段，开展1：5万金华市区（婺城区、金东区）、兰溪市、东阳市、义乌市、永康市、浦江县、武义县、磐安县农业地质环境调查，调查包括区内的河谷平原及坡度小于15°的缓坡山地。

（2）以调查为基础，依据相关标准、规范，开展农业地质环境评价工作，包括土壤养分丰缺评价、土壤环境质量及土壤污染评价、水环境质量评价、大气环境质量评价、富硒土壤评价、安全农产品种植适宜性评价等，全面查明农业地质环境现状。

（3）依据《土地质量地球化学评估技术要求》，以农用地分等图斑为基础，开展耕地的土地质量评估工作，建立土地质量档案。

（4）针对本区地质地球化学特点，开展富硒土壤及开发利用、氟污染及防治、铊地球化学异常及环境影响专项研究。

（5）加强成果应用研究，紧密结合地方需求，促进调查成果的应用转化，为成果的应用提供示范。

（6）总结县市级农业地质环境调查的工作方法，建立相应的评价体系。

1.1.2 项目组织管理

为保证项目的顺利实施，金华市人民政府成立了以常务副市长为组长，以市人民政府办公室、市国土资源局、农业局领导为副组长，以市财政、国土、农业、规划、环保等部门负责人参加的项目工作领导小组，并下设办公室，负责各子项目实施方案审查、野外验收、子课题成果评审及相关协调工作，为项目工作提供重要的业务支持。

按工作性质及工作阶段，成立了区域调查组、质量监控组、数据处理组、综合研究组，以及各县市区及专题研究项目组，在总项目统筹协调下开展工作（图1-1）。

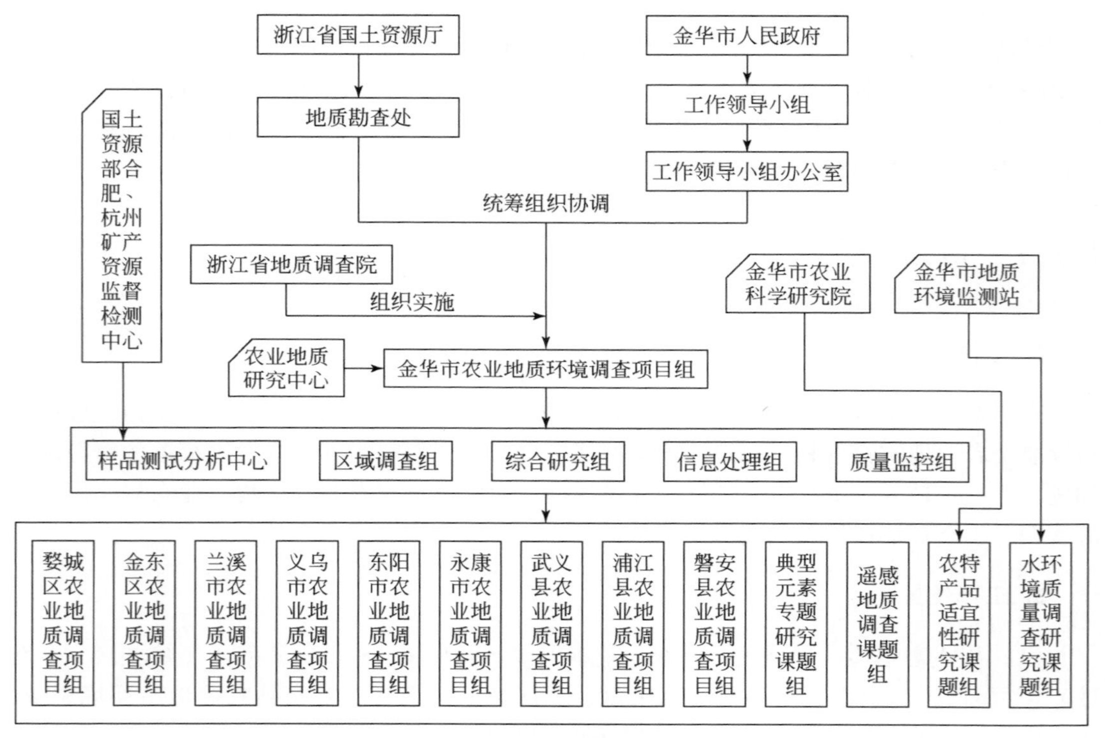

图1-1 项目组织结构图

根据项目的特点，整个实施过程经历了五个阶段。

1. 设计编制阶段

依据任务书并结合地方需求，九个县（市、区）分别设立了一个子项目，重点设置了“金华市农业地质遥感调查”“金华市水环境调查研究”“金华市名特优农产品种植适宜性研究”和“典型元素生态地球化学研究”四个专题调查研究课题。在实地踏勘、调研及与相关部门沟通的基础上，编制了《金华市农业地质环境调查总体设计书》及各子项目、专题调查研究课题实施方案，并通过了专家审查。

2. 野外调查阶段

该阶段主要集中完成了各种比例尺的农业地质背景调查、土壤地球化学调查、土壤理化性状调查、农产品安全与特色农产品（基地）调查研究、富硒土壤调研、典型元素生态地球化学调查及各类样品（土壤样、水样、大气干湿沉降样、农产品样等）的采集工作，完成样品的分析测试工作，进行了资料的整理工作。

3. 评价研究阶段

评价是表达调查成果的重要手段之一，该阶段重点对土壤养分的丰缺状况、土壤环境质量状况、土壤重金属污染现状、土壤富硒状况、农产品安全状况进行评价。通过评价，编制了各类评价成果图件及登记表（卡），并对评价结果进行了初步分析与总结。

研究工作主要集中在三个方面，一是对农业地质环境调查与农业种植关系的研究；二是对农业地质环境问题的研究；三是对调查成果应用转化方面的研究。通过研究工作，总结了金华市及各县（市、区）农业地质的特点，揭示了地质环境中有益、有害元素的分布及迁移富集规律，寻找到了调查成果应用的切入点，提升了金华市的农业地质研究程度。

4. 子课题成果编制阶段

在调查、评价和研究的基础上，编制了婺城、金东、兰溪、东阳、义乌、永康、浦江、武义、磐安九个县（市、区）的调查报告及《金华市名特优农产品种植适宜性研究报告》《金华市水环境质量调查研究报告》《金华市农业地质环境遥感调查报告》和《金华市典型元素生态地球化学研究报告》，编制了各县（市、区）调查报告的简本（政府版）及土地质量档案卡片等成果。成果编制期间，多次与地方政府沟通，征求修改意见。至2013年11月，13个子项目（课题）均完成了成果评审。

5. 总项目成果集成阶段

该阶段是对全部调查成果、评价成果、研究成果的整合阶段，也是对调查工作的总结阶段，该阶段的重点是成果应用及示范的研究、表达方式的研究及科学问题、关键技术的提升，通过成果的编制，进一步提高成果的科学性和针对性，更好发挥调查成果的应用价值。此阶段编制完成了《金华市农业地质环境调查总结研究报告》和《金华市农业地质环境调查图集》，形成了政府版报告、成果宣传册及数据库等成果。

1.1.3 主要实物工作量

项目系统开展了土壤地球化学调查、土地自然性状调查、土壤剖面研究、农产品安全与特色农产品（基地）调查研究、富硒土壤调研、典型元素生态地球化学调查等工作。完成调查面积5350km^2，采集岩石、土壤、农产品、大气、水等样品25265件。其中，1∶5万土壤地球化学调查样品19626件；土壤垂向剖面512条，样品1527件；农产品1467件；

富硒土壤详查面积150km^2，土壤样品2454件。共获各类分析数据近40万个。

1.1.4 工作质量控制

1. 调查质量控制

土壤地球化学调查是农业地质环境调查最基础、最重要的调查，由于涉及范围广、样品采集量大、分析元素多，对其工作质量的控制尤为重要。质量控制主要依据中国地质调查局《多目标区域地球化学调查规范（1∶250000）》（DD 2005-01）、《土地质量地球化学评估技术要求（试行）》（DD 2008-06）以及ISO质量管理体系程序文件进行，建立健全了野外工作三级质量检查制度和原始资料验收制度。三级质量检查包括调查采样组、项目组、项目承担单位质量检查。其中，各调查采样小组原始资料做到了100%自、互检；项目组质量检查室内资料抽检占完成总工作量的20.0%，野外实地抽检占5.0%；项目承担单位质量检查室内资料抽检占4.7%，野外实地抽检占1.1%。项目组和项目承担单位质量检查均对发现的问题做了详细的记录，填制了质量检查卡，出具了质量检查报告。

2. 分析质量控制

样品分析测试工作由具有相应测试资质的国家级实验室承担。pH指标及土壤有效态分析指标分析方法检出限及准确度、精密度、检出限、报出率、空白控制限等分析质量的过程监控参照《生态地球化学评价样品分析技术要求（试行）》（DD 2005-03）规定执行，土壤全量指标参照《多目标区域地球化学调查规范（1∶250000）》（DD 2005-01）。此外，在按照有关要求插入土壤国家一级标准物质作为质量监控样的同时，对土壤全量样品以50个样品为一批，插入两个外部标准控制样，由中国地质调查局专家审定合格率。

3. 工作质量评述

项目承担单位组织的野外验收专家组分别从样品布设的合理性、采样点的准确性、采样物质的正确性及各类原始资料的完整性等方面进行了检查，2011年1月、2011年5月和2011年9月进行的三次野外质量检查均获得优秀级。

中国地质调查局区化样品质量检查组于2012年7月3～4日基于对实验室分析监控资料的审查及分析质量参数的统计，认为金华市农业地质环境调查样品分析质量和质量监控符合有关规范要求，分析数据可靠。

2012年10月12～13日，金华市农业地质环境调查工作领导小组办公室组织专家组对项目工作质量进行了全面审查、评定，认为调查工作组织严密、工作部署合理、技术路线正确，各项工作质量指标符合规范要求，被评定为优秀级。

1.2　调查区自然地理特点

1.2.1　地理区位

金华古称婺州，因地处“金星与婺女星争华之地”而得名，是李清照笔下“水通南国三千里，气压江城十四州”的江南重镇，素有“四省通衢”“浙中交通枢纽”之称，建制已有2200多年。

金华市东邻台州，南毗丽水，西连衢州，北接绍兴、杭州。东西长151km、南北宽129km，地理坐标东经119°14′～120°46.5′，北纬28°32′～29°41′，面积10941km^2，下设婺城、金东两个区，辖兰溪、东阳、义乌、永康4个县级市和浦江、武义、磐安3个县，总人口461万（图1-2）。

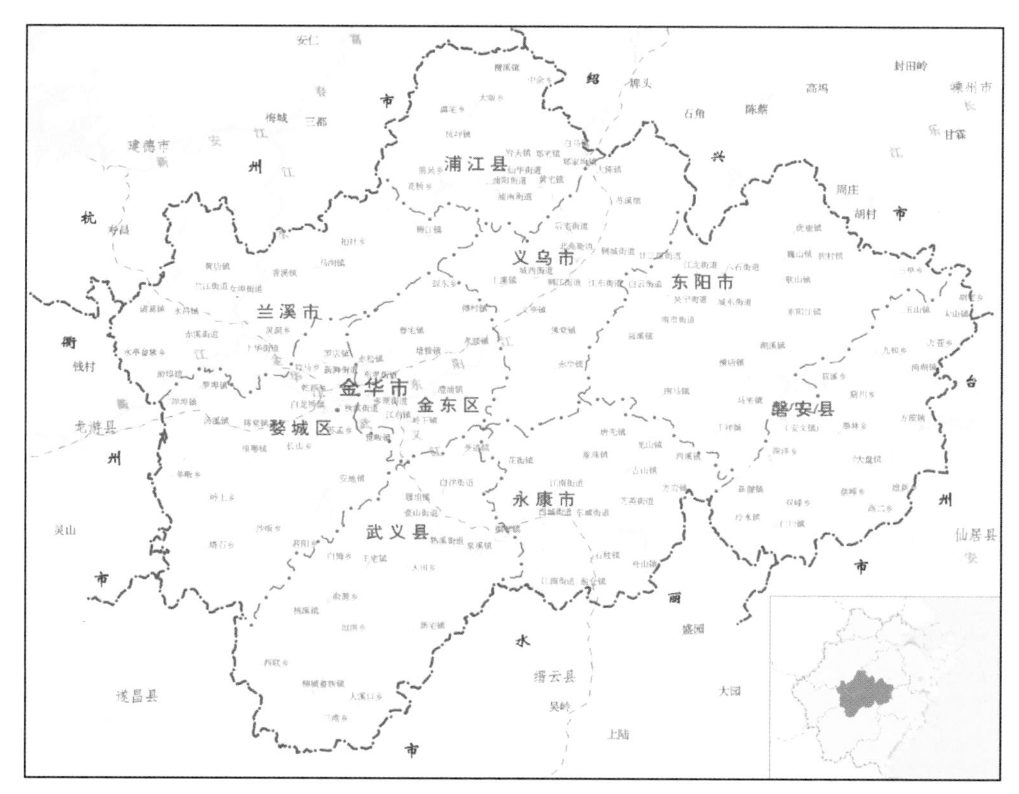

图1-2　金华市行政区划图

1.2.2　地貌特点

金华地处金衢盆地东段，属浙中中生代红层丘陵盆地地区，地势南北高、中部低。

“三面环山夹一川，盆地错落涵三江”是金华地貌的基本特征（图1-3）。

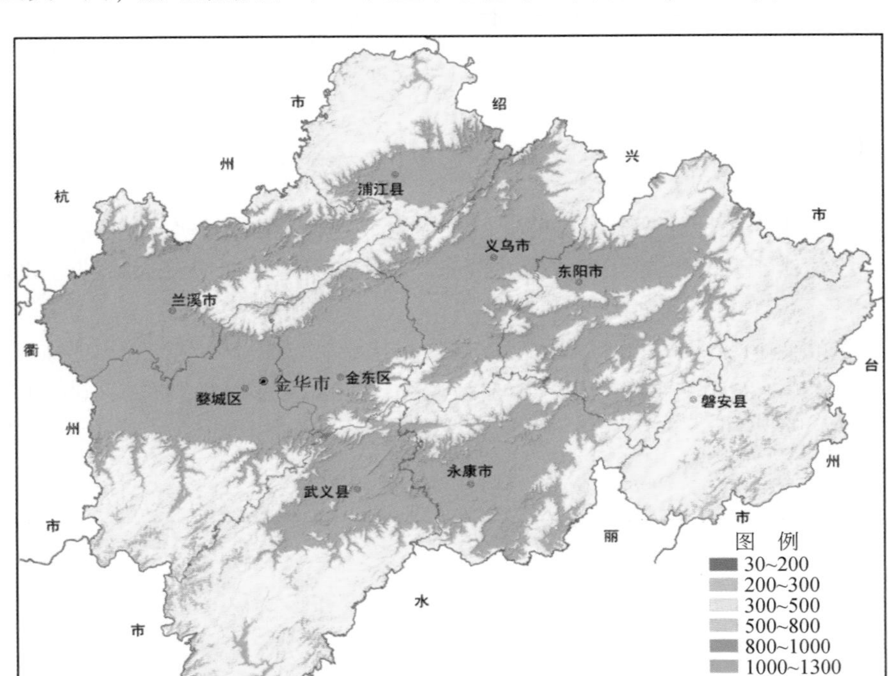

图1-3 金华市地势图

本区磐安县南东有大盘山、会稽山，属于中生代火山岩低山丘陵区；武义南西的仙霞岭为浙南中生代火山岩中低山区；北、西北接龙门山及千里岗山脉。山地之间散布起伏相对和缓的丘陵。境内山地以500～1000m低山为主，分布在南北两侧，1000m以上的山峰有208座，位于武义与遂昌交界处的牛头山主峰，海拔1560.2m，为全市最高峰。东阳江自东而西流经东阳、义乌、金东区，汇合武义江后称金华江，向北在兰溪城区汇入兰江，至将军岩入建德市境，汇入钱塘江水系。

以金衢盆地东段为主体，四周镶嵌着浦江盆地、墩头盆地、东阳盆地、南马盆地、永康盆地、武义盆地等山间小盆地，构成环状相间的盆地群。金衢盆地大致呈北东—南西走向，西面开口，由盆周向盆地中心呈现出中山、低山、丘陵岗地、河谷平原阶梯式层状分布的特点。盆地内浅丘起伏，海拔介于50～250m之间，相对高度不到100m。盆地底部是宽窄不一的冲积平原，地势低平，是境内重要的农业种植区。

1.2.3 气候特点

金华属亚热带季风气候区，温暖湿润、雨量充沛、四季分明。受地形影响，又具有盆地气候特征。多年平均气温16.3～17.6℃。境内降水量随季节变化，年际变化和地域差异较大，年均降水量为1150～1909mm。年雨日为123～181天，日最大降水量达314.9mm。

1.2.4　土壤分布

金华市土壤主要为红壤、黄壤、紫色土、岩性土、粗骨土、石灰岩土、潮土和水稻土8个土类、46个土种（金华市土壤肥料工作站，1989；魏孝孚，1993）。其中红壤、水稻土、粗骨土、紫色土和黄壤分布面积分别占总面积的35.3%、24.4%、14.8%、12.7%、10.8%（图1-4）。

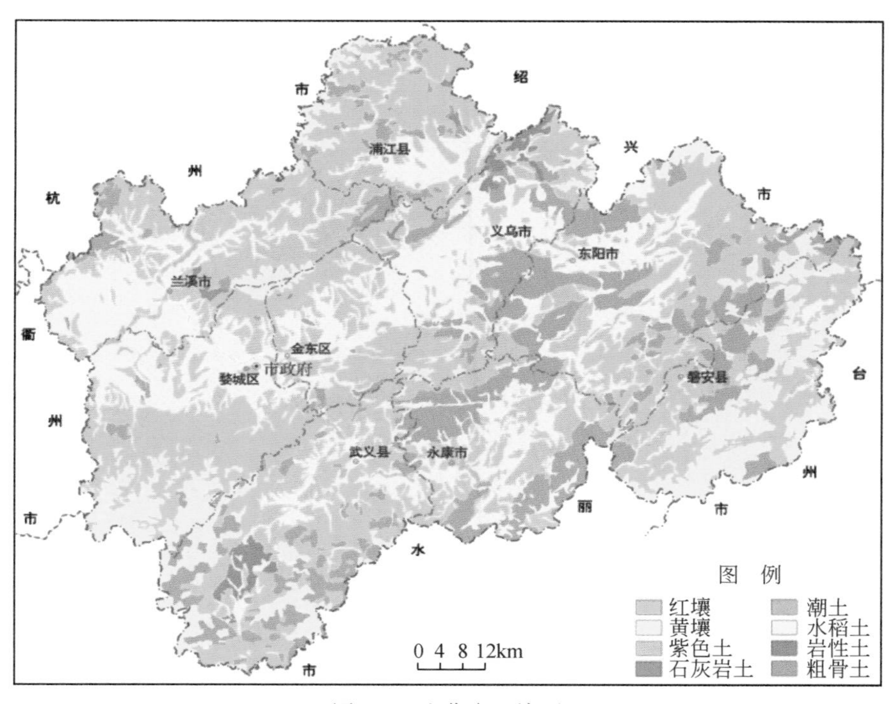

图 1-4　金华市土壤图

在自然作用和人类生产活动影响下，土壤在本区的分布具有明显规律性。红壤是全市面积最大的土壤资源，为发育较好的铁铝土，主要分布在高阶地和丘陵上，土层深厚，质地黏重，均为壤质黏土。

黄壤分布在海拔650～750m以上的中、低山，母质层风化很差，母岩特性较明显，土体较坚实，缺乏多孔性和松脆性，土体厚度较红壤为薄。质地一般多为粉砂质壤土或黏壤土。

紫色土主要分布于兰溪、金东区、东阳、永康、武义等地丘陵阶地上，尚未显示富铝化作用，表层保持钙质新风化体的特征。土壤剖面发育极为微弱，土体浅薄，一般不足50cm，土壤质地随母质不同而异，从砂质壤土至壤质黏土。土壤结持性差，易遭冲刷，水土流失严重。

粗骨土广泛分布于义乌—东阳—永康—武义一带，母质为各种岩类的残积物，土体浅薄，土体厚（A+C层）52cm。质地为砂质壤土至砂质黏壤土。粗骨土一般呈强酸性、酸性，少数呈微酸性，土壤片蚀严重。

水稻土的形成是长期的人类活动、耕作熟化和定向培育的结果，在耕作熟化过程中，土壤属性与母土相比均有明显差别。集中分布于金衢盆地区。

石灰岩土因受母质影响，抗风化力强，表土易冲刷，土壤停留在幼龄土发育阶段。潮土是尚未出现明显地带性特征的幼龄土。

1.2.5 农业种植

基于金华市的自然地理条件和种植的适宜性，农业产业布局划分为五个综合区（金华市农业区划委员会办公室，1987），见图 1-5。

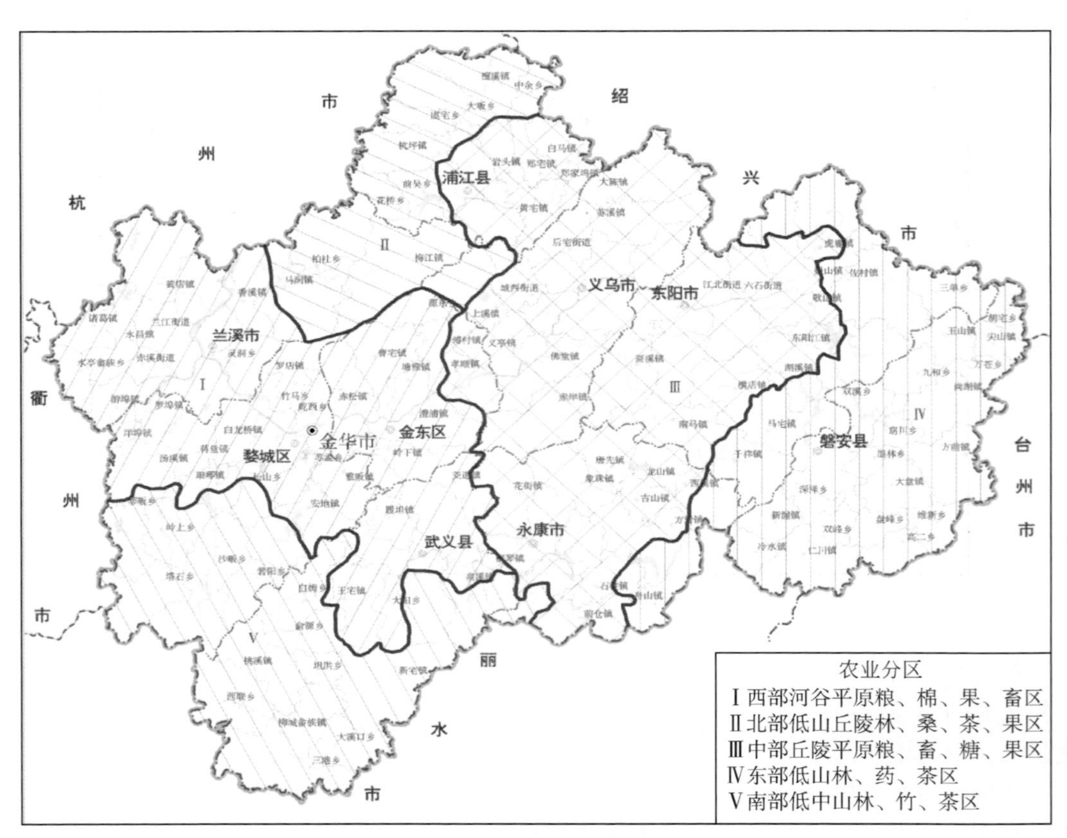

图 1-5 金华市农业基本布局图

西部河谷平原粮、棉、果、畜区（Ⅰ），位于境内西部，地处金衢盆地最宽阔地段，涉及土地面积 2670km^2。该区农业生产条件较好，是金华境内粮食、棉花、油料、水果、茶叶、苗木作物的主产区，也是特色农产品的集中分布区，枇杷、杨梅、蜜梨、白桃、葡萄等特色水果在省内外都享有盛誉，该区同时还是金华市农业“两区”建设重点发展和省级农业“两区”重点扶植的区域。

北部低山丘陵林、桑、茶、果区（Ⅱ），位于境内北部，面积 1049km^2。该区以林业产业为主，是香榧、山地蔬菜、毛竹主产区，区域生态环境良好，山水资源丰富，为休闲观光农业的拓展创造了良好的条件。

中部丘陵平原粮、畜、糖、果区（Ⅲ），地处金衢盆地东缘，面积3312km^2。该区农业生产条件相对较好，是金华境内粮食、棉花、油料、水果、茶叶等作物的主产区，地质地貌的复杂性，造成该区农业种植的多样性，逐步形成浦江桃形李、义乌大红桃、东阳青枣、永康方山柿、义乌糖果蔗、东阳春芽等颇具地域特色的农业产业。

东部低山林、药、茶区（Ⅳ）位于境内东部，面积2162km^2。地形地貌的复杂性，造成该区土地利用有很大的局限性。该区中药材、茶叶、香菇等生产已形成显著优势，尤其是中药材产业在全国有举足轻重的地位，是“浙八味”中的白术、白芍、玄参、元胡等的主要产地。

南部低中山林、竹、茶区（Ⅴ）位于境内南部，面积1752km^2。该区拥有安地水库、沙畈水库等多个大中型水库，是金华市重要的饮用水源保护地。由于该区山体陡峭，土层较薄，属生态脆弱区，以生长自然林为主，以发挥森林的水土保持、涵养水源、调节气候之功效，区内坡度较缓的低山丘陵区适度发展茶叶、毛竹、板栗、柿子、果木等经济作物。

1.3 方法技术

以地学理论为指导、以地质调查技术为手段、以成果应用转化为目标，是开展金华农业地质环境调查的基本技术思路。农业地质背景调查、土壤地球化学调查、生态地球化学调查是其中最基础的调查工作；土壤养分丰缺评价、土壤环境质量评价、土壤重金属污染现状评价、水环境质量评价、农产品质量安全评价、富硒土壤资源评价和土地质量评价是重要的评价内容；土壤地球化学特征研究、土壤环境及风险预测预警研究、特色农产品种植适宜性研究、富硒土壤资源及开发利用研究等，是本项目的重要研究内容。

1.3.1 调查工作

1.3.1.1 农业地质背景调查

农业地质背景是所有与农业生产相关的地质要素的总和。通过调查，进一步查明地质地貌、地层岩石类型及其地球化学特征、水文地质、成土母质类型、土壤自然性状等特征，编制农业地貌图、成土母质图、农业地质图等图件，为区域农业地质环境研究和区划提供基础资料。

1. 资料收集

充分收集了金华市范围内已有的各种比例尺的农业地质调查、区域地质调查、水文地质调查、矿产地质调查、土壤调查资料，并对所收集的资料进行整理和评估。

2. 遥感解译

农业地质背景调查主要采用遥感技术和实地调查相结合的方法，遥感调查的信息源为SPOT-5 Landsat TM/ETM 多波段（全色+多光谱）、MODIS 高光谱多源遥感数据。利用调查和解译的成果，对农业地貌进行分区。

3. 野外实地调查

根据区内地层岩性特点，采用路线追索和穿越法，选择典型的地质体或岩石类型进行实地调查，查明地质体的出露范围、岩性组合特点、岩石地球化学特点、变化规律及岩石风化情况及残坡积物特征等。

应用剖面法进行土地自然性状的调查研究。通过典型剖面的测制，了解土壤剖面的基本特征（土壤学特征和土壤地球化学特征）。土壤剖面的布设依据金华市的土壤类型和成土母质特点进行，共测制剖面 512 条。根据土体发育情况，土壤剖面深度一般在 80 ~ 150cm，原则上深度达到母质层，土壤样品按发生层进行采集。土壤剖面的观测（颜色、质地、结构、厚度、紧实度等），按土壤发生层分别描述与采样，土壤样品分析测试元素或指标有 N、Cu、Zn、S、Cd、Hg、As、Pb、Ni、Cr、Se、F、Tl 13 项，表层土壤样品加测有机质、碱解氮、速效钾、有效磷和 pH、氧化还原电位（Eh）、质地 7 项，其中 pH、氧化还原电位（Eh）、质地等进行现场测定，其余室内分析。

剖面研究的同时，对土壤类型、成土母质、土体结构、耕层厚度、潜水埋深、土地利用、农业种植、基础设施等进行调查、观测记录。

1.3.1.2 土壤地球化学调查

通过对土壤中元素（或指标）含量水平的测量，获得土壤地球化学信息，编制元素地球化学图、研究土壤地球化学特征基础资料、评价土壤养分、土壤环境质量、土壤污染现状，达到摸清家底的目的，为综合研究提供依据。

调查采用 1∶5 万比例尺进行样品的布设与采样，布样密度为 4 件/km^2，主要分布在河谷平原和低丘缓坡地区。除此之外，为便于富硒土地资源评价，在婺城蒋堂—兰溪上华以及义乌毛店一带进行了富硒土壤详查，布样密度为 12 ~ 16 件/km^2。为研究金华市存在的土壤铊和氟异常，对婺城安地—武义一带的山地丘陵区土壤进行了补充调查研究，布样密度为 1 件/km^2。

样品的采集与质量监控，参照国土资源部中国地质调查局《多目标区域地球化学调查规范（1∶250000）》（DD 2005-01）和《土地质量地球化学评估技术要求（试行）》（DD 2008-06）等技术要求进行。

样品分析指标：pH 及 N、S、Zn、Cu、Se、As、Cd、Hg、Pb、Cr、Ni 11 项全量指标，以及有机碳（OrgC）、速效钾、有效磷和有效铁、有效锰、有效铜、有效锌、有效钼、有效硼 9 项有效态指标。

1.3.1.3 水环境质量调查

在系统收集金华市区域地质、水文工程地质、环境地质，地下水资源调查评价、地下水开发利用、水资源规划等专项成果报告及金华市历年地下水动态监测和水质分析成果、金华市环境质量报告等资料基础上，在主要农业种植区、重要农产品生产基地和地球化学异常区，布设浅层地下水、灌溉水和饮用水的监测。

浅层地下水以连片农业种植区和特色农产品生产基地的浅井为主。采样方法按照《多目标区域地球化学调查规范（1∶250000）》（DD 2005-01）标准执行。样品测定 pH、铜、锌、铬、铅、镉、汞、硒、砷、亚硝酸盐、氟化物、总磷、总氮 13 项指标，在铊异常区增加铊指标的分析。

灌溉水采样点布设在灌区进水口，取样方法执行《农用水源环境质量监测技术规范》（NY/T 396-2000）。测定 pH、铜、锌、铬、铅、镉、汞、硒、砷、亚硝酸盐、氟化物、总磷、总氮 13 项指标，在铊异常区增加铊指标的分析。

饮用水主要集中在水库，样品测定 pH、铜、锌、铬、铅、镉、汞、硒、砷、亚硝酸盐、氟化物、总磷、总氮 13 项指标。

1.3.1.4　大气干湿沉降调查

通过调查，了解区内大气沉降物质组成，研究大气沉降物对生态环境的影响。布设密度约 1 件/64km^2，在农耕区大气干湿沉降样品采用均匀布点，在城镇近郊区大气污染严重或空气质量较差地区，大气干湿沉降样点稍有加密，而在城镇远郊区大气污染不严重或空气质量较好地区，大气干湿沉降样点略有放稀。

样品分析 As、Cr、Cd、Cu、Hg、Pb、Zn、Ni、F、Se、Tl 11 个指标。分析测试方法和质量控制执行国土资源部中国地质调查局《土地质量地球化学评估技术要求（试行）》（DD 2008-06）和《生态地球化学评价样品分析技术要求》（DD 2005-03）。

1.3.1.5　农产品品质及安全性

调查对象为大宗农产品和特色农产品，包括稻米、蔬菜（叶菜类、茄果类、根茎类）、果品（枇杷、杨梅等）、茶叶和中药材。

样品布设在具有代表性的主产区和具有一定规模的种植基地。

重要农产品如稻米、特色果品，按两个收获季进行采集，一般农产品只采一季，主要分析 As、Cr、Cd、Cu、Hg、Pb、Zn、Ni、F、Se 10 项。

果品、中药材以及富硒稻谷等特色农产品品质调查样品按两个收获季进行采集，同时采集根系土样品。分析 N、P、K、Ca、Mg、Na、B、Mn、Mo、Fe、Cd、Hg、As、Pb、Cr、Ni、Cu、Zn、F、Se 20 项。部分果品加测了可溶性固形物、氨基酸、维 C、总糖、总酸等生化指标。

根系土样品分析 pH、P、K、Ca、Mg、B、Mn、Mo、Fe、Si、Cd、Hg、As、Pb、Cr、Ni、Cu、Zn、F、Se、Co、Na、有机碳、速效磷、速效钾、有效硫、交换性钙、交换性镁、有效铁、有效锰、有效铜、有效锌、有效硼、有效钼 34 项。

1.3.2　评价工作

评价工作包括基础性评价和综合性评价两个方面。基础性评价是指按照国家或部门已经颁布的相关标准和规范进行的评价。评价的方法技术比较成熟的有土壤养分分级、土壤环境质量、土壤污染程度、农产品安全、灌溉水质量等评价。综合性评价包括富硒土地资源、土地质量综合、土地利用适宜性、坡地资源质量和适宜性等评价，此类评价具有一定的探索性。

1. 土壤养分分级评价

土壤养分分级评价反映的是影响土地质量的养分要素的丰缺特征，包含有机质、总氮、有效磷、速效钾、有效铁、有效锰、有效铜、有效锌、有效钼、有效硼、有效钙、有效镁等指标的丰缺状况。依据浙江省耕地质量调查土壤养分及 pH 分级标准（2004）对土壤养分指标的测定值进行分级。

2. 土壤环境质量评价

土壤环境质量评价结果反映的是影响土地质量的环境要素特征，包括单因子土壤环境质量评价和土壤环境质量综合评价两部分。依据《土壤环境质量标准》（GB 15618－1995）对土壤环境质量功能的评价，评价指标有镉、汞、铅、砷、铜、锌、铬、镍 8 种重金属元素。

3. 土壤重金属污染评价

在重金属异常成因分析的基础上（区分地质背景产生异常和人为污染），对人为污染的土壤，以重金属污染物的累积程度为依据，对土壤污染现状进行评价。评价主要针对 Cd、Pb、Hg、Pb、Cu、Zn 等重金属指标，评价标准采用区域浅层土壤元素背景上限值（即背景平均值加上 1 倍标准差）。

4. 水环境质量评价

水环境质量评价采用国家颁布的《农田灌溉水质标准》（GB 5084－2005）、《地下水质量标准》（GB/T 14848－1993）等相关标准，参评指标主要是 pH、铜、锌、铬、铅、镉、汞、硒、砷、亚硝酸盐、氟化物、总磷、总氮 13 项指标。

5. 大气沉降环境影响评价

通过大气干湿沉降调查，了解大气沉降对土壤质量的影响程度，掌握大气干湿沉降元素通量变化，计算大气干湿沉降引起土壤元素含量变化量（率），并根据沉降物对土壤元素影响和变化速率进行地区土壤环境质量变化预测评价。

6. 农产品安全性评价

农产品安全性评价依据《食品中污染限量标准》（GB 2762－2012）进行评价，评价指标为 Cd、Hg、As、Pb、Cr 等，评价包括重金属累积性评价和超标评价两部分。

7. 土地质量地球化学评价

土地质量地球化学评价，结合金华市“农业两区”建设及土地利用规划等实际情况，参照中国地质调查局《土地质量地球化学评估技术要求（试行）》（DD 2008-06）进行。

8. 富硒土壤资源评价

富硒土地资源评价参照国内相关研究成果，并结合本次工作对富硒土壤规律性总结及对富硒土壤评价标准的研究情况等进行。

1.3.3　研究工作

1. 土壤元素地球化学研究

以面积性土壤地球化学测量和剖面测量数据为基础，结合本区土壤地质特点，研究元素在土壤中的分布分配特征，分散富集特征、元素相关性特征，通过研究，揭示元素的区域分布规律，进行地球化学分区、编制元素地球化学图、统计计算土壤元素地球化学基准值和背景值，为农业地质环境评价及相关区划提供地球化学依据。

2. 农业环境及风险预测预警研究

基于土壤、大气干湿沉降物、灌溉水中有害元素指标所进行的土地质量（环境）地球化学评估，在对土壤镉等重金属的生态地球化学特征进行系统研究的基础上，分析金华地区水稻等农产品中有害元素富集的环境影响因素，通过重金属积累通量的估算、重金属活度的研究、人体摄入风险的评估、元素含量时空变化规律的研究，进行镉等有害元素生态风险预测预警，提出重金属污染防治的建议措施。

3. 富硒土壤资源及开发利用示范研究

在对区内硒元素地球化学调查评价的基础上，选择婺城蒋堂—兰溪上华一带富硒土壤区作为研究区。通过开展大比例尺调查工作，系统开展硒的生态地球化学研究工作，研究区土壤全硒、有效硒及不同形态硒含量分布，探讨影响土壤硒含量的因素，并研究稻米硒与土壤硒含量间相关关系，开展富硒土壤开发试验，试验工作的重点是不同作物、不同品种、不同种植方式硒在农产品中富集的能力和达到标注富硒农产品标准的程度。

4. 特色农产品种植适宜性地学研究

通过对特色水果、中药材等农产品产地地质背景（地层岩石、地貌、水文地质）、土壤母质及土壤地球化学条件（有益元素的种类及丰缺、元素的相关性特征等）及农产品元素组成的研究，揭示农产品在母岩/母质/土壤/农产品系统中的迁移富集规律、建立特色农产品适生地质模型，为种植科学布局和产业调整提供依据。

5. 成果应用研究

实现调查成果的应用转化，满足地方经济社会发展需求，是本项目的任务之一。

应用研究主要集中在三个方面：一是以需求为导向，正确选择应用目标，提高针对性；二是以创新为动力，努力改变成果的表达方式，提高实用性；三是以示范为抓手，探索成果应用转化的新机制。应用研究工作贯穿于项目的全过程，应用研究既是调查工作的出发点，也是落脚点，应用研究体现了农业地质工作自身的服务性特色。

1.4 主要成果

金华市农业地质环境项目的实施，取得了多方面的调查、评价、研究和应用性成果，这些成果的获得，一是项目工作认真执行了任务书和总体设计，二是较好地体现了调查与研究结合、研究与应用结合的服务理念，三是得益于地方各相关部门的大力支持与协助。

1.4.1 调查研究成果

1. 完成了调查任务，实现了预期工作目标

（1）完成农业地质环境调查面积5350km^2，共采集各类样品25265件，其中土壤样品（含剖面测量、1：1万详查及专题研究工作所采集的样品）23607件、水样115件、大气干湿沉降样76件、农产品样1467件，共获得实测分析数据近40万个。

（2）提交了《婺城区农业地质环境调查报告》《金东区农业地质环境调查报告》《兰溪市农业地质环境调查报告》《东阳市农业地质环境调查报告》《义乌市农业地质环境调查报告》《永康市农业地质环境调查报告》《浦江县农业地质环境调查报告》《武义县农业地质环境调查报告》和《磐安县农业地质环境调查报告》九个县（市、区）的调查报告，同时完成了《金华市名特优农产品种植适宜性研究报告》《金华市典型元素生态地球化学研究报告》《金华市水环境调查研究报告》《金华市农业地质环境遥感调查报告》四个专题调查研究报告。

（3）通过深化与集成，完成了《金华市农业地质环境调查研究报告》和《金华市农业地质环境图集》的编制工作，同时编制了金华市及九个县（市、区）的“农业地质环境调查成果报告”（政府版），建立了“金华农业地质环境调查数据库”。

（4）撰写并发表论文15篇，参加学术交流活动3次，编制宣传画册2本，提供示范基地2处。

2. 更新了地质地球化学资料，丰富了基础性成果

（1）在区域地质背景调查的基础上，结合金华土壤特点，建立了成土母质分类系统并对成土母质进行了类型划分，编制了新的金华市土壤母质图。

（2）应用遥感技术，对全区低丘缓坡资源进行了地质解译，编制了金华市低丘缓坡资源图，统计了资源量，其中，坡度为2°～6°的平坡区面积2072km^2，6°～15°的缓坡区面积1383km^2，15°～25°的斜坡区面积877km^2。

（3）应用土壤地球化学调查技术，查明了30余种元素的区域分布特征，制作了金华市元素地球化学图，统计计算了金华市元素地球化学基准值与背景值，建立了地球化学数据库。

（4）对全市耕地土壤中的有机质、总氮及磷、钾、硼、钼、铜、铁、锌、锰等营养元素的有效态进行分析测定，更新了20世纪80年代初第二次土壤普查的资料。

（5）首次开展了本区大气（干湿）沉降调查工作，并对大气沉降中的重金属污染物进行测试分析，获得了第一批覆盖全市的年度数据，制作了金华市重金属元素大气沉降通量图，填补了农业环境研究的空白。

（6）系统测定了各类土壤的pH，进行了土壤酸碱性评价，重新编制了金华市土壤酸碱性图。

（7）首次研究了金华市土壤有机碳库的特征，编制了土壤有机碳密度图。

（8）开展了水环境质量调查研究工作，揭示了金华市水环境质量的特点，分析了典型地区水环境质量问题，为金华市水环境保护与污染防治提供了新资料。

3. 查明了农业地质环境现状，摸清了家底

（1）土壤养分的分级评价表明，金华土壤普遍缺硼，有机质不足区占调查面积的38.3%，钼不足区占56.4%，其他组分如磷、钾只在局部地区表现为不足，铁、锰、铜、锌都处在丰富水平。全市共圈出土壤养分不足区13处，面积2909km^2。

（2）调查在1∶5万尺度（即每375亩一个实测数据）上，对本区土壤污染现状进行了评价。结果表明，Cd、Hg、Cu、As、Zn是本区的主要污染物，以中度和重度污染为基准，在全市范围共圈出污染区35处，面积506km^2，占调查区面积的9.4%。依据土壤的硒含量特征、土壤环境特征、土地利用方式及农产品硒的含量，对发现的26处富硒土壤进行了可利用评价，表明有8处具有开发利用价值、11处具有潜在开发利用价值、7处目前尚不具备开发价值。通过评价，编制了金华市富硒土壤资源分布图。

（3）依据中国地质调查局土地质量地球化学评价技术要求，对耕地质量进行了以土壤肥力（养分）、环境质量为要素的质量评价。评价认为，金华耕地质量以良好为主，占总耕地面积的70.4%，优质耕地占18.3%；质量较差的耕地占3.0%。在宏观尺度上揭示了金华地区耕地的优劣状况及空间分布特点的同时，并在典型粮食生产功能区、农业综合开发区，进行了高精度的土地质量评价，为土地质量管护及“两区建设”提供了依据和应用示范。

（4）在调查的基础上，依据国家相关标准，对本市部分农产品的安全现状进行评价。累积性评价认为，各类农产品的重金属均呈现出不同程度的累积，其中稻米中的重度累积率达Cd 7.6%、Hg 8.3%、Cu 6.5%、As 5.2%；超标评价结果显示，茶叶、水果及蔬菜都具有极好的安全性。

4. 开展了专题研究与应用示范工作，取得了多方面具有科学价值和应用价值的成果

（1）以生物地球化学理论为指导，开展了对茶、典型果品（枇杷、桃形李、蜜梨）、中药材（浙贝母、白术、元胡、玄参）等特色农产品的地学研究。通过研究，查明了地质环境与农产品内在品质的关系，揭示了特色农产品种植分布的规律，发现了影响农产品质量安全的地质环境因素，建立了特色农产品适生地学模型。研究成果不仅丰富了农业种植学的研究内容，拓展了地学的服务领域，而且在指导特色农产品种植的科学布局、种植结构调整、土壤改良和品牌建设等方面，具有实用价值。

（2）硒、氟、铊是本区地质环境中具有典型性的元素。通过对这三个元素的生态地球化学研究，为富硒土壤的开发利用、氟和铊的生态风险评估提供了科学依据。

硒的研究成果主要表现在，一是分析了硒在自然环境和不同农产品中的分布特征，阐明了不同介质中硒的成因联系，对富硒土壤进行了地学分类；二是通过对土壤硒的地球化学环境研究认为，除母质背景外，土壤酸碱性、有机质含量、质地及耕作方式（水作、旱作）等都是影响土壤硒的含量及有效性的重要因素；三是通过对土壤-水稻硒的相关性研究，界定了不同置信水平下可生产富硒米的土壤硒下限值，建立了金华地区“富硒土壤资源评价标准”；四是通过种植试验和应用示范研究，实现了富硒农产品的商业开发。

氟和铊的研究集中在生态风险方面。氟的研究表明，武义县的桃溪滩、杨家萤石矿、西田畈和武义城区周边是具有明显氟生态效应的污染区；菱道镇麻车岗、蒋马洞、王宅镇红卫村的稻米存在氟污染风险；对比研究发现，土壤氟的含量呈现逐年降低的趋势。铊的地球化学异常主要分布于婺城南部山区。通过查证，确认铊异常的形成主要与产于该区的二长花岗岩侵入体有关，属地质成因类型；研究同时认为，尽管铊在该区目前未产生明显的生态效应，但异常分布有顺河谷向婺城区北部迁移的趋势。该区是人类活动的聚集区，仍应对土壤铊含量变化进行监测。

（3）土壤重金属污染，是本项目工作的研究重点之一，通过系统研究获得了以下成果：

查明了土壤重金属污染的分布规律及土壤重金属含量的时空变化趋势。

分析了外源输入（大气沉降、灌溉水）对土壤重金属累积的贡献，计算了大气沉降对土壤重金属含量的年变化率，其中，大气沉降物中的 Cd 对土壤 Cd 的累积影响最显著。

在对重金属元素形态特征研究的基础上，建立了土壤重金属再迁移能力和生物有效性的排序，即 Cd > Pb（Zn） > Ni > Cu > Hg > As > Cr。

利用物质守恒定律，对现状输入下的土壤重金属积累进行了预测，并认为，在今后的30 年中，土壤中的 Hg 和 Cd 的累积趋势最显著，累积速度最快，Ni、Pb 的累积速度较缓慢。

在系统调查和实测数据的支持下，应用线性回归预测理论，对水稻种植土壤重金属污染生态效应进行了研究，并就土壤重金属（Cd、Hg、Ni）毒性临界浓度进行了预测，为耕地土壤重金属污染的风险评价、污染土壤修复标准的厘定，提供了科学依据。

首次采用国际通用的健康风险评价方法，重点研究了重金属呼吸摄入和食物吸收摄入的人体健康风险，并对重金属风险进行预测预警。评价认为：稻米食用是人群重金属健康风险的主要暴露途径，儿童为重金属暴露的高风险群体；重金属单元素健康风险相对较小，但复合污染风险不容小觑；在目前的重金属通量状况下，随着时间的变化，非致癌重金属对农村人群的潜在健康风险逐渐增大。

（4）首次提出了“农业地质景观”的概念，这是区域农业地质环境研究的必然结果。将农业生产条件与地质环境特点相结合，农业活动的适宜性与限制性相结合，进行农业地质景观的分区，这是一个有益的探索。依据这一新思路，在全区共划分出Ⅰ级分区 2 类 6

个，Ⅱ级分区（亚区）共划分为8类、28个亚区。

（5）针对中药材重金属超标问题，开展了调查研究。研究发现，不同药材对土壤重金属元素的富集能力存在显著差别，这应与生物的基因有关；种植区的土壤环境质量良好，不存在人为污染问题，排除了外源污染物输入的因素。进一步的研究认为，由于受地形地貌和小气候环境的影响，土壤酸化严重，这是促使重金属活化进而造成药材超标的根本原因。通过两年土壤改良试验，大大降低了药材中的重金属含量，其质量安全达到了相关标准的要求，实现了研究与应用的新突破，为解决中药材种植的安全问题，提供了示范。

5. 开展了区域综合研究，进行了农业地质环境综合区划

农业地质环境区划是对调查成果的集成与提升，对全市农业地质环境特点进行综合表达。“农业地质环境综合区划图”的编制，为政府部门的应用提供了一份清晰直观的实际资料。这一区划工作也为农业地质方法技术的完善，做出了有益的探索。

（1）基于永久基本农田划定的需要，在全市共划出27个适宜区，面积达4413.8km^2，占全市土地40.4%。

（2）依据特色农产品种植的地学研究成果，对优质茶、枇杷、桃形李、翠冠梨的种植进行了布局区划。

（3）依据富硒土壤调查研究成果，对富硒土壤资源的开发进行了适宜性区划，共划出最适宜区5处、较适宜区3处、潜在适宜区11处。

（4）依据土壤环境质量调查评价工作，进行了耕地保护、土壤养分补素、土壤酸化防控、粮食生产风险预警、地球化学异常监测等区划，编制了区划图。

1.4.2　主要创新点

1. 项目组织管理形式的创新

走出传统地质调查工作封闭、半封闭的项目运作模式，建立在项目领导小组指导下的多部门、多单位的合作协作机制，是一个具有示范意义的创新点。在这种新机制下，合作与协作得以顺利实现，项目质量管理得以有效控制，调查研究的针对性得以加强，成果应用得以积极转化，项目的绩效得以及时发挥，使地质工作更加紧密地与金华的实际需求相结合，更加主动地为金华实际需求服务。

2. 方法技术的创新

（1）社会需求的多样化（国土部门对土地质量信息的需求、农业部门对产业布局调整和发展效益农业的需求、环保部门对土壤污染及空间分布状况的需求、规划部门对农业经济可持续发展的需求、质检和疾控防治部门对农产品安全及地方病信息的需求、企业和农户对生产场所资源与环境状况信息的需求等），迫使项目承担了更多的义务与责任。因此，在项目实施过程中，大胆探索了“多学科融合、多技术集成、多目标服务”的工作方法，收到了事半功倍的效果。在区域性农业地质调查中，这种方法必将成为《区域农业地质环境调查方法技术规范》编制的重要指导性思路。

（2）为了加快调查成果的应用转化，在以调查评价为主要目的的农业地质项目实施中，强化了应用示范性的工作内容，形成了“调查—研究—评价—应用—示范”的新模式，如富硒农产品开发示范、土壤改良示范等。示范区的建设，不仅使调查研究成果得以固化，也为农业地质环境调查成果应用机制的建立提供了支持。

（3）根据调查区的地质地球化学特点，以及可能对农业环境的影响，设置了硒、氟、铊等元素的专项研究，改变了以往重区域轻局部、重调查轻研究的局面，加强了对典型元素的综合研究，支撑了元素地球化学评价工作（硒资源评价、氟和铊的生态地球化学评价等）。

（4）成果表达方式的多样化是本项目的一个突出创新点。成果的应用性是农业地质工作的一大特色。为了满足不同层次、不同对象的需求，除专业性较强的技术版本外，还编辑了直观易懂的《金华市农业地质环境图集》，便于领导了解和可供决策的“政府版报告”，可供农业、国土、环保等部门使用的“成果专报”和“可视化系统”，便于企业和用户使用的各类调查“登记卡”。这种以全方位服务为目的的设计，是公益性、基础性、应用性地质调查工作的一大进步。

3. 研究工作的创新

（1）在生态地球化学理论指导下，首次在金华地区开展了元素在“岩石—土壤—水—大气—生物”系统的综合研究，包括元素的基准值与背景值、元素的全量与有效态、元素的形态组成、元素的迁移转化、元素的输入输出、元素的生态效应、生态风险的预警等。这一工作思路，突破了农业地质环境调查重单要素研究、轻系统性研究的工作格局，把农业地质研究工作推向了一个新的层次和新的高度，对学科的发展具有积极意义。

（2）开展了大宗“农产品重金属污染的累积性评价”，这是将土壤污染的累积性评价方法，引入农产品污染评价的有益探索。在农产品安全调查评价工作中，通常都是以现行的污染物限制值为标准进行评价，这种评价只满足了对农产品超标情况的甄别，而忽视了农产品污染潜在风险的揭示。大量的研究表明，农产品的安全问题，不仅与土壤环境有关，也与农业生产的方式、农业种植品种及农作物的基因有关，即种植土壤中的一些污染物与农产品之间并不一定具有相关性。在这种复杂的情况下，研究农产品污染物的累积特点，评价累积程度，对于破解污染机理，开展预测预警是十分有价值的工作。

（3）为更科学地表述农业地质背景，研究将地质地貌景观与农业景观相结合，提出了“农业地质景观”的新概念。地貌形态与区域地质作用的联系、地层岩石与土壤（成土母质）的联系、岩性与地球化学的联系，是统一于同一生态地质系统中的有机整体。这一概念的提出，丰富了农业地质背景研究的科学内涵，避免了在地质背景研究中，地质背景与农业两张皮的现象。

1.4.3 对策建议

1. 关于加强土地质量保护、防治土壤污染、确保农产品质量安全的建议

（1）加强制度建设，建立土地质量调查制度、土地质量安全建档制度和土地质量监测制度，逐步实现土地管理由数量管理向数量、质量与生态管护的转变，提升土地管理的科学化、法制化水平。调查主要针对土地质量等级较低的土地，通过高精度（1∶10000）的调查，准确分辨各地块单元的土地质量；建档是土地管理工作的有效技术支撑，建档工作也是永久基本农田划定和保护的重要措施；监测是一项常规性的质量控制工作，建立土地质量监测网络，是土地质量管理水平科学化的标志之一。

（2）充分利用本次调查的成果，应用到永久基本农田的划定工作中，永久基本农田的划定，是国家对土地实行最严格的保护制度的重大措施。在永久基本农田的划定中，应首先避免将分布于城市周边、交通干道沿线及工业生产集中区附近的重度污染土地（已确认由于污染严重而产生显著生态效应的土地）划入永久基本农田。

（3）对本次调查发现并具有开发利用价值的富硒土壤，应采取积极的措施予以保护，这是宝贵的土地资源，具有稀缺性。由于本次调查对全市的富硒土壤已建立了资料卡片，这对于在土地利用规划修编中实施对富硒土壤的保护，提供了极大的方便。

（4）低丘缓坡在金华土地资源中占有重要地位，合理规划、科学开发这一资源，对解决金华经济发展中的土地短缺问题、耕地占补平衡问题，新型城镇化建设问题及农业多种经营等问题具有重要意义。建议在重点开发平坡（3°～6°）的同时，研究对缓坡（6°～15°）资源的综合利用问题，这是解决发展与资源矛盾的关键。

2. 关于土壤污染防治的建议

（1）由于本次调查已查明了土壤重金属污染的现状，编制了系列性的基础性图件，建立了土壤重金属的数据库，所以已具备了编制土壤污染防治规划的条件，哪里土壤要保护、哪里土壤要治理、哪里土壤要修复，都应是规划的基本内容。通过规划的编制和实施，全市的土壤污染防治工作进入科学化的轨道，这是一项重要的决策性工作，对全省的同类工作具有示范作用。

（2）对通过调查评价确定的重度污染区，应有计划地开展污染土壤详查（1∶10000）工作，如永康芝英—古山一线的铜、镉、汞污染带，兰溪灵洞镉、铜污染区，义乌义亭镉、铜污染区等，通过详查，进一步查明污染物种类、污染源、污染方式及对生态效应等情况，建立污染土壤档案，采取有效措施进行污染控制。

（3）在对污染土壤环境风险研究基础上，选择具有代表性的典型污染区，开展污染土壤的修复试点，为土壤污染治理提供示范。

3. 关于确保农产品质量安全的建议

良好的农业环境是确保农产品安全的基础，加强对源头的控制，是保证农产品安全的关键。根据调查结果，建议对已划出7个粮食生产风险区范围内，开展重点监测工作和土壤改良工作。一是加强对污染源的控制，不使土壤环境继续恶化；二是根据对农产品的监测结果，进行必要的种植结构调整，减少敏感性农产品的种植规模；三是通过增施有机肥或添施石灰的方法提高土壤的pH，降低重金属的活性。

4. 关于富硒土壤开发利用方面的建议

（1）建议对尚未开展富硒土壤详查和可利用性评价的富硒区，有计划地推进此项工作，建立详细的富硒土地资源档案，为富硒区农业开发提供依据，为资源的保护提供依据。

（2）做好示范区的开发经验总结。在项目领导小组的重视与协调下，2012 年 8 月，浙江旺盛达农业开发有限公司与婺城区蒋堂镇建富粮食专业合作社签署了战略合作协议，率先开展蒋堂富硒区的黄壁垄村（1200 亩）富硒农产品开发示范工作。当年将首批富硒农产品（稻米 36 万 kg、番薯 5 万 kg、花生 1000kg）投入市场，实现销售收入 1000 余万元，经济效益十分显著。认真总结生产开发模式，产品营销模式和品牌建设等方面的经验，对于指导金华富硒土壤的开发具有重要意义。

（3）义乌市赤岸镇毛店富硒土壤面积较大（33.5km^2），土壤硒平均含量较高（0.42mg/kg），其中Ⅰ级和Ⅱ级区富硒土地达 9200 亩，三级土地 7100 亩。通过两年（2011～2012 年）的连续采样（稻米 70 件）分析发现，稻米的富硒达标率达 81.4%，具有较大的资源开发潜力。由于受该区地质背景及人类活动的影响，重金属异常问题是制约资源开发的突出问题，建议由地方国土、农业部门共同立项，开展专题研究，为确保富硒农产品的质量安全、进一步扩大开发提供科学依据和技术保障。

（4）建议地方政府把富硒资源的开发，作为农业转型升级的重要切入点，逐步形成以蒋堂为中心，辐射兰溪、义乌的硒产业聚集区，实现生产—加工—旅游休闲—教学实习一体化产业链。

（5）为防止在富硒农产品生产、销售中可能出现的乱象，政府有关部门应加强市场监管，建立产品准入机制、监督机制和激励机制，用政策和法规保护金华硒产业的健康发展。

5. 关于特色农产种植布局的建议

特色农产品在金华农业经济中占有重要地位，充分发挥比较优势，以品质为核心，积极推进品牌建设，提高市场竞争力，促进效益农业发展，具有重要的现实意义和战略意义。

1）茶叶

2012 年 6 月，赵旭亮、张明华在磐安新闻网发出了磐安茶叶之问（即《与松阳比，磐安茶叶差距在哪里?》一文），此间，农业地质环境调查工作正在磐安开展，通过三年的调查研究发现，磐安茶具有上乘的内在品质，茶叶中的水浸出物质为 44%～47%、咖啡碱 3%～4%、酚氨比 2.5%～3.7%、茶多酚 14.6%～21.0%、游离氨基酸 4.7%～7.4%，锶、钾等有益矿质成分含量高，尤其是反映绿茶品质的关键性指标游离氨基酸，其含量水平不仅在浙江，即使在全国的茶中，都是不多见的，加之磐安茶区生态环境优越，茶叶质量安全（无重金属污染、无农残）度高，这充分说明，磐安茶尚是“藏于深闺人不识”的一宝。为此建议磐安政府相关部门，充分利用本次调查研究成果，探索新的发展模式，开拓磐安名茶的复兴之路。

茶树是喜酸的植物，但有研究认为茶树生长适宜的土壤 pH 上限为 6.0～6.5，而下限难以确定，但从提高茶叶品质的角度看，过低的 pH 对茶叶的内在品质存在影响。金华地区茶园土壤90%以上pH在5.0以下，建议市农业科研部门对土壤pH与茶品质的关系问题予以关注，并在区域范围内开展研究，以期在茶叶品质与土壤环境的关系研究方面获得新认识、新突破，为茶园土壤改良提供新思路、新方法。

2）枇杷

尽管枇杷的种植适宜性较宽，但兰溪的优质枇杷种植与地质环境、地球化学环境具有密切的关系，这是本次研究获得的一个新认识。依据研究结果，本次工作对兰溪枇杷的种植进行了区划，女埠穆坞一带及黄店、香溪的局部地区是最适宜枇杷种植的地区。对于本次工作提出的种植适宜区，建议农业部门在进行农业区划时予以应用，使兰溪的枇杷种植布局于最适宜的地区，以利于促进枇杷的优质化生产。

3）桃形李

浦江是桃形李之乡，桃形李是一种似桃非桃的李子新品种，具有珍稀性。本次调查，重点研究了桃形李的内在品质与种植区地质背景的关系，发现了土壤地球化学元素与桃形李品质指标的相关性特征，研究资料为农业部门进行桃形李种植区划提供了依据。桃形李果树的老化问题也是影响产品和品质的因素。建议在技术与政策的支持下，做好浦江桃形李种植新规划，让金华地区的这一特色果品重新焕发活力，形成新优势，做大产业。

6. 关于中药材重金属超标问题的对策

中药材中的重金属，一直是个颇受争议的问题，这是实践问题，也是科学问题，至少目前难以定论。然而《药用植物及制剂外经贸绿色行业标准》却对中药材的质量安全给出了限制，这就大大提高了中药材准入市场的门槛。努力把中药材中的重金属含量控制在标准之内，是政府和药农必须面临的新问题。金华中药材重金属超标问题，主要源于种植环境土壤pH过低（即酸化严重），这是本次调查研究的一个成果。通过对比也发现，产于宁波中性（pH 6.5～7.0）土壤的贝母Cd含量（0.13mg/kg），大大低于产于强酸性土壤区贝母Cd含量（东阳0.30mg/kg、磐安0.31mg/kg）。为此，本项目在磐安进行了长达三年的土壤改良试验工作，根据试验研究成果，就控制中药材重金属问题提出以下建议：

（1）重视并积极利用本次试验研究成果，在中药材种植基地，进行土壤改良工作，科学施用改良剂，是降低药材中重金属含量的最佳方法和农业措施。尤其是在贝母、白术种植基地，对Cd的控制是十分显著的。

（2）由于不同的药材对重金属元素的生物富集能力存在差异，可以根据种植区土壤pH的高低，对种植品种进行必要的调整。如磐安的玉山、尖山、胡宅、万苍、尚湖一带，可由以种植白术为主改为种植元胡、玄参等；大盘种植区的贝母最易超标，可调整种植天麻、元胡、玄参等；新渥、冷水、仁川、深宅可以种植元胡为主，凡大量种植白术的基地，均应实施土壤改良。

7. 关于构建信息平台、实现信息共享、推进信息化建设的建议

由于现行体制的原因，与资源环境有关的大量信息，被分散于各相关部门、单位，这十分不利于信息的有效利用，也常因此而造成互不通气，相互矛盾的现象，难以为政府的决策建议提供有力的支撑。随着社会经济的发展，部门之间、行业之间的合作与协作也越来越重要，推动信息的整合与集成工作，构建全市资源环境信息平台，实现信息共享是当务之急。

金华市农业地质环境调查，形成了丰富的信息资料，涵盖了遥感地质、基础地质、水文地质、环境地质、农业地质及数以十万计的实测数据和实物资料。这些宝贵的资料，可以与国土、农业、环保、规划等部门的资料进行整合，并在此基础上，建立“金华市资源环境信息系统”，并使系统具有信息的收集、储存、查询、统计分析、实时评价、输出及动态更新等功能，这个系统的建立，应是政府管理方式的一个重大突破，是落实科学发展观的具体体现。

第2章 区域地质背景

2.1 区域地貌

2.1.1 基本特征

金华地处金衢盆地东段，属浙中中生代红层丘陵盆地地区，地势南北高、中部低。“三面环山夹一川，盆地错落涵三江”是金华地貌的基本特征。

本区磐安县南东有大盘山、会稽山，属于中生代火山岩低山丘陵区；武义南西的仙霞岭为浙南中生代火山岩中低山区；北、西北接龙门山及千里岗山脉。境内山地以500～1000m低山为主，分布在南北两侧，1000m以上的山峰有208座，位于武义与遂昌交界处的牛头山主峰，海拔1560.2m，为全市最高峰。东阳江自东而西流经东阳、义乌、金东区，汇合武义江后称金华江，向北在兰溪城区汇入兰江，至将军岩入建德市境，汇入钱塘江水系。境内将军岩海拔23m，为全市最低点。

以金衢盆地东段为主体，四周镶嵌着浦江盆地、墩头盆地、东阳盆地、南马盆地、永康盆地、武义盆地等山间小盆地，构成环状相间的盆地群。金衢盆地大致呈北东—南西走向，西面开口，由盆周向盆地中心呈现出中山、低山、丘陵岗地、河谷平原阶梯式分布的特点。盆地内低丘起伏，海拔在50～250m，相对高度不到100m。盆地底部是宽窄不一的冲积平原，地势低平，是境内重要的农业种植区。

金华的地貌，是晚白垩世以来长期地质作用的结果，其格局基本保留了更新世以来的地貌特征。早白垩世大规模火山喷发活动结束后，区域构造应力场由剪切挤压转变为拉张裂解，在北东、北北东、北西、东西向断裂联合作用下，形成了一系列以北东、北北东向为主，东西向为辅的断陷盆地及断隆地块，它们大多是伴随单侧主干断裂发展的不对称地堑、半地堑或箕状断陷。在断陷盆地的发展过程中不断接受沉积，形成了巨厚的永康群—衢江群河湖相红色碎屑岩系，局部地段伴有微弱的中基性岩浆活动。

更新世以来，构造运动表现为继承性、差异性升降。盆地周边继续上隆，形成峻峭的山地；盆内自边缘—中心下降幅度逐渐加大，依次形成紫色碎屑岩低丘—更新世红土阶地—全新世河谷冲积平原。调查区地貌严格受控于岩石、地层、构造与风化侵蚀作用，可分为侵蚀地貌和堆积地貌两大类及五个亚类（图2-1、表2-1）。

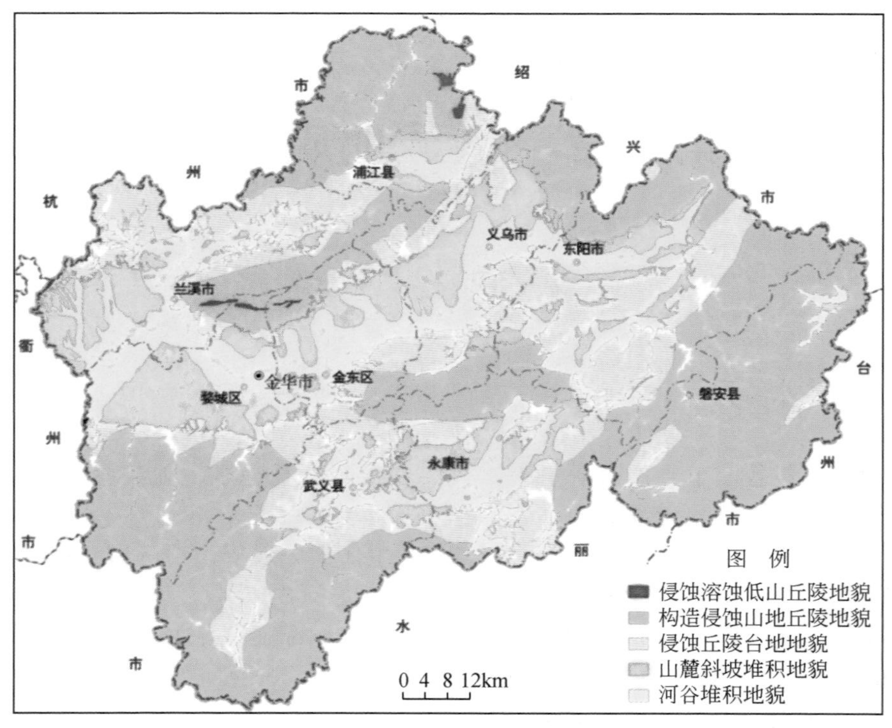

图 2-1 金华市地貌分区图

表 2-1 金华市地貌类型划分表

成因形态类型			海拔/m	岩石类型
成因类型	成因亚类	形态		
侵蚀地貌	构造侵蚀山地丘陵地貌	中山	1000～3500	火山碎屑岩、侵入岩
		低山	500～1000	火山碎屑岩、侵入岩
		高丘	200～500	火山碎屑岩、碎屑岩、侵入岩
		低丘	100～200	
	侵蚀溶蚀低山丘陵地貌	低山	500～1000	碳酸盐岩
		高丘	200～500	
	侵蚀剥蚀丘陵台地地貌	低丘	100～200	砾岩、砂砾岩
		岗地	50～100	砂砾岩、砂岩、粉砂岩
堆积地貌	山麓斜坡堆积地貌	基座阶地（台地）	＜100	冲积含砾亚黏土、亚黏土
		坡洪积斜地	＜100	坡洪积含砾亚黏土
	河谷堆积地貌	冲洪积平原	＜100	冲洪积亚黏土、砂砾石
		冲积平原	＜50	冲积砂砾石

2.1.2 侵蚀地貌

侵蚀地貌按成因和海拔可分为构造侵蚀山地丘陵地貌、侵蚀溶蚀低山丘陵地貌和侵蚀剥蚀丘陵台地地貌三个亚类。

1. 构造侵蚀山地丘陵地貌

分布于调查区北、北西、北东、南西，各县市交接地带，各红盆边缘地区，地层岩性以中生代火山碎屑岩为主，中酸性侵入岩次之。一般海拔300～1500m，切割深度50～500m，地势较陡，坡度一般为15°～30°，山区河谷常呈“V”字形。按照海拔，可分为中山、低山、高丘和低丘，以丘陵为主，低山次之，中山分布面积最小，累计面积约4908km²，主要分布于调查区南西、东部以及兰溪市与婺城区交界的大盘山一带。

2. 侵蚀溶蚀低山丘陵地貌

调查区内分布面积极小，约22km²，仅见兰溪市以西、浦江县以北局部地区，以及大盘山以南、南东，金华市区以北等地区。海拔150～500m，坡度15°～25°。地层岩性为古生界碳酸盐岩，溶洞发育，双龙五洞和兰溪六洞构成的溶洞群竞相争奇。按照海拔，在形态上可分为低山和高丘两类。

3. 侵蚀剥蚀丘陵台地地貌

广布于调查区中部各盆地周边，面积约2532km²，海拔一般在50～300m，切割深度一般小于100m，地势较为平缓，坡度一般在5°～15°。地层岩性以白垩纪晚期永康群、衢江群陆缘碎屑红色砾岩、砂岩、粉砂岩与泥岩为主，形成红层丹霞地貌，在形态上分为低丘和岗地。

2.1.3 堆积地貌

调查区堆积地貌主要分布于盆地中部。由白垩系红砂岩、紫砂岩构成的低丘岗地，岩性松软，切割后地面破碎，坡度大，构成高级阶地，其残积土多砂砾而瘠薄。其上覆盖有更新世红土，呈指状由山口向河谷展布，波状起伏，构成高河漫滩或一、二级阶地。按照成因可分为山麓斜坡堆积地貌和河谷堆积地貌两类。

1. 山麓斜坡堆积地貌

按成因和高程分为基座阶地和坡洪积斜地两类。基座阶地主要分布于金华江两侧，并以南岸为主，面积约1504km²。海拔一般在40～80m，由中更新统冲积物组成。坡洪积斜地分布于坳沟及局部山前地区，海拔一般小于80m，坡度小于2°，由上更新统坡洪积物组成。

2. 河谷堆积地貌

河谷堆积地貌分布于各个盆地的中部金华江、武义江、义乌江以及厚大溪、白沙溪、梅溪等大江（溪）的两岸，面积约1979km²。海拔一般小于50m，坡度小于1°，由上更新统冲洪积物、冲积物和全新统冲积物组成。根据成因，分为冲洪积平原和冲积平原。

2.2 区域地质

调查区位于扬子与华夏两个一级大地构造单元的接合部位，作为扬子地块和东南地块对接带的江山–绍兴区域性深大断裂带沿北东向穿境而过。由于长期的构造运动作用和区域抬升剥蚀作用，岩石地层出露不全，出露地层相对简单（浙江省地质矿产局，1996）（表 2-2、图 2-2）。

表 2-2 金华地区地层岩性一览表

<table>
<tr><th colspan="3">年代地层</th><th colspan="4">岩石地层</th><th colspan="2" rowspan="2">主要岩性</th></tr>
<tr><th>界</th><th>系</th><th>统</th><th colspan="2">浙西北区</th><th colspan="2">浙东南区</th></tr>
<tr><td rowspan="5">新生界</td><td rowspan="4">第四系</td><td>全新统</td><td colspan="4">鄞江桥组</td><td colspan="2">上部粉砂质亚黏土，下部含砂质砾石层</td></tr>
<tr><td>上更新统</td><td colspan="4">莲花组</td><td colspan="2">浅黄色亚黏土、亚砂土和砾石层</td></tr>
<tr><td>中更新统</td><td colspan="4">之江组</td><td colspan="2">棕红色亚黏土、亚砂土，具网纹构造</td></tr>
<tr><td>下更新统</td><td colspan="4">汤溪组</td><td colspan="2">上部棕黄、橘红色粉砂、黏土，具粗大的垂直网纹；下部棕黄、灰褐色砾石层</td></tr>
<tr><td>古近系</td><td>上统</td><td colspan="2"></td><td colspan="2">嵊县组</td><td colspan="2">玄武岩夹泥岩、粉砂岩、砂砾岩、硅藻土、褐煤等</td></tr>
<tr><td rowspan="13">中生界</td><td rowspan="13">白垩系</td><td rowspan="5">上统</td><td rowspan="3">衢江群</td><td>衢县组</td><td colspan="2" rowspan="3"></td><td colspan="2">砾岩、砂砾岩、粉砂岩</td></tr>
<tr><td>金华组</td><td colspan="2">砾岩、粉砂岩、泥岩</td></tr>
<tr><td>中戴组</td><td colspan="2">砾岩、含砾砂岩、粉砂岩夹泥岩</td></tr>
<tr><td colspan="2" rowspan="5"></td><td rowspan="2">天台群</td><td>赤城山</td><td colspan="2">紫红色砂砾岩、砾岩，间夹含砾粉砂岩、粉砂质泥岩</td></tr>
<tr><td>塘上组</td><td colspan="2">以酸性火山碎屑岩为主，夹酸性、中性熔岩及紫红色砂岩、粉砂岩、砂砾岩</td></tr>
<tr><td rowspan="8">下统</td><td rowspan="3">永康群</td><td>方岩组</td><td colspan="2">灰紫、紫红色厚层块状砂砾岩、砾岩</td></tr>
<tr><td>朝川组</td><td colspan="2">粉砂质泥岩、粉砂岩及砂岩</td></tr>
<tr><td>馆头组</td><td colspan="2">灰绿、灰红等杂色砂岩泥岩夹酸性火山岩</td></tr>
<tr><td rowspan="5">建德群</td><td>横山组</td><td rowspan="5">磨石山群</td><td>九里坪组</td><td>紫红色富含钙质结核粉砂岩夹细砂岩</td><td>流纹质熔岩、斑岩</td></tr>
<tr><td>寿昌组</td><td>茶湾组</td><td>杂色砂页岩，夹有酸性火山岩</td><td>凝灰质砂岩夹流纹质凝灰岩及中酸性熔岩</td></tr>
<tr><td>黄尖组</td><td>西山头组</td><td>基性—酸性熔岩夹火山碎屑</td><td>流纹质晶屑玻屑熔结凝灰岩</td></tr>
<tr><td rowspan="2">劳村组</td><td>高坞组</td><td rowspan="2">上段粉砂质泥岩、粉砂岩夹流纹质凝灰岩；下段砾岩、砂岩</td><td>流纹质晶屑熔结凝灰岩</td></tr>
<tr><td>大爽组</td><td>流纹质玻屑熔结凝灰岩</td></tr>
</table>

续表

<table>
<tr><th colspan="3">年代地层</th><th colspan="4">岩石地层</th><th colspan="2" rowspan="2">主要岩性</th></tr>
<tr><th>界</th><th>系</th><th>统</th><th colspan="2">浙西北区</th><th colspan="2">浙东南区</th></tr>
<tr><td rowspan="3">中生界</td><td rowspan="2">侏罗系</td><td rowspan="2">中统</td><td rowspan="2">同山群</td><td>渔山尖组</td><td colspan="2" rowspan="2"></td><td colspan="2">灰绿色砂岩、粉砂质泥岩夹含砾砂岩、砾岩</td></tr>
<tr><td>马涧组</td><td colspan="2">灰绿色砾岩、含砾砂岩粉砂岩及粉砂质泥岩、泥质粉砂岩夹煤线</td></tr>
<tr><td>三叠系</td><td>上统</td><td colspan="2"></td><td colspan="2">乌灶组</td><td colspan="2">含砾石英砂岩、中细粒长石石英砂岩</td></tr>
<tr><td rowspan="8">古生界</td><td rowspan="2">石炭系</td><td>上统</td><td colspan="2">船山组</td><td colspan="2" rowspan="14"></td><td colspan="2">灰色厚层结晶含藻球灰岩、生物屑灰岩，夹深灰色中、厚层状微晶灰岩</td></tr>
<tr><td>中统</td><td colspan="2">藕塘底组</td><td colspan="2">石英砂砾岩、砂岩、泥岩</td></tr>
<tr><td>奥陶系</td><td>上统</td><td colspan="2">长坞组</td><td colspan="2">粉砂质泥岩、粉砂岩</td></tr>
<tr><td rowspan="5">寒武系</td><td rowspan="2">上统</td><td colspan="2">西阳山组</td><td colspan="2">泥质灰岩夹灰岩饼</td></tr>
<tr><td colspan="2">华严寺组</td><td colspan="2">条带状泥质灰岩</td></tr>
<tr><td>中统</td><td colspan="2">杨柳岗组</td><td colspan="2">透镜状灰岩与泥质灰岩互层</td></tr>
<tr><td rowspan="2">下统</td><td colspan="2">大陈岭组</td><td colspan="2">白云质灰岩。灌木、茅草等</td></tr>
<tr><td colspan="2">荷塘组</td><td colspan="2">硅质岩、硅质页岩、硅质粉砂岩夹煤层</td></tr>
<tr><td rowspan="6">新元古界</td><td rowspan="4">震旦系</td><td rowspan="2">上统</td><td colspan="2">灯影组</td><td colspan="2">白云质灰岩、白云岩</td></tr>
<tr><td colspan="2">陡山沱组</td><td colspan="2">硅质白云岩、泥质白云岩夹粉砂岩</td></tr>
<tr><td rowspan="2">下统</td><td colspan="2">南沱组</td><td colspan="2">含砾岩屑砂岩、长石岩屑砂岩</td></tr>
<tr><td colspan="2">休宁组</td><td colspan="2">粉砂质泥岩、长石岩屑砂岩夹凝灰质砂岩</td></tr>
<tr><td rowspan="2">青白口系</td><td rowspan="2"></td><td rowspan="2">河上镇群</td><td>上墅组</td><td colspan="2">下部安玄岩；上部流纹岩</td></tr>
<tr><td>骆家门组</td><td colspan="2">底部花岗质砾岩，下部为含砾砂岩夹酸性火山碎屑岩；中上部为砂岩、粉砂岩、泥岩、硅质泥岩组成韵律层，夹玄武玢岩</td></tr>
<tr><td rowspan="3">中元古界</td><td rowspan="3">蓟县系</td><td rowspan="3"></td><td rowspan="3">双溪坞群</td><td>岩山组</td><td rowspan="3">陈蔡群</td><td>徐岸组</td><td>片理化沉凝灰岩、凝灰质粉质泥岩、凝灰质砂岩</td><td>深灰色变粒岩为主，局部为黑云斜长片麻岩</td></tr>
<tr><td rowspan="2">北坞组</td><td>下吴宅组</td><td rowspan="2">上部为片理化蚀变英安质含角砾玻屑凝灰岩；下部为安山质角砾凝灰岩和凝灰质粉砂质泥岩</td><td>灰黑色斜长角闪岩、角闪黑云变粒岩</td></tr>
<tr><td>下河图组</td><td>大理岩、石墨石英片岩和石英岩</td></tr>
</table>

江山–绍兴断裂带南东侧，为浙东南地层区，中新元古界、古生界缺失，出露地层简单，仅见古元古界、中新生界。岩性以中生代火山碎屑岩和陆相红盆沉积岩夹火山岩为主，地貌以构造侵蚀山地丘陵地貌为主，土壤母质相对单一，元素种类与含量变化小。

江山–绍兴断裂带北西侧属于浙西北地层区，出露地层相对齐全，岩性复杂多样，由老至新依次出现中新元古界双溪坞群变质火山碎屑岩、河上镇群沉积碎屑岩夹火山碎屑岩、震旦系碎屑岩与碳酸盐岩，古生界寒武系海相硅质岩、碳酸盐岩，奥陶系滨海相细碎屑岩，石炭系浅海碳酸盐岩；中生界三叠系、侏罗系碎屑岩，侏罗系上统—

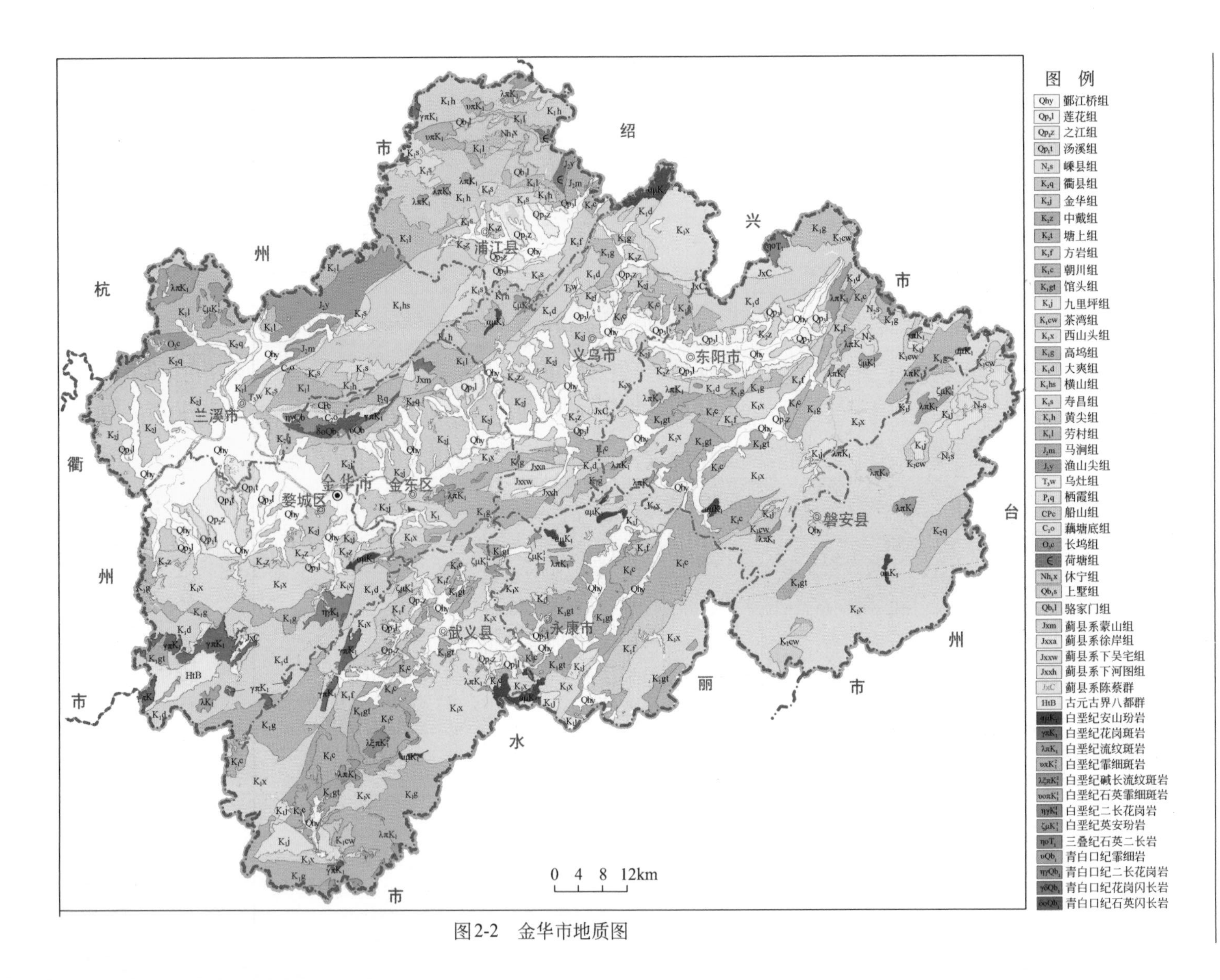
图例
鄞江桥组
莲花组
之江组
汤溪组
嵊县组
衢县组
金华组
中戴组
塘上组
方岩组
朝川组
馆头组
九里坪组
茶湾组
西山头组
高坞组
大爽组
横山组
寿昌组
黄尖组
劳村组
马涧组
渔山尖组
乌灶组
栖霞组
船山组
藕塘底组
长坞组
荷塘组
休宁组
上墅组
骆家门组
蓟县系蒙山组
蓟县系徐岸组
蓟县系下吴宅组
蓟县系下河图组
蓟县系陈蔡群
古元古界八都群
白垩纪安山玢岩
白垩纪花岗斑岩
白垩纪流纹斑岩
白垩纪霏细斑岩
白垩纪碱长流纹斑岩
白垩纪石英霏细斑岩
白垩纪二长花岗岩
白垩纪英安玢岩
三叠纪石英二长岩
青白口纪霏细岩
青白口纪二长花岗岩
青白口纪花岗闪长岩
青白口纪石英闪长岩
杭
州
市
绍
兴
市
台
州
市
丽
水
市
衢
州
市
兰溪市
浦江县
义乌市
东阳市
磐安县
永康市
武义县
金东区
婺城区
金华市
0 4 8 12km
图2-2　金华市地质图

白垩系下统火山沉积相碎屑岩，白垩系上统湖盆相沉积碎屑岩，新生界第四系残坡积相和冲洪积相松散沉积物等。岩石类型变化大，矿物成分复杂，形成不同的地球化学分区。

2.3　地层岩石

成土母质由岩石风化而来，岩石也被称为土壤的母岩，不同的地层及岩石类型对土壤的形成及其理化特征具有重要影响。

2.3.1　变质岩类

1. 陈蔡岩群

陈蔡岩群主要分布于义乌毛店—尚阳一带，近东西向展布，面积约108km^2，另外金华婺城区沙畈、义乌钟村、东阳南岸村等地有零星出露。分为下吴宅岩组和徐岸岩组两个组级岩石地层单位。

1）下吴宅岩组（Jxxw）

岩性为黑云斜长片麻岩、砾状斜长片麻岩夹黑云片岩，岩石中普遍含石墨，厚度大于995m，大部分片麻岩沉积原岩主要为砂岩、粉砂岩、泥岩。

2）徐岸岩组（Jxxa）

岩性为石墨黑云片岩夹石墨黑云斜长片麻岩，厚度大于1008m，岩石富含石墨和黑云母，原岩以黏土为主。

2. 八都岩群

主要分布于金华市婺城区塔石一带，出露面积较小。为一套中深变质岩系，岩性主要为黑云斜长片麻岩、黑云二长片麻岩等，原岩主要为杂砂岩和中酸性火山岩，岩石变质作用较强，较易风化成壤。受构造抬升与岩浆侵入顶托作用，其分布区为构造侵蚀低山地貌。

2.3.2　海相沉积岩类

1. 碎屑岩类

1）休宁组（Nh_1x）

主要分布于浦江北部上河村至金泥村一线、兰溪双牌村北西。岩性大体可分三部分：底部为紫红色砾岩、砂砾岩、含砾粗砂岩、岩屑砂岩；下部为灰绿、紫红色凝灰质粉细砂岩夹沉凝灰岩；上部为灰绿、灰白色凝灰质粉砂岩、细砂岩、泥岩夹硅质条带、沉凝灰岩，总厚994m。

2）南沱组（Nh_2n）

分布区与休宁组地层相邻，出露面积很小。岩性组合分三部分：下部和上部为冰期沉积的冰碛含砾砂泥岩、冰碛含砾泥岩组成（分别称下冰期和上冰期），中部为间冰期沉积的含锰白云质泥岩或含锰白云岩。

3）荷塘组（ϵ_1h）

分布于兰溪诸葛双牌村北西、浦江北部东坞底村以北。岩性主要为黑色薄层状碳质硅质岩、碳质硅质泥岩、页岩、石煤层夹灰岩透镜体及磷结核（磷矿层），厚29.7～547m。

4）西湖组（D_3x）

主要岩性为中—粗粒石英砂岩、含砾石英砂岩，厚139～323m。

5）叶家塘组（C_1y）

主要岩性为泥岩、碳质泥岩、粉砂岩、细砂岩、石英砂岩、石英砂砾岩夹数层煤层，厚23～90m。

6）藕塘底组（C_2o）

主要岩性为中—厚层状石英砂岩、石英砂砾岩、粉砂岩、泥岩夹白云岩、灰岩、泥质灰岩层或透镜体，厚15～43m。

2. 碳酸盐岩类

1）陡山沱组（Z_1d）

零星分布于兰溪小月岭、浦江北部东坞底村以北，主要岩性为灰岩、含锰白云岩，夹泥岩、含钾粉砂岩、粉砂质泥岩，局部可夹含碳硅质泥岩，底部普遍有一层灰色含锰白云岩或含锰白云质灰岩，厚3～6m。

2）灯影组（Z_2dy）

分布于兰溪小月岭，主要岩性为白云岩、藻白云岩、泥质白云岩，夹白云质灰岩、硅质泥岩、硅质岩等，厚76～108m。

3）大陈岭组（ϵ_1d）

主要岩性为灰色、深灰色薄层—块状白云质灰岩，夹碳质硅质岩、硅质泥岩、白云岩。

4）杨柳岗组（ϵ_2y）

主要岩性以白云质灰岩、泥质灰岩为特征，夹碳质泥岩、硅质泥岩，厚45～373m。

5）华严寺组（ϵ_3h）

以薄—中层条带状灰岩为主体，夹薄层泥质灰岩，含碳钙质泥岩、页岩及角砾状、球砾状灰岩。

6）西阳山组（€Ox）

主要岩性下部为深灰、灰色中层状泥质灰岩、含灰岩透镜体泥质灰岩、饼状灰岩；上部为泥质灰岩、瘤状（网纹状）灰岩、小饼灰岩交互组成韵律。

7）船山组（CPc）

主要岩性为灰岩、生物屑泥晶灰岩、泥晶灰岩夹亮晶灰岩、藻（球）灰岩、砂屑灰岩、细晶灰岩，上部中、薄夹层较多。厚123～246m，兰溪、金华一带厚度一般小于130m。

8）栖霞组（P_1q）

主要岩性下部为灰岩、泥晶灰岩，含燧石团块和白云岩团块；中部为钙质泥岩、硅质岩夹中层状含碳泥质灰岩、泥晶灰岩；上部为灰岩、微晶灰岩、夹硅质岩、燧石条带、白云岩团块。厚度大于229m。

2.3.3 火山岩与火山碎屑岩类

区内白垩纪火山岩较为发育。火山-沉积岩分上下两个岩系；下岩系以火山岩为主，岩性为流纹岩和流纹质火山碎屑岩；上岩系以红色沉积岩为主。

1. 平水群

主要为平水群蒙山组（Jxm），分布于盆地北侧潘村-大陈断裂北西侧麻堰水库一带，以及浦江蒙山、石井于和金华洞井等地，主要为细碧角斑岩、安山玄武岩夹少量砂岩、泥岩。

2. 双溪坞群

1）北坞组（Jxb）

出露面积约8km^2。主要岩性为片理化流纹—英安质含角砾玻屑凝灰岩，下部为蚀变安山质含角砾玻屑凝灰岩、熔结凝灰岩夹凝灰质粉砂质泥岩、安山质沉凝灰岩。厚度大于350m。

2）岩山组（Jxy）

出露面积约 $6km^2$，主体为沉积岩夹少量火山岩。在浦江平湖一带，该组岩性为绢云砂质板岩，厚度大于116m。

3. 河上镇群

1）上墅组（Qb_2s）

岩性以火山碎屑岩类为主，酸性流纹岩类占据比例较小。

2）骆家门组（Qb_1l）

本组在区内主要出露中上部地层，所见以砂岩、粉砂岩、泥岩、硅质泥岩为主。

4. 磨石山群

1）大爽组（K_1d）

在区内出露于义乌八宝山附近。岩性以酸性火山碎屑岩为主，厚度大于300m。

2）高坞组（K_1g）

分布于岭上—安地—岭下—赤岸一线以及磐安东北部三单和东阳北部虎鹿等地，面积约 $774km^2$。主要是一套块状流纹质晶屑熔结凝灰岩，成分主要是石英和长石，微量黑云母，厚1020～1330m。

3）西山头组（K_1x）

广泛出露在调查区东部，面积约 $3022km^2$。岩性为流纹质晶屑玻屑凝灰岩、熔结凝灰岩、流纹斑岩、球泡流纹岩、角砾玻屑凝灰岩、英安流纹质含角砾晶玻屑熔结凝灰岩。

4）茶湾组（K_1cw）

零星分布于武义、永康和磐安一带，下部岩性为喷发沉积相堆积组合，具有河湖相沉积特点。

5）九里坪组（K_1j）

以酸性岩浆大规模喷溢物为主，岩性以石英霏细岩、流纹岩为主。

6）劳村组（K_1l）

主要分布于兰溪黄店、女埠、柏社，浦江花桥以及金东源东等地，面积约 $396km^2$。主要岩性为泥质粗砂岩、砂岩，厚526～1318m。

7）黄尖组（K_1h）

主要分布于浦江县的中部和北部地区、兰溪市马涧的南部以及义乌市的西北部地区，面积约402km²。岩性为流纹斑岩、流纹岩、晶屑熔结凝灰岩、流纹质凝灰熔岩、凝灰岩粉砂岩、粉砂质泥岩。

8）寿昌组（K_1s）

主要分布在兰溪—浦江一带。岩性为砂岩、页岩。

9）横山组（K_1hs）

分布于兰溪市的马涧、梅江一带，岩性为粉砂岩、粉砂质泥岩、粗粒杂砂岩，厚214～1320m。

5. 嵊县组

嵊县组（N_2s）分布于磐安东北部地区，主要岩性为玄武岩。

2.3.4　陆源碎屑沉积岩类

1. 三叠纪—侏罗纪地层

1）乌灶组（T_3w）

为一套冲积相及湖沼相沉积，由含砾石英砂岩、石英粗砂岩及黑色泥岩层、黑色粉砂岩组成。

2）马涧组（J_2m）

分布于兰溪市马涧。主要岩性为粉砂岩、粉砂质泥岩、含砾石英粗砂岩，夹煤层，厚345m。煤层。

3）渔山尖组（J_2y）

分布于兰溪市马涧，岩性主要为砂岩、粉砂岩、粉砂质泥岩，夹含砾砂岩、块状砾岩。

2. 永康群

在武义、永康、东阳、磐安等地广泛出露，分为馆头组、朝川组、方岩组三个地层单元。

1）馆头组（K_1gt）

出露面积392km²，岩性为砂砾岩，砾岩夹粉砂岩，厚度大于56m。

2）朝川组（K_1c）

出露面积513km^2，岩性下部为深灰色块状玄武岩，厚160m；上部为含钙质结核凝灰质砂岩、粉砂岩、粗砂岩、砂砾岩，厚大于135m。

3）方岩组（K_1f）

出露面积247km^2。岩性为紫、灰紫色块状砂砾岩、砾岩、细砾岩，偶夹粉砂岩、粉砂质泥岩，厚度大于200m。

3. 天台群

1）塘上组（K_2t）

分布于永康的东南部。岩性为流纹质含角砾晶玻屑凝灰岩，泥岩、粉砂质泥岩、砂砾岩以及灰色英安质晶玻屑熔结凝灰岩、英安质角砾凝灰岩等。

2）赤城山组（K_2c）

零星出露于永康、武义，为一套粗碎屑物组成，岩性主要为砾岩、砂砾岩、含砾中粗粒砂岩。

4. 衢江群

为调查区内主要地层，由中戴组（K_2z）、金华组（K_2j）、衢县组（K_2q）组成，为一套河湖相陆源碎屑沉积岩。

1）中戴组（K_2z）

分布于金华中戴—义乌倍磊街一线，出露面积216km^2。岩性为砾岩、砂砾岩、夹砂岩、粉砂岩、粉砂质泥岩，岩石中局部含钙，砾石成分主要为火山岩，厚度201～800m。

2）金华组（K_2j）

在金华孝顺、兰溪永昌一线大面积出露，出露面积596km^2。岩性为粉砂质泥岩、泥质粉砂岩，夹细砂岩、粗砂岩。

3）衢县组（K_2q）

分布于兰溪诸葛、女埠一带，出露面积194km^2。主要岩性为砾岩、砂砾岩、粉砂岩、泥岩，本组厚度1000～2361m。

2.3.5 第四系松散沉积物

调查区第四纪地层以冲积、冲洪积物为主，主要分布在金华江、义乌江、武义江、兰江、浦阳江、白沙溪、梅溪等河流两侧，面积1770km²，第四纪地层划分为下更新统汤溪组、中更新统之江组、上更新统莲花组和全新统鄞江桥组。

1）汤溪组（Qp_1t）

分布于金衢盆地汤溪一带，出露面积46km²。岩性下部为砾石层，砾石风化强烈，胶结较密实，厚4.30m；上部为粉砂黏土，偶见垂直网纹，有铁质团块或条带，厚4.0m。本组常构成二级至三级阶地，以冲积-洪积相成因为特征。

2）之江组（Qp_2z）

广泛分布于金衢盆地汤溪、仙桥、上溪一带，在浦江盆地潘宅、岩头、黄宅也有分布，出露面积190km²，地貌上组成基座阶地（岗地）。岩性为亚黏土、亚砂土，为冲积、洪积、坡积成因的混合类型。本组常与汤溪组组成相对高15～30m的二级至三级基座阶地，或与衢江群构成一级-二级阶地，往往分布于丘陵边缘或山前、沟口一带，以洪积阶地的地貌形态出现。

3）莲花组（Qp_3l）

分布于金华汤溪、白龙桥、浦江潘宅等地，出露面积193km²。地貌上组成有坡洪斜地、冲洪积平原和冲积平原，岩性上部为亚黏土，下部为砾石层或砂砾石层，厚4～13m，以冲积成因为主。本组一般分布于河谷两岸、山前、山麓地带，常组成一级阶地和高河漫滩阶地。

4）鄞江桥组（Qhy）

广泛分布于浦江盆地，金华江、兰江等河流两岸的高低漫滩及江心沙洲，面积1344km²，地貌上为冲积平原。岩性为砂、砂砾石，含少量粉砂，厚度一般2～10m。本组以河流沉积为主，常组成河漫滩或高河漫滩阶地。

2.3.6　侵入岩类

调查区内主要发育燕山期浅成、超浅成侵入岩，呈岩枝、岩脉、小岩株产出，受构造和裂隙控制，以酸性侵入岩为主，成岩时代主要为早白垩世和青白口纪。早白垩世侵入岩在调查区分布广泛，分布面积达540km²，分布较为集中的区域主要有婺城区南部塔石—安地一带、兰溪市黄店镇的北部、浦江县的北部及东阳市的东北部等地，岩性主要有花岗斑岩（γπ）、流纹斑岩（λπ）、二长花岗岩（ηγ）、闪长岩（δ）、花岗闪长岩（γδ）、石英闪长岩（δο）、霏细斑岩（υπ）、石英霏细斑岩（υοπ）、英安玢岩（ζμ）、安山玢岩（aμ）、玄武玢岩（βμ）、碱性辉绿玢岩（τβμ）等。其中，闪长岩、英安玢岩、安山玢岩、玄武玢岩等中基性侵入岩面积约160km²。

青白口纪侵入岩仅在婺城区北部罗店镇一带分布，面积仅有32km²，岩石类型为花岗闪长岩和石英闪长岩。

2.4 成土母质

成土母质是地表岩石经风化作用，就地残积或搬运再积于地表的疏松堆积物。土壤是在其土母质的基础上发育起来的，成土母质对土壤的形成、发育及理化特征具有特别重要的意义。所以成土母质是一个既包含了地学意义，又反映了农学特征的特殊地质体。

2.4.1 成土母质分类

根据成土母质赋予的土壤差异性，考虑地层岩性、沉积环境、结构构造、矿物组成、元素地球化学组成等因素对土壤性质产生的影响，进行成土母质类型的划分。在山地丘陵区，母岩的结构构造和岩石地球化学组成对成土母质/土壤的影响最大，在母岩-母质-土壤间，存在深刻的承袭性关系；平原（冲积平原、河谷平原）为运积母质堆积区，沉积物均存在远距离搬运过程，故元素地球化学方面的专属性不明显。基于以上认识，将金华地区的成土母质划分7类22类型，各成土母质的分布见图2-3。

2.4.2 土壤母质特征

1. 第四纪沉积物

第四纪沉积物是指岩石风化物经动力搬运和分选后，在一定部位沉积下来的松散堆积物，面积约1769km^2，占本地区面积的16.3%。第四纪沉积物主要分布在金华平坦地貌区，其中洪冲积物主要分布于河谷滩地、山前洪积阶地或盆地边缘洪积扇上；更新世红土主要分布于河流两岸和山前平原。

洪冲积物土体厚度不大，一般不足1m，剖面分异不明显，质地变化幅度较大，以砂质壤土为主，常含较多砾石，矿物组成以石英为主，少量长石、伊利石、蒙脱石，土壤通透性好，保蓄性差；更新世红土土体较厚，一般大于1m，土壤发育较好，剖面分异明显，呈红棕色，质地较黏重，多为壤质黏土、黏土，呈酸性，矿物组成以石英、钾长石、斜长石为主，次生矿物有伊利石、蒙脱石、高岭土等，因地形平缓，光热条件好，适种性广泛，是水稻土的主要成土母质。

2. 紫色碎屑岩类风化物

紫色碎屑岩类风化物是中生代陆相盆地内紫色沉积岩的风化物，面积3230km^2，约占本区面积的29.80%。侏罗系渔山尖组、马涧组和白垩系劳村组、寿昌组、横山组、馆头组、朝川组、金华组、衢县组是紫色碎屑岩风化物的原岩背景。此类岩性脆弱，风化速度快，易侵蚀，成土显初育性。依据岩石结构和元素地球化学特征，划分为石灰性紫砂岩风化物、石灰性紫泥岩风化物和非石灰性紫砂岩风化物、非石灰性紫泥岩风化物四种类型。

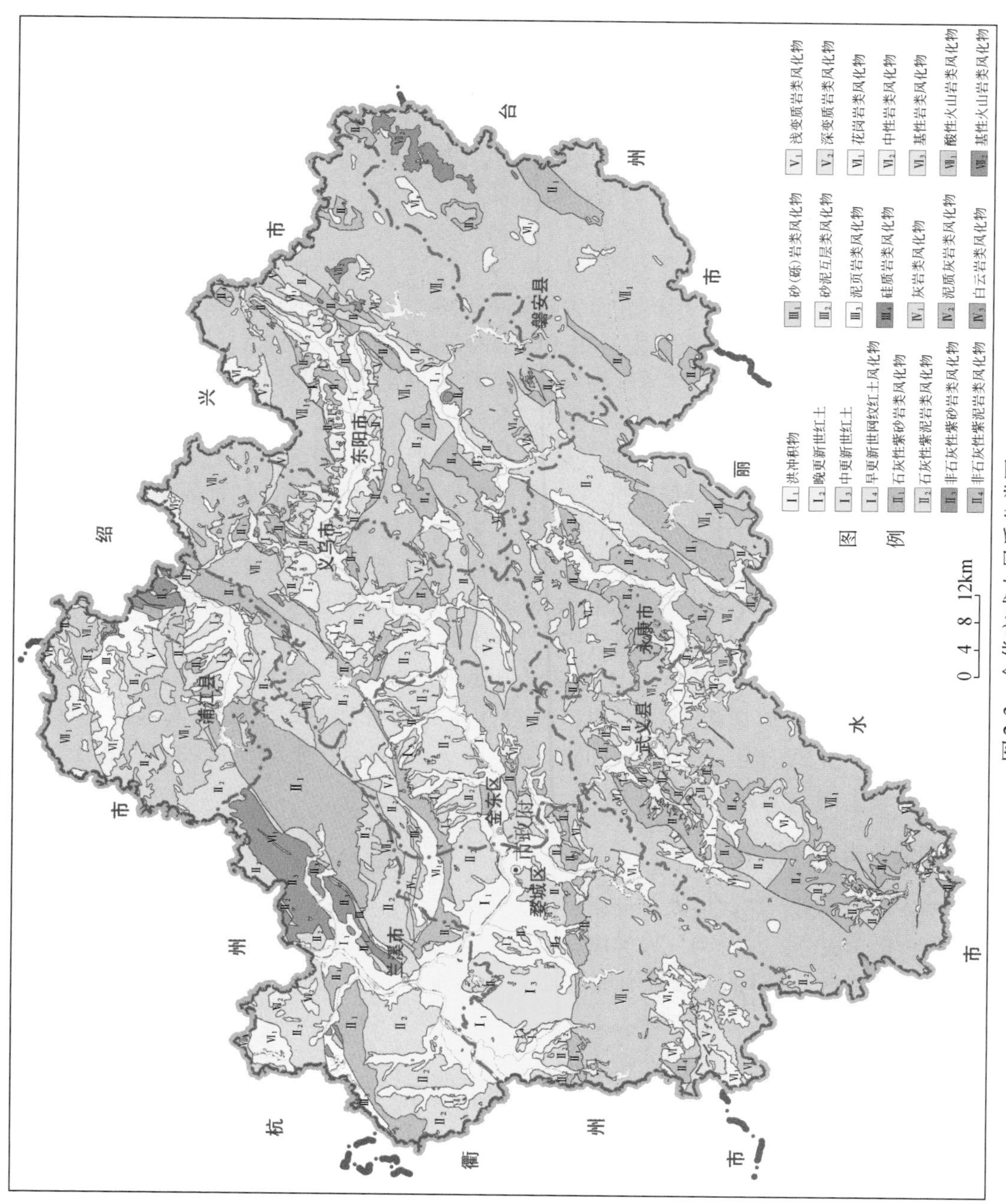

图 2-3　金华市成土母质分类图

石灰性紫砂岩和石灰性紫泥岩风化物土体较浅，一般小于100cm，剖面分异差，多为A-C型或A-Ac-C型。石灰性紫泥岩类风化物质地黏重，为壤质黏土、黏土；石灰性紫砂岩类风化物质地较轻，以砂质壤黏土为主，通透性好，适种性强。由于该类母质土层较薄，底层呈石灰性反应，农业种植受一定限制。

非石灰岩紫色泥岩和非石灰性紫色砂岩风化物土体浅薄，厚度不足1m，剖面分异差，以A-C型为主，质地分别为壤黏土和砂质壤土，无石灰性反应。非石灰性紫色泥岩风化物土壤有机质相对较高，而非石灰性紫色砂岩风化物土壤较贫瘠，含砂量高，结构松散，面蚀和沟蚀严重，在局部土层较厚处宜种植水果。

3. 碎屑岩类风化物

碎屑岩类风化物是指由古生代、元古宙沉积碎屑岩所形成的各类风化残积物，面积118km^2，占全区面积的1.1%，主要分布于金华西北部地区。依据岩石结构和元素地球化学特征，又可分为砂（砾）岩类风化物、砂泥互层类风化物、泥页岩类风化物和硅质岩类风化物四种类型。

砂（砾）岩类风化物主要由砂岩、砂砾岩风化而成，这类岩石具有砂状结构，碎屑物以石英、长石、岩屑为主，母岩抗风化能力较强，土体较浅薄，剖面发育差，下部含较多碎石，质地较轻，土壤疏松，通透性好；砂泥互层类风化物主要由石炭系叶家塘组、藕塘底组地层形成，该地层砂岩与泥岩互层产出，形成的土体较厚，质地适中，以壤质黏土为主；泥页岩类风化物主要由奥陶系长坞组和前震旦系休宁组地层形成，主要岩性有页岩、泥岩、粉砂岩、钙质泥岩等，土体厚在50～100cm，土壤剖面发育较差，屑粒状结构，含较多半风化页岩碎片，质地较黏，为壤黏土，易水土流失；硅质岩类风化物主要由下寒武统荷塘组地层形成，其岩性主要为硅质岩、泥质硅质岩，富含磷、碳，岩性坚硬，抗风化能力强，形成的土层浅薄（<50cm），土壤剖面发育差，土壤呈强酸性，主要土壤类型为粗骨土。

4. 碳酸盐岩类风化物

主要分布于兰溪、浦江境内，母质岩性为灰岩、白云质灰岩、泥质灰岩，根据母岩的矿物成分和化学成分，划分为灰岩类风化物、泥质灰岩类风化物和白云岩类风化物三种类型。其共同的特点是，土体浅薄、质地黏重、易溶蚀，土壤多呈弱酸—中性。

5. 变质岩风化物

根据成土特征，划分为浅变质岩类风化物和深变质岩类风化物两种类型。浅变质岩类风化物土体较厚（在150cm左右），剖面构型为A-（B）-C，质地为壤土，屑粒状结构，土层松软，矿物组成以石英、斜长石为主，次生矿物为伊利石、高岭石、蒙脱石，矿质元素丰富，土壤呈酸性；深变质岩类风化物土体深厚（>100cm），土壤发育良好，质地为壤黏土，成土后，土壤的团聚体发育，呈酸性，矿物组成以石英、钾长石、伊利石为主，土壤矿质元素含量较高，适种性较广泛，是良好的林木种植土壤。

6. 火山岩类风化物

火山岩类风化物主要集中分布于武义、磐安、东阳、永康等地的山区，是红壤、黄壤的母质，面积4942km^2，占总面积的45.9%。依据岩石化学性质，可划分为酸性火山岩类风化物和基性火山岩类风化物两种类型，以酸性火山岩类风化物的出露面积最大。

酸性火山岩类风化物主要由白垩系高坞组、西山头组、茶湾组、九里坪组火山岩风化而成，主要岩性为流纹质凝灰岩、熔结凝灰岩、流纹岩，岩石基质致密，抗风化能力强，是本区红壤、黄壤的主要成土母质。受地形地貌影响，母质层厚度及土壤剖面的发育情况存在差异，在低丘缓坡区土层厚在1m左右，土壤剖面发育良好，多为A-（B）-C型，质地以壤质黏土为主，呈酸性；在低山丘陵区，土体厚度不足1m，土壤质地以黏壤土为主，含碎块较多，表层疏松，底土坚实；在中低山区多形成黄壤，土体厚薄不一，剖面构型多为A_0-A-（B）-C型，质地以黏壤为主，呈酸性或强酸性。这类母质区主要为林木种植区。

基性火山岩类风化物主要分布于磐安、东阳境内，母岩主要为玄武岩，岩石具斑状和细粒状结构，块状构造，常形成台地地貌，岩石矿物成分为斜长石、辉石、角闪石等，易风化，土层较厚（多在1m以上），土壤发育较好，剖面分异明显，土壤质地匀细，微团结体发育，心土层紧实，土壤质地黏重，富含盐基，矿质元素丰富，保蓄性能好，适于桑、果、药材等作物的种植。

7. 侵入岩类风化物

侵入岩类风化物是指由侵入岩为母质所形成的风化残积物，根据岩性特征可划分为花岗岩类风化物、中性岩类风化物和基性岩类风化物三种类型。

花岗岩类风化物是侵入岩类风化物中最具代表性的母质类型，主要岩性为花岗斑岩、花岗闪长岩，矿物成分主要为石英、钾长石、斜长石及少量云母、磁铁矿，岩石呈斑状、粒状结构，极易风化，风化残积层厚度较大，可达1m至数米，风化物中石英砂砾含量较高，结持性弱，易侵蚀，常形成平缓的山丘。由于土体深厚，剖面分异明显，质地较轻，为黏壤土、壤质黏土、土层疏松，通透性好，钾素较高，少盐基。在这类母质上发育的土壤（红壤）十分适宜茶、果木和经济林木的种植。中性岩类风化物的母岩主要为安山岩、英安岩，基性岩类风化物母岩主要为辉绿岩，这类母岩在区内分布稀少，由于岩石中含暗色矿物（斜长石、角闪石）较多，风化残积物中的盐基成分较花岗岩类风化物要高。

2.5　土壤地球化学背景

2.5.1　土壤地球化学基准值

土壤元素基准值是指在未受人为污染条件下，反映原始沉积环境中的元素含量水平，也称为本底值。本区基准值，主要利用区域地球化学调查中所采集的深层（深度150cm左右）样品分析数据统计求取。表2-3列出了主要成土母质单元的元素基准值。

表2-3　金华地区土壤地球化学基准值

元素/氧化物	第四纪沉积物	紫色碎屑岩类风化物		碎屑岩类风化物	变质岩类风化物	侵入岩类风化物	酸性火山岩类风化物	全域
		石灰性	非石灰性					
Ag	57.7	57.6	51.4	45.3	55.7	49.6	55.3	
Al_2O_3	13.2	13.2	13.6	14.1	15.3	14.9	13.5	56.2
As	8.99	8.83	7.17	8.70	11.25	7.35	7.66	13.4
Au	1.32	1.28	1.07	1.47	1.30	1.35	1.07	8.44
B	38.7	40.6	29.5	40.5	29.3	31.2	28.6	1.23
Ba	512	505	605	381	552	594	632	35.6
Be	2.05	2.01	2.07	2.54	2.15	2.24	2.13	547
Bi	0.290	0.260	0.230	0.350	0.220	0.250	0.220	2.07
Br	1.83	1.81	2.03	2.01	2.00	2.86	2.40	0.258
C	0.440	0.440	0.460	0.460	0.470	0.480	0.480	2.01
CaO	0.32	0.38	0.32	0.41	0.29	0.47	0.27	0.454
Cd	125	126	138	104	138	182	136	0.33
Ce	76.6	75.3	76.9	77.1	83.3	88.8	83.5	131
Cl	44.6	45.4	47.1	42.3	41.5	48.3	51.8	78.3
Co	8.55	9.06	8.81	13.40	10.48	10.5	7.57	46.9
Cr	44.2	44.6	38.4	63.2	44.6	35.8	29.8	8.57
Cu	15.5	16.1	14.4	21.5	20.2	13.3	12.2	40.0
F	462	485	535	747	633	590	498	14.8
Fe_2O_3	4.34	4.31	4.34	5.52	5.33	4.23	3.84	492
Ga	15.9	15.8	16.4	17.2	18.3	18.4	16.7	4.21
Ge	1.49	1.49	1.52	1.54	1.34	1.38	1.47	16.2
Hg	45.8	42.9	41.0	87.0	37.8	43.0	44.7	1.49
I	2.49	2.31	2.51	2.68	3.92	2.8	2.87	44.3
K_2O	2.40	2.44	2.49	2.39	2.72	2.77	2.96	2.55
La	41.1	41.3	40.8	41.8	42.1	46.0	43.2	2.58
Li	39.7	41.0	36.9	37.9	39.9	38.7	38.8	41.8
MgO	0.620	0.720	0.700	0.800	0.690	0.760	0.630	39.7
Mn	518	504	629	502	643	747	594	0.667
Mo	1.03	1.02	1.09	1.65	1.36	1.46	1.07	548
N	454	459	453	544	496	446	483	1.06
Na_2O	0.600	0.640	0.570	0.350	0.470	0.680	0.640	464
Nb	21.6	20.4	20.9	20.0	18.1	21.8	22.5	0.620
Ni	13.9	13.7	12.2	20.4	15.9	13.0	9.8	21.3

续表

元素/氧化物	第四纪沉积物	紫色碎屑岩类风化物		碎屑岩类风化物	变质岩类风化物	侵入岩类风化物	酸性火山岩类风化物	全域
		石灰性	非石灰性					
OrgC	0.350	0.360	0.370	0.380	0.390	0.350	0.400	12.7
P	226	215	241	333	371	308	210	0.366
Pb	29.1	27.6	27.0	24.2	31.2	30.0	30.0	223
Rb	120	112	118	116	136	127	142	28.7
S	88.4	87.7	80.0	113	115	99.3	93.4	123
Sb	0.660	0.720	0.530	0.950	0.590	0.550	0.550	89.7
Sc	9.07	8.98	8.88	11.15	11.2	10.26	8.7	0.635
Se	0.190	0.190	0.190	0.270	0.260	0.230	0.200	8.98
SiO_2	73.9	73.9	73.0	72.6	68.1	71.5	73.5	0.196
Sn	3.52	3.24	2.56	2.97	4.18	3.24	3.03	73.6
Sr	60.8	66.0	71.8	52.2	60.4	76.6	69.3	3.22
Th	16.9	15.6	15.1	15.3	16.4	15.7	18.4	65.8
Ti	4287	4317	4013	5136	5323	4693	4002	16.7
Tl	0.800	0.740	0.790	0.690	1.02	0.760	0.920	4236
U	3.65	3.45	3.17	3.70	3.24	3.52	3.62	0.811
V	66.8	68.2	63.3	90.9	95.0	60.7	54.7	3.53
W	2.04	2.04	1.85	1.92	1.92	2.05	1.96	64.1
Zn	57.7	56.1	59.9	74.3	70.0	72.9	61.7	2.00
Zr	333	330	308	246	285	305	316	58.9
样品数	112	136	27	3	4	13	104	324

注：氧化物、OrgC、C含量单位为%，Ag、Au、Cd、Hg为ng/g，其余为mg/kg。

通过表2-3可知，第四纪沉积物和石灰性紫色碎屑岩类风化物中Ag、Zr元素含量的基准值稍高于其他成土母质的基准值；碎屑岩类风化物中的Au、B、Bi、Be、Co、Cu、Cr、F、Fe_2O_3、Ge、Hg、Mo、MgO、N、Ni、Sb、Se、U、Zn等元素含量的平均值稍高于其他成土母质的平均值；变质岩类风化物中的Al_2O_3、As、P、Rb、Sn、Tl等元素含量的平均值略高；侵入岩类风化物中的Br、CaO、Cd、Ce、Cl、Ga、La、Mn、Na_2O、Sr、W等元素含量的平均值略高；酸性火山岩类风化物中Ba、K_2O、Th等元素含量的平均值较高；SiO_2和Nb这两个元素含量在各成土母质单元中的含量变化不大。

2.5.2 不同母质发育土壤元素的平均含量

在不同成土母质发育的土壤中，第四纪沉积物和碎屑岩类风化物中的CaO含量稍高于其他土壤母质中的平均值；碎屑岩类风化物中的B、Mo的含量稍高于其他土壤母质中的平均值；碳酸盐岩风化物中的Cd、Cr、Cu、Hg的含量平均值稍高于其他土壤母质中元素的平均值；变质岩类风化物中的Al_2O_3、MgO、P、Tl、Zn的含量平均值稍高；侵入岩类风

化物中的 Na_2O 含量平均值稍高；Mn、Pb、SiO_2的含量平均值在各土壤母质中的相差不大（表 2-4）。

表 2-4　金华地区不同母质土壤元素平均含量

元素/氧化物	第四纪沉积物	紫色碎屑岩类风化物		碎屑岩类风化物	碳酸岩类风化物	变质岩类风化物	侵入岩类风化物	火山岩类风化物		全域
		石灰性	非石灰性					酸性	基性	
Al_2O_3	11.3	11.2	11.4	11.8	—	12.7	12.3	11.9	—	11.5
As	5.48	5.17	4.83	6.08	5.96	5.54	4.57	4.73	4.84	5.15
B	28.4	29.9	27.5	39.2	—	23.4	21.8	24.3	—	25.4
CaO	0.34	0.33	0.34	0.28	—	0.29	0.25	0.25	—	0.34
Cd	0.17	0.16	0.16	0.15	0.18	0.18	0.16	0.15	0.13	0.16
Cr	29.6	29.2	29.2	30.5	31.1	32.1	24.1	22.5	26.6	27.8
Cu	16.9	16.6	16.1	16.3	18.7	18.0	14.1	12.9	13.0	15.6
F	403	398	395	435	448	450	396	417	361	403
Fe_2O_3	3.22	3.22	3.24	3.37	—	3.32	3.02	2.98	—	3.33
Hg	0.076	0.065	0.061	0.074	0.073	0.064	0.066	0.061	0.061	0.067
K_2O	2.56	2.37	2.38	2.62	—	2.69	2.87	3.16	—	3.00
MgO	0.540	0.580	0.560	0.560	—	0.590	0.510	0.510	—	0.56
Mn	353	335	386	415	—	400	414	372		354
Mo	0.880	0.820	0.790	0.950	—	0.890	0.870	0.850	—	0.883
N	1286	1223	1279	1230	1092	1151	1277	1245	1344	1252
Na_2O	0.800	0.760	0.720	0.540	—	0.630	0.820	0.740	—	0.76
Ni	9.44	9.11	8.85	10.85	12.48	9.87	7.42	6.67	8.53	8.65
P	538	493	507	447	—	573	475	468	—	446
Pb	31.6	29.7	29.9	30.2	29.5	30.5	31.0	31.7	30.2	30.7
S	236	208	212	205	133	218	227	212	243	217
Se	0.21	0.19	0.19	0.21	0.21	0.22	0.20	0.20	0.23	0.20
SiO_2	77.4	77.5	77.6	75.6	—	74.7	75.7	76.7	—	77.2
Tl	0.690	0.640	0.620	0.640	0.640	0.670	0.720	0.750	0.680	0.673
Zn	66.7	64.2	66.1	69.3	72.0	72.7	71.4	67.1	71.0	66.5
样品数	477/6485	487/6505	108/1590	8/201	0/9	26/243	40/287	480/3443	0/144	1648/19122

注：氧化物、有机碳含量单位为%，其余为 mg/kg；统计数中前者为氧化物，后者为元素。

2.5.3　不同类型土壤元素背景值

土壤元素背景值是一个相对概念，指土壤在一定自然历史时期、一定地域内元素的丰度。以本次调查中的表层样品作为背景值的统计样品，调查区不同类型土壤元素背景值统计结果见表 2-5。从表中可看出，潮土中 Na_2O 背景含量均值稍高于其他土壤类型中的均值；粗骨土中的 K_2O 含量平均值高于其他土壤类型中元素含量平均值；黄壤中的 Mn、Mo、N、Rb、S 元素含量平均值明显偏高；石灰岩土中的 As、Cd、Cr、Cu、F、Ni、Se 元素含量明显高于其他土壤类型中的元素含量平均值；水稻土中的 Hg 元素含量略高于其他类型的土壤中的含量；岩性土中的 Al_2O_3、CaO、P、Zn 的元素含量明显偏高；Pb 在各类土壤类型中含量均值差别不大。

表 2-5　金华地区不同类型土壤元素背景值

元素/氧化物	潮土	粗骨土	红壤	黄壤	石灰岩土	水稻土	岩性土	紫色土	全域
Al_2O_3	11.6	11.8	11.9	12.0	12.6	11.2	12.5	11.3	11.5
As	5.19	5.00	4.96	3.87	5.93	5.41	3.72	4.91	5.15
B	27.9	24.4	24.6	26.9	—	28.5	18.9	30.0	25.4
CaO	0.390	0.250	0.270	0.170	0.370	0.350	0.420	0.320	0.34
Cd	0.159	0.143	0.153	0.119	0.172	0.168	0.167	0.155	0.16
Cr	24.2	23.0	25.4	21.2	34.1	29.1	26.6	29.0	27.8
Cu	14.6	13.2	14.8	10.6	17.0	16.8	16.6	16.0	15.6
F	424	414	404	384	428	405	409	394	403
Fe_2O_3	3.09	2.96	3.11	3.13	—	3.20	2.77	3.20	3.33
Hg	0.062	0.059	0.063	0.054	0.069	0.073	0.061	0.062	0.067
K_2O	3.00	3.12	2.88	3.09	2.09	2.47	2.43	2.48	3.00
MgO	0.580	0.520	0.520	0.500	0.580	0.550	0.500	0.580	0.56
Mn	—	685	553	735	—	394	—	—	479
Mo	—	0.780	0.880	1.03	—	0.850	—	—	0.883
N	1005	1159	1245	1354	1092	1292	1297	1208	1252
Na_2O	1.04	0.770	0.720	0.580	0.290	0.790	0.800	0.750	0.76
Ni	8.14	6.76	7.92	7.27	11.8	9.12	8.53	8.91	8.65
P	519	429	505	398	266	532	592	478	446
Pb	31.6	31.0	30.7	30.7	29.6	31.3	28.6	29.4	30.7
Rb	126	132	119	150	91	108	96	105	113
S	182	196	221	253	190	229	196	205	217
Se	0.194	0.194	0.203	0.205	0.233	0.205	0.175	0.189	0.20
SiO_2	77.0	76.9	76.7	76.8	78.4	77.4	75.5	77.6	77.2
Tl	0.850	0.740	0.690	0.850	0.570	0.670	0.560	0.650	0.673
Zn	70.3	64.0	67.5	71.0	66.4	66.4	75.3	63.5	66.5
样品数	27/260	299/1221	418/3874	22/84	1/16	656/9543	17/225	271/3872	1648/19122

注：氧化物含量单位为%，其余为 mg/kg；统计数中前者为氧化物，后者为元素。

第3章　土壤有益元素地球化学

土壤有益元素是指植物体必需的元素，依据植物体对有益元素的需要，一般分为大量元素、中量元素和微量元素。

3.1　有机碳与有机质

3.1.1　有机碳

1. 有机碳含量及分布

表3-1统计了金华地区主要类型土壤中有机碳（Organic Carbon）含量的地球化学参数，红壤、粗骨土、水稻土和紫色土中有机碳的平均含量差别不大，总体反映为水稻土中略高，其次为红壤、紫色土，粗骨土中含量最低。从空间变异性来看，变异系数均高于30%，说明土壤有机碳含量空间变化较明显，含量水平受生产活动等外界影响较大。

表3-1　土壤有机碳含量特征参数统计表

土壤类型	样本数/件	平均值/%	标准离差	变异系数/%
红　壤	981	1.34	0.53	39
粗骨土	362	1.25	0.65	52
水稻土	2471	1.37	0.49	36
紫色土	1070	1.26	0.52	41

图3-1显示，调查区土壤有机碳含量呈现为中低背景分布，其中低背景区主要分布于兰溪市、金东区和义乌市等地，含量水平低于0.99%；土壤有机碳高背景区则集中分布于婺城区、武义县、永康市和东阳市一带，含量水平高于1.61%。

2. 有机碳含量变化

表3-2为调查区2002年和2010年两个时期土壤有机碳含量统计表。两批数据统计结果，发现2002年有机碳平均含量为1.09%，2010年为1.26%，表明近10年来，本区土壤中的有机碳含量有了小幅提升。

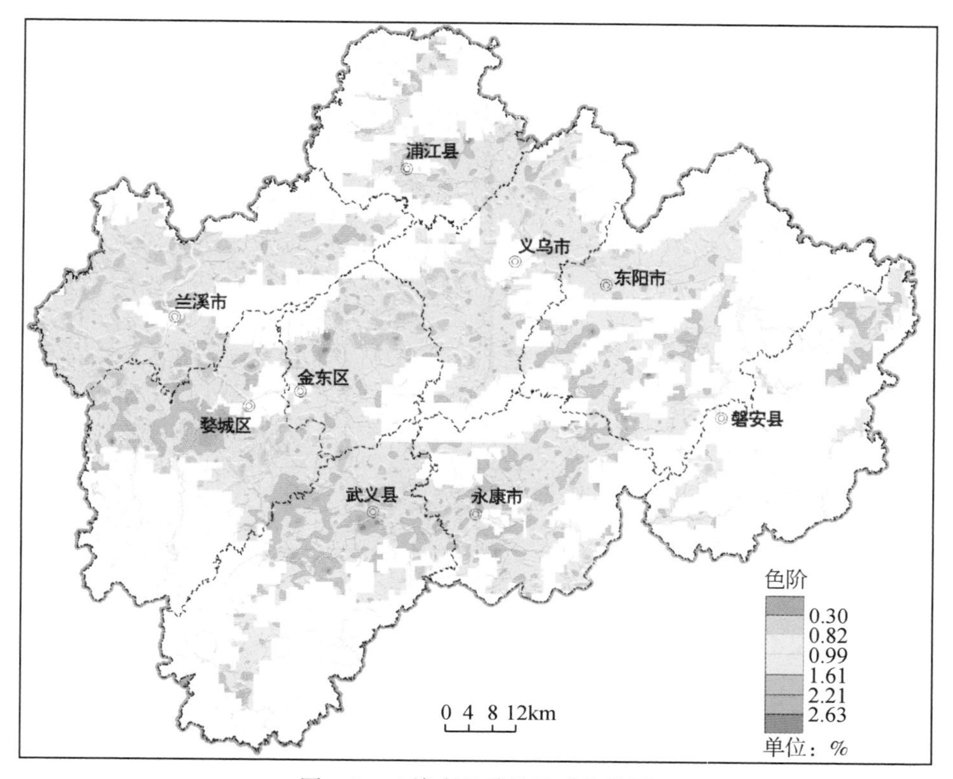

图3-1　土壤有机碳的地球化学图

表3-2　不同时期表层土壤有机碳含量统计

时期	样本数/件	平均值/%	标准离差	变异系数/%	极大值	极小值
2002年	1498	1.09	0.22	20	2.56	0.29
2010年	5047	1.26	0.31	25	5.06	0.09

3.1.2　有机质

土壤有机质中很大部分是由碳组成，根据文献资料，采用土壤有机碳含量的1.72倍作为有机质的含量。根据浙江省耕地质量调查土壤养分标准提出的方案作为分级评价标准，统计了金华市耕地土壤有机质的含量分级情况（表3-3）。结果显示，调查区有机质以四级土壤为主，占调查区面积比例的43.63%，其次为五级、三级土壤，分别占32.38%和14.44%，而一级、二级、六级土壤所占调查区面积的比例，均在10%以下，其中一级土壤仅占0.77%。

表 3-3 金华市土壤有机质含量分级结果

行政区	样本数/件	一级	二级	三级	四级	五级	六级
		(>5%)	(5%~4%)	(4%~3%)	(3%~2%)	(2%~1%)	(<1%)
		所占比例/%					
金华市	5047	0.77	2.89	14.44	43.63	32.38	5.88
金东区	468	0.64	2.35	7.05	42.09	40.38	7.48
婺城区	518	0.77	3.86	24.52	38.80	24.90	7.14
兰溪市	909	0.55	1.43	7.59	39.82	41.80	8.80
义乌市	661	0.30	1.21	8.77	43.57	38.43	7.72
东阳市	641	0.94	2.65	13.10	48.67	31.36	3.28
永康市	690	0.87	3.48	19.86	44.06	26.81	4.93
浦江县	351	1.14	1.71	15.10	51.00	28.49	2.56
武义县	590	1.36	6.78	21.53	41.69	24.75	3.90
磐安县	219	0.46	3.20	18.72	51.60	22.83	3.20

图 3-2 反映的是土壤有机质在区域上的分布特征。由图可见，五级土壤主要分布在兰溪市北部和金东-义乌-东阳北东向条带上，其他地区零星分布；三级土壤主要分布在婺城区，在磐安北部和武义-永康-东阳北东向条带上有零星分布；而有机质一级、二级、六级水平的土壤分布极少。

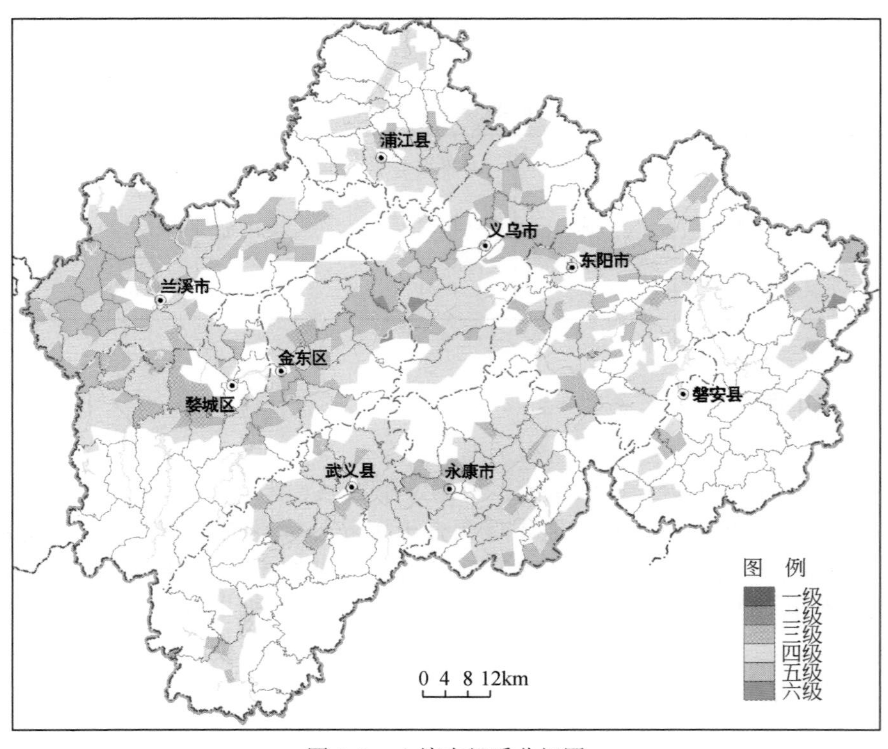

图 3-2 土壤有机质分级图

3.2　大量元素

3.2.1　氮（N）

1. 氮的含量及分布

金华市耕地土壤中的氮平均含量为 1252mg/kg，含量变化较大，为 187～6027mg/kg，平均值略高于金衢盆地平均值（1201mg/kg），低于浙江省平均值（1424mg/kg）。各类土壤中氮含量依次为黄壤（1544mg/kg）、水稻土（1392mg/kg）、岩性土（1348mg/kg）、红壤（1297mg/kg）、紫色土（1241mg/kg）、粗骨土（1126mg/kg）、石灰岩土（1054mg/kg）和潮土（964mg/kg）。

图 3-3 所示，高背景区主要分布在婺城区南侧，含量在 2600mg/kg 以上，而低背景区则主要分布在金衢盆地东阳市、义乌市、金东区和兰溪市等地区的北东向条带内，含量水平低于 840mg/kg。

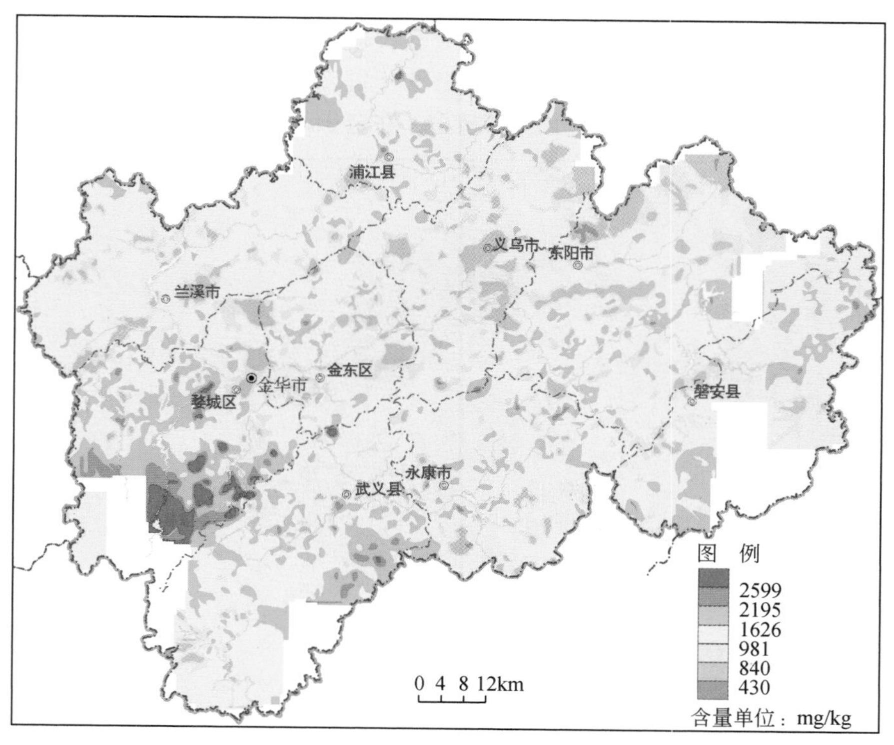

图 3-3　土壤氮的地球化学图

2. 氮的含量分级

依据浙江省耕地质量调查土壤养分标准提出的方案作为分级评价标准，统计了金华市耕地土壤氮的含量分级情况（表3-4）。结果显示，调查区全氮以四级为主，占调查区面积比例的40.37%，其次为三级、五级，分别占23.93%和23.37%，而一级、二级、六级所占调查区面积的比例不高，均在10%以下。

表3-4 金华市土壤氮含量分级结果 单位：mg/kg

行政区	样本数/件	一级	二级	三级	四级	五级	六级
		>2500	2500~2000	2000~1500	1500~1000	1000~500	≤500
		所占比例/%					
金华市	19168	1.98	7.67	23.93	40.37	23.37	2.68
金东区	1847	1.73	5.96	18.95	41.53	28.70	3.14
婺城区	2340	6.07	14.96	25.21	31.50	19.57	2.69
兰溪市	3472	0.95	3.77	20.02	44.56	28.77	1.93
义乌市	2405	0.87	3.12	17.09	44.86	29.90	4.16
东阳市	2462	1.02	7.31	29.24	42.00	18.20	2.23
永康市	2305	1.39	10.07	27.64	37.57	19.70	3.64
浦江县	1328	1.13	7.76	29.44	40.44	19.43	1.81
武义县	2231	2.91	10.40	27.25	37.02	20.48	1.93
磐安县	778	1.93	7.33	23.65	44.34	20.18	2.57

将土壤氮含量分级评价结果落在土地利用图斑上（图3-4），金华调查区土壤全氮一级和六级水平的土壤分布极少，以四级土壤分布较多，在金华调查区范围均有分布，其次为五级

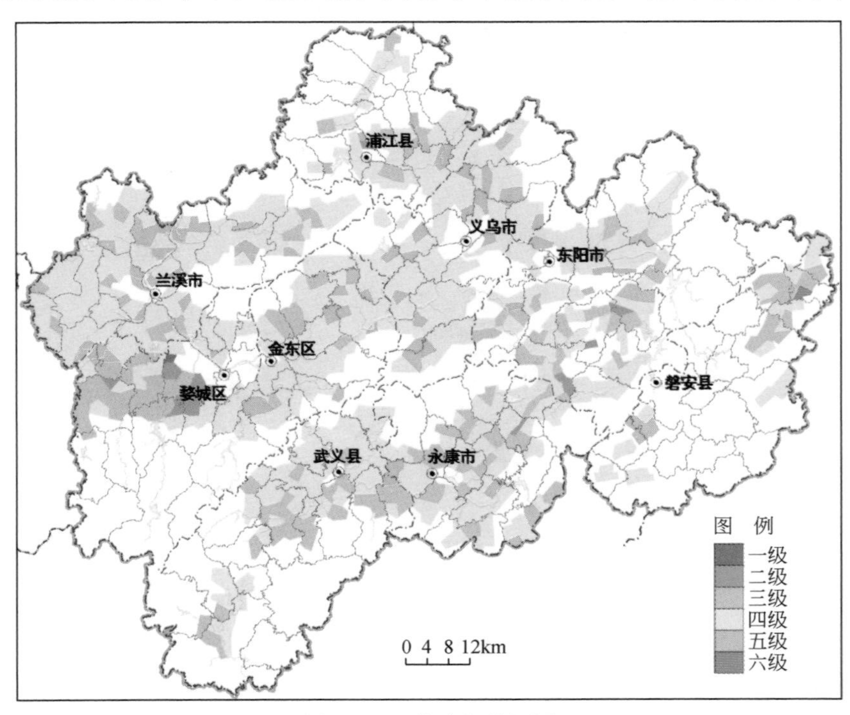

图3-4 土壤全氮分级图

土壤，主要分布在兰溪市北部和金东–义乌–浦江北东向条带上，其他地区零星分布，二级、三级土壤主要分布在婺城区和磐安县的北部以及武义–永康–东阳北东向条带上。

3.2.2　磷（P）

1. 磷的含量及分布

土壤全磷含量的平均值为446mg/kg，含量变化较大，为36～2901mg/kg，平均值低于金衢盆地平均值576mg/kg，略低于浙江省平均值471mg/kg。各类土壤中磷含量依次为石灰岩土（615mg/kg）、岩性土（589mg/kg）、水稻土（530mg/kg）、潮土（519mg/kg）、紫色土（440mg/kg）、红壤（415mg/kg）、黄壤（399mg/kg）和粗骨土（358mg/kg）。

图3-5所示，全磷高背景区主要分布在金东区、婺城区、兰溪市、武义县和浦江县，含量主要在600mg/kg以上，而低背景区则分布在东阳市、磐安县、义乌市和永康市等地区，含量水平低于350mg/kg。

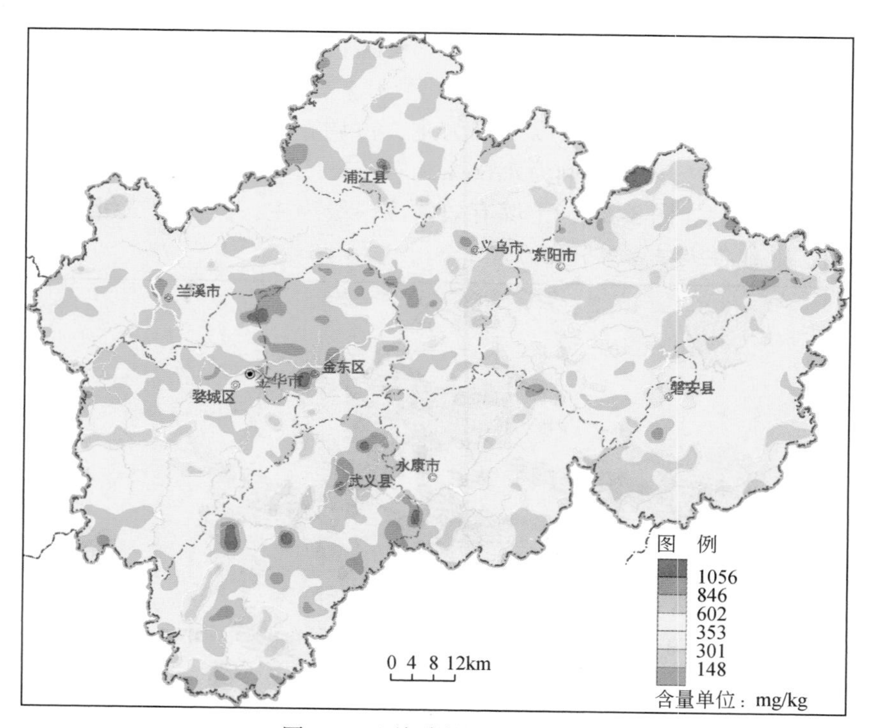

图3-5　土壤磷的地球化学图

2. 有效磷的含量及分级

根据分级评价标准，统计了金华市耕地土壤有效磷的含量分级情况（表3-5）。

表 3-5 金华市土壤有效磷含量分级结果 单位：mg/kg

行政区	样本数/件	一级	二级	三级	四级	五级	六级
		>30	30～15	15～10	10～5	5～3	≤3
		所占比例/%					
金华市	5047	39.43	16.62	9.47	14.23	8.66	11.59
金东区	468	54.91	19.02	8.55	7.69	4.70	5.13
婺城区	518	42.86	16.60	8.69	12.93	7.34	11.58
兰溪市	909	30.80	19.03	11.44	17.49	9.79	11.44
义乌市	661	38.58	16.64	8.02	14.37	8.77	13.62
东阳市	641	29.02	18.10	10.14	17.94	12.64	12.17
永康市	690	34.93	12.03	8.99	14.64	11.74	17.68
浦江县	351	42.17	17.09	10.83	14.25	7.41	8.26
武义县	590	44.58	14.92	10.34	12.88	5.76	11.53
磐安县	219	63.01	15.53	4.57	8.68	3.65	4.57

土壤有效磷平均值为5.44mg/kg，含量变化很大，为0.14～1132mg/kg。各类土壤中有效磷含量依次为潮土（31.19mg/kg）、黄壤（23.12mg/kg）、石灰岩土（18.94mg/kg）、岩性土（9.30mg/kg）、紫色土（6.33mg/kg）、水稻土（6.15mg/kg）、红壤（4.01mg/kg）和粗骨土（3.40mg/kg）。

结果显示，金华市土壤有效磷以一级为主，占调查区面积比例的39.43%，二级占16.62%，五级相对较少，所占比例为8.66%。

落在农用地图斑上（图3-6），土壤有效磷以一级为主，其次为二级，主要分布在兰溪市和东阳市，其他各级呈零星分布。

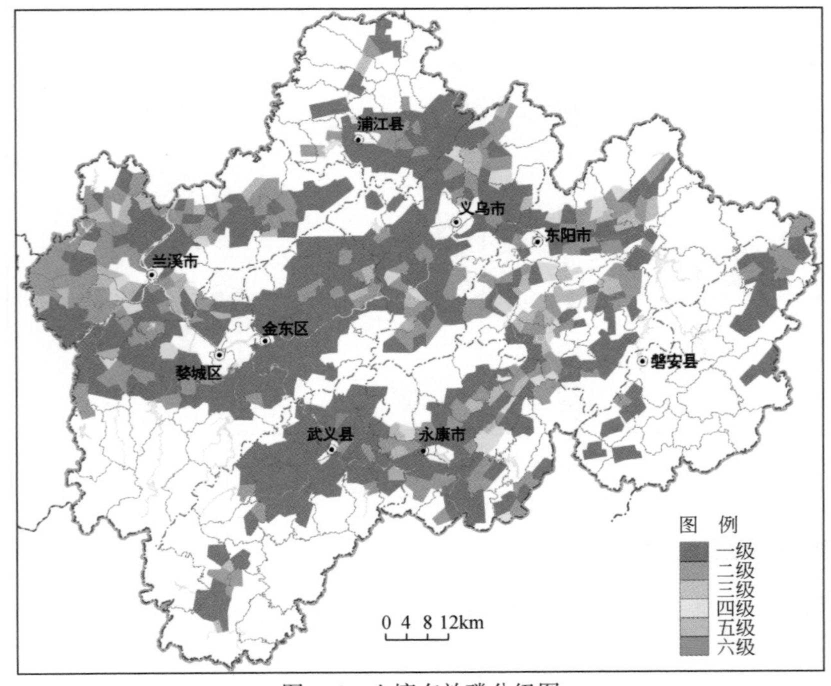

图3-6 土壤有效磷分级图

3.2.3　钾（K）

1. 钾的含量及分布

土壤钾含量（以 K_2O 计）的平均值为3.0%，含量为0.97%～8.73%，平均值略高于金衢盆地平均值2.81%，高于浙江省平均值1.78%。各类土壤中钾含量依次为粗骨土（3.43%）、黄壤（3.22%）、红壤（3.11%）、潮土（3.0%）、紫色土（2.56%）、水稻土（2.48%）、岩性土（2.48%）和石灰岩土（2.25%）。

图3-7所示，钾低值区分布在婺城区–金东区–义乌市–浦江县和永康市–武义县两个条带内，含量值低于2.4%，这是由于金衢盆地内第四纪红土遭受长期风化、淋溶，钾流失严重；高值区主要分布在武义县、婺城区、金东区三者交界处至永康市、义乌市两者交界处至东阳市、磐安县两者交界处的一个条带内，含量值普遍高于3.5%。

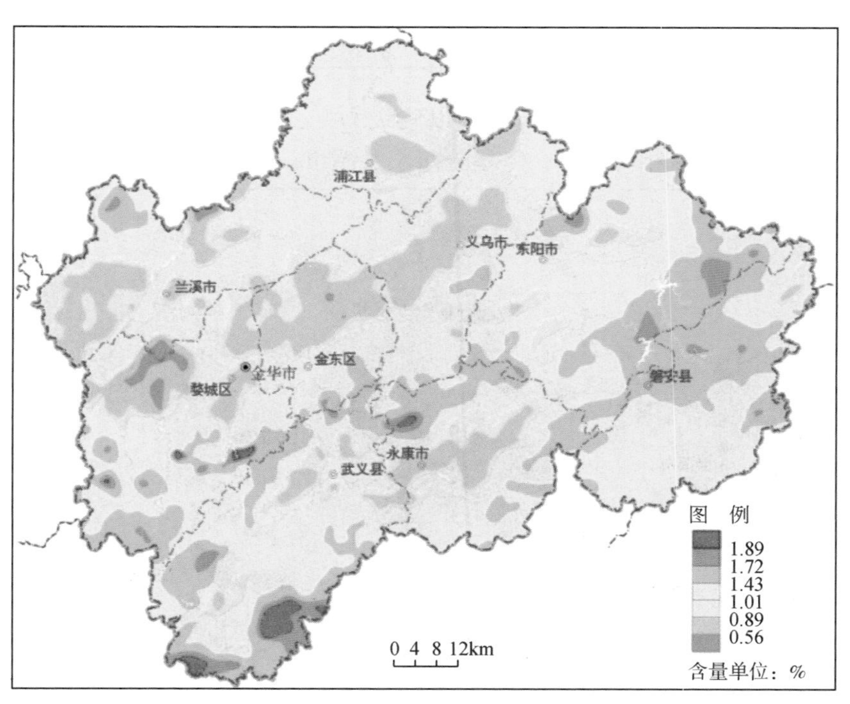

图3-7　土壤钾的地球化学图

2. 速效钾的含量及分级

土壤速效钾均值106mg/kg，含量为1.52～1148mg/kg。各类土壤中速效钾含量依次为黄壤（130mg/kg）、岩性土（125mg/kg）、粗骨土（117mg/kg）、潮土（117mg/kg）、水稻土（107mg/kg）、红壤（106mg/kg）、紫色土（97.57mg/kg）和石灰岩土（87.48mg/kg）。

根据分级评价标准，统计了金华市耕地土壤速效钾的含量分级情况（表3-6）。结果显示，土壤速效钾以三级为主，占调查面积的36.54%，六级所占比例较小，其他各级相差不大，均在10%以上。

表3-6 金华市土壤速效钾含量分级结果 单位：mg/kg

行政区	样本数/件	一级	二级	三级	四级	五级	六级
		>200	200~150	150~100	100~80	80~50	≤50
		所占比例/%					
金华市	5047	14.36	16.54	36.54	18.05	13.93	0.57
金东区	468	19.23	16.03	36.75	15.60	11.75	0.64
婺城区	518	10.23	11.78	37.84	23.17	16.22	0.77
兰溪市	909	12.43	12.43	32.56	22.11	20.13	0.33
义乌市	661	15.73	20.57	36.16	18.76	8.77	0
东阳市	641	12.64	17.00	37.75	15.91	16.07	0.62
永康市	690	12.46	20.29	37.25	16.67	13.04	0.29
浦江县	351	14.81	16.52	42.17	16.52	9.69	0.28
武义县	590	16.44	17.63	32.37	16.95	15.08	1.53
磐安县	219	22.37	17.81	47.03	8.22	3.20	1.37

农用地图斑上（图3-8），土壤速效钾以三级为主，一级、二级、四级、五级分布比例相差不大，其中，五级相对较少，零星分布于兰溪市、东阳市、义乌市和武义县。

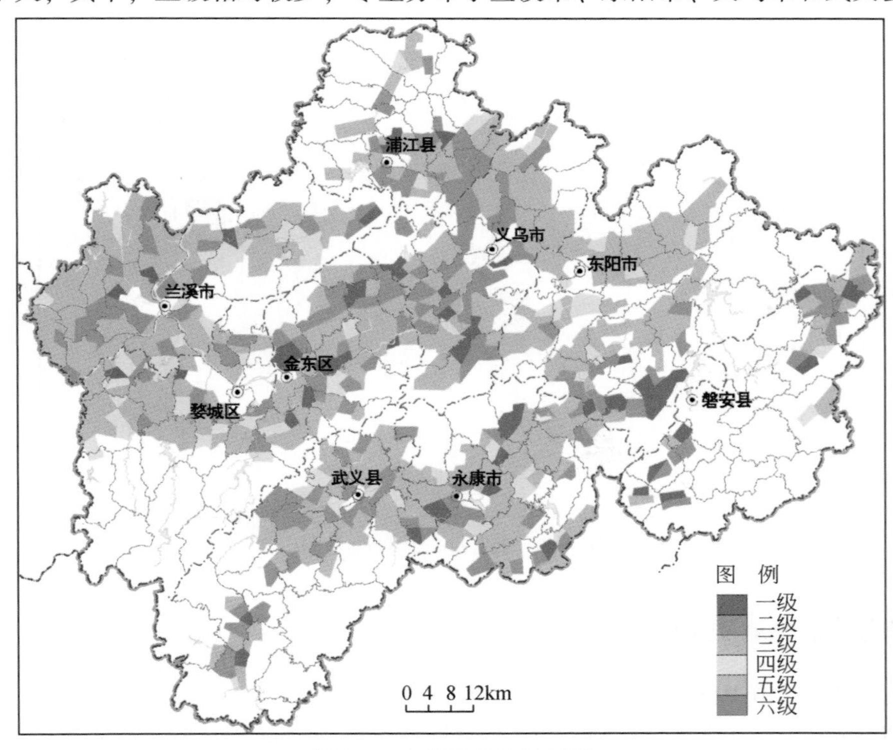

图3-8 土壤速效钾分级图

3.3 中量元素

3.3.1 钙（Ca）

土壤钙（以CaO计）含量的平均值为0.34%，含量变化较大，为0.06%～15.84%，平均值略低于金衢盆地平均值（0.36%），高于浙江省平均值（0.17%）。各类土壤中钙含量依次为石灰岩土（5.68%）、岩性土（0.77%）、潮土（0.39%）、紫色土（0.37%）、黄壤（0.36%）、水稻土（0.36%）、红壤（0.34%）和粗骨土（0.29%）。

钙高值区主要分布在兰溪市-金东区-浦江县-义乌市和婺城区南侧-武义县-永康市-磐安县的两个条带上，其中以前者分布范围较广，含量值在0.50%以上，而低值区则分布在婺城区-金东区南侧-义乌市南侧-东阳市的条带上，在武义县南部、永康市南部和磐安县南部也有零星分布（图3-9）。

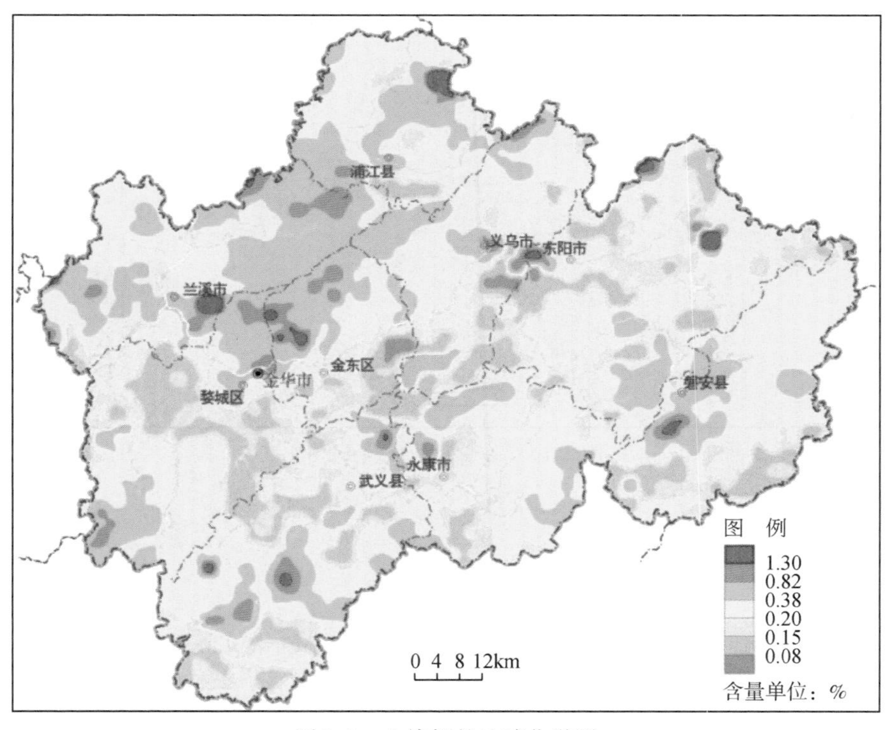

图3-9 土壤钙的地球化学图

3.3.2 镁（Mg）

土壤镁（以MgO计）含量的平均值为0.56%，含量为0.09%～5.62%。平均值与金衢盆地平均值（0.56%）持平，低于浙江省平均值（0.73%），各类土壤中氧化镁含量依次为石灰岩土（1.65%）、岩性土（1.13%）、紫色土（0.61%）、黄壤（0.6%）、潮土（0.57%）、红壤（0.56%）、水稻土（0.55%）和粗骨土（0.53%）。

镁高值区主要分布在兰溪市、浦江县东侧、婺城区南西侧、武义县中部和磐安县中部，在东阳市、义乌市、金东区也有零星分布，含量值高于0.80%，低值区则主要分布在婺城区中部、武义县北侧、金东区南侧、永康市和磐安县南侧，在浦江县南侧、义乌市和东阳市有零星分布（图3-10）。

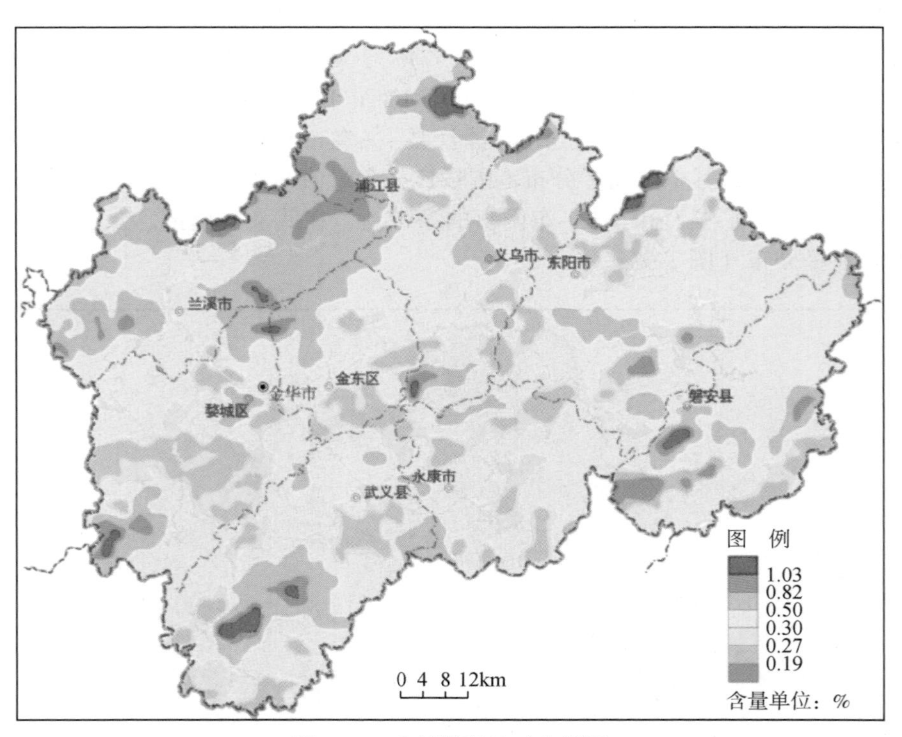

图3-10 土壤镁的地球化学图

3.3.3 硫（S）

土壤硫含量平均值为217mg/kg，含量变化较大，为45~2926mg/kg，平均值低于金衢盆地平均值（286mg/kg），低于浙江省平均值（297mg/kg）。各类土壤中硫含量依次为黄壤（251mg/kg）、水稻土（237mg/kg）、红壤（218mg/kg）、岩性土（192mg/kg）、紫色土（189mg/kg）、石灰岩土（188mg/kg）、粗骨土（168mg/kg）和潮土（159mg/kg）。

硫高值区主要分布在武义县南西侧、金东区西侧和南侧以及磐安县的北东侧，含量值高于550mg/kg，次高值区则在婺城区和浦江县大面积分布，在义乌市、东阳市和永康市零星分布，含量水平在300mg/kg以上，而低值区则主要分布在兰溪市、义乌市和东阳市，在磐安县、永康市和金东区等地也有零星分布。

3.4　微量元素

3.4.1　铁（Fe）

1. 铁的含量及分布

土壤铁（以 Fe_2O_3 计）含量的平均值为3.33%，含量为1.01%～14.12%，平均值略高于金衢盆地平均值3.23%，高于浙江省平均值3.19%。各类土壤中铁含量依次为岩性土（6.28%）、石灰岩土（4.11%）、黄壤（3.55%）、紫色土（3.42%）、水稻土（3.31%）、红壤（3.31%）、粗骨土（3.19%）和潮土（3.13%）。

铁高值区与低值区分布比较零散，高值区主要分布于金东区、婺城区、兰溪市、浦江县、武义县和磐安县等地区，含量值高于4.30%，而低值区零星分布于永康市、东阳市、义乌市以及金东区婺城区的南部（图3-11）。

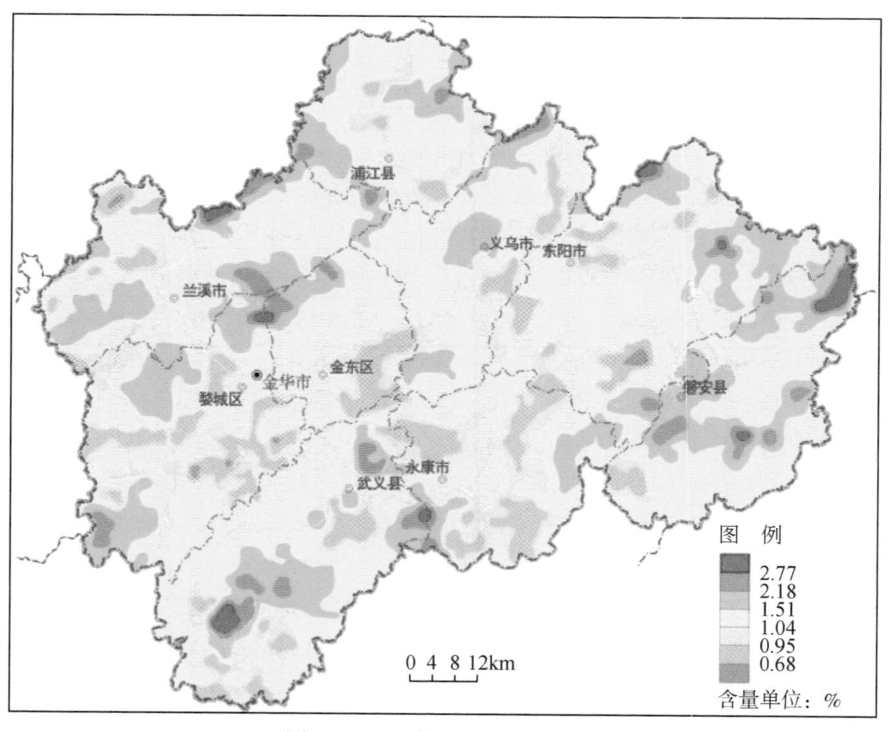

图3-11　土壤铁的地球化学图

2. 有效铁的含量及分布

土壤有效铁含量为0.43～539mg/kg，平均值为121mg/kg，高于浙江省有效铁平均含量（81.49mg/kg）。各类土壤中有效铁含量依次为石灰岩土（160mg/kg）、水稻土（145mg/kg）、黄壤（128mg/kg）、紫色土（117mg/kg）、潮土（116mg/kg）、红壤（91.51mg/kg）、岩性土（75.96mg/kg）和粗骨土（43.32mg/kg）。

根据分级评价标准，统计了金华市耕地土壤有效铁的含量分级情况（表3-7）。结果显示，在调查区内有效铁整体呈丰富水平，以一级土壤为主，占调查区面积的92.35%，其次为二级、三级土壤，所占比例分别为3.86%、2.75%，而四级、五级土壤所占比例极小，均不超过1%。

表3-7　金华市土壤有效铁含量分级结果　　单位：mg/kg

行政区	样本数/件	一级	二级	三级	四级	五级
		>20	20～10	10～4.5	4.5～2.5	≤2.5
		所占比例/%				
金华市	5047	92.35	3.86	2.75	0.65	0.38
金东区	468	92.52	4.27	1.50	1.07	0.64
婺城区	518	90.15	4.44	3.67	1.16	0.58
兰溪市	909	90.54	4.51	4.29	0.55	0.11
义乌市	661	89.86	5.30	4.39	0.45	0
东阳市	641	95.94	2.50	1.40	0.16	0
永康市	690	92.90	2.90	2.17	1.01	1.01
浦江县	351	94.02	3.70	1.71	0.57	0
武义县	590	93.22	3.56	1.69	0.68	0.85
磐安县	219	94.98	2.74	2.28	0	0

3.4.2 锰（Mn）

1. 锰的含量及分布

土壤锰含量的平均值为479mg/kg，含量变化较大，为104～2370mg/kg，平均值高于金衢盆地平均值（377mg/kg），略高于浙江省平均值（448mg/kg）。各类土壤中锰含量依次为黄壤（748mg/kg）、岩性土（652mg/kg）、石灰岩土（619mg/kg）、红壤（550mg/kg）、粗骨土（520mg/kg）、潮土（391mg/kg）、紫色土（351mg/kg）和水稻土（351mg/kg）。

锰高值区分布在金华的南西侧的武义县、婺城区，南东侧的磐安县和北侧的浦江县、义乌市，在金东区、婺城区和兰溪市的交界处也有零星分布，含量值高于700mg/kg，低值区基本上分布在金华的中部地区（图3-12）。

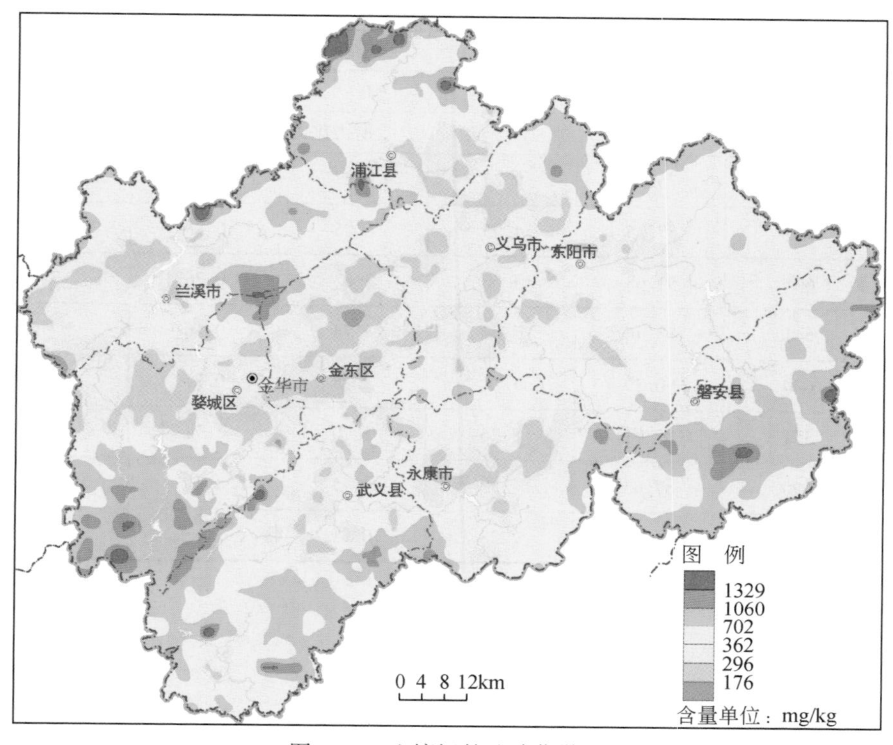

图 3-12　土壤锰的地球化学图

2. 有效锰的含量及分级

土壤有效锰含量变化较大，为 0.40 ~2146mg/kg，平均值为 26.51mg/kg，远低于浙江省有效锰平均含量（115mg/kg）。各类土壤中有效锰含量依次为岩性土（209mg/kg）、潮土（69.8mg/kg）、石灰岩土（50.0mg/kg）、黄壤（44.7mg/kg）、粗骨土（32.75mg/kg）、水稻土（26.81mg/kg）、紫色土（25.99mg/kg）和红壤（22.15mg/kg）。

根据分级评价标准，统计了金华市耕地土壤有效锰的含量分级情况（表 3-8）。结果显示，金华地区有效锰整体呈丰富水平，以一级土壤为主，占调查区面积的 87.44%，其次为二级土壤，所占比例为 5.77%，而三级、四级、五级土壤所占比例极小，均不超过 5%。

表 3-8　金华市土壤有效锰含量分级结果　　单位：mg/kg

行政区	样本数/件	一级	二级	三级	四级	五级
		>15	15 ~ 10	10 ~ 5	5 ~ 3	≤3
		所占比例/%				
金华市	5047	87.44	5.77	4.68	1.05	1.07
金东区	468	87.82	6.41	3.42	1.07	1.28

续表

行政区	样本数/件	一级	二级	三级	四级	五级
		>15	15 ~ 10	10 ~ 5	5 ~ 3	≤3
		所占比例/%				
婺城区	518	75.68	9.27	9.27	2.90	2.90
兰溪市	909	87.35	4.95	6.05	0.88	0.77
义乌市	661	91.68	3.63	3.63	0.76	0.30
东阳市	641	88.46	7.02	3.74	0.16	0.62
永康市	690	90.29	5.51	2.75	0.87	0.58
浦江县	351	82.91	8.26	5.70	1.71	1.42
武义县	590	87.63	4.58	4.75	1.19	1.86
磐安县	219	96.80	2.28	0.91	0	0

3.4.3 铜（Cu）

1. 铜的含量及分布

土壤铜含量的平均值为15.61mg/kg，含量变化较大，为1.0 ~ 756mg/kg，平均值低于金衢盆地平均值（18.08mg/kg），略低于浙江省平均值（17.6mg/kg）。各类土壤中铜含量依次为石灰岩土（19.54mg/kg）、岩性土（19.37mg/kg）、水稻土（16.99mg/kg）、紫色土（16.0mg/kg）、潮土（13.05mg/kg）、红壤（12.34mg/kg）、粗骨土（10.04mg/kg）和黄壤（8.59mg/kg）。

铜高值区分布在金华北部地区，在磐安县北东侧、永康市中部和武义县中部也有零星分布，其中磐安县由于玄武岩高背景，而永康县则是小五金业人为污染，含量值高于22.0mg/kg；低值区分布在金华南部地区，在义乌市、磐安县有零星分布（图3-13）。

2. 有效铜的含量及分级

土壤有效铜含量变化较大，为0.03 ~ 467mg/kg，平均值为1.6mg/kg，低于浙江省有效铜平均含量（4.3mg/kg）。各类土壤中有效铜含量依次为石灰岩土（4.25mg/kg）、潮土（2.33mg/kg）、水稻土（2.18mg/kg）、岩性土（1.37mg/kg）、紫色土（1.22mg/kg）、红壤（1.07mg/kg）、黄壤（0.91mg/kg）和粗骨土（0.70mg/kg）。

根据分级评价标准，统计了金华市耕地土壤有效铜的含量分级情况（表3-9）。

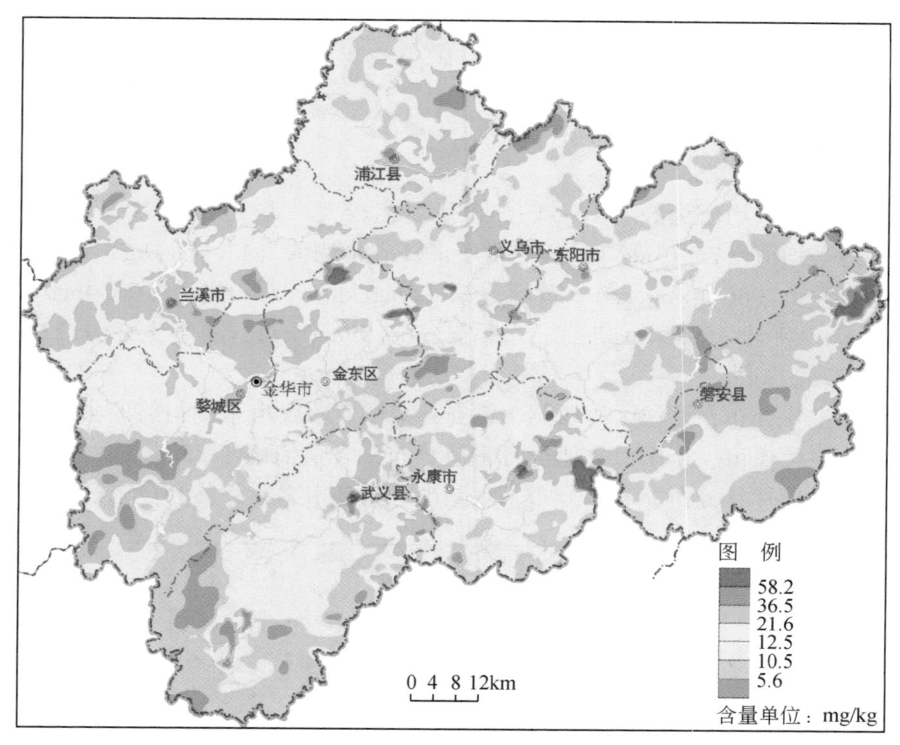

图 3-13　土壤铜的地球化学图

表 3-9　金华市土壤有效铜含量分级结果　　单位：mg/kg

行政区	样本数/件	一级	二级	三级	四级	五级
		>2.0	2.0～1.0	1.0～0.2	0.2～0.1	≤0.1
		所占比例/%				
金华市	5047	51.38	27.44	19.64	1.39	0.16
金东区	468	51.28	31.20	16.88	0.64	0
婺城区	518	71.62	14.86	12.93	0.58	0
兰溪市	909	63.26	21.56	14.74	0.44	0
义乌市	661	48.41	30.71	19.21	1.21	0.45
东阳市	641	40.09	37.44	20.44	1.87	0.16
永康市	690	46.23	31.01	21.45	1.16	0.14
浦江县	351	62.39	19.09	16.24	2.28	0
武义县	590	40.00	26.61	28.98	3.90	0.51
磐安县	219	25.57	38.81	35.16	0.46	0

结果显示，金华地区有效铜整体呈丰富水平，以一级土壤为主，占调查区面积的51.38%，其次为二级土壤，所占比例为27.44%，三级土壤所占比例为19.64%，四级、五级土壤所占比例很小，其中五级土壤仅为0.16%。

3.4.4 锌（Zn）

1. 锌的含量及分布

土壤锌含量的平均值为66.54mg/kg，含量变化较大，为10.70～2021mg/kg，平均值低于金衢盆地平均值（72.13mg/kg），略低于浙江省平均值（17.6mg/kg）。各类土壤中铜含量依次为岩性土（86.14mg/kg）、黄壤（74.05mg/kg）、石灰岩土（73.4mg/kg）、红壤（69.85mg/kg）、潮土（69.64mg/kg）、水稻土（66.99mg/kg）、粗骨土（64.22mg/kg）和紫色土（61.77mg/kg）。

锌高值区主要分布在婺城区南西侧、磐安县南侧、永康市东侧与磐安县交界处以及浦江县的北侧，在兰溪市、东阳市等地也有零星分布，含量值高于85mg/kg，低值区分布比较零散，没有形成片状分布，零星分布于东阳市、义乌市、浦江县和金东区（图3-14）。

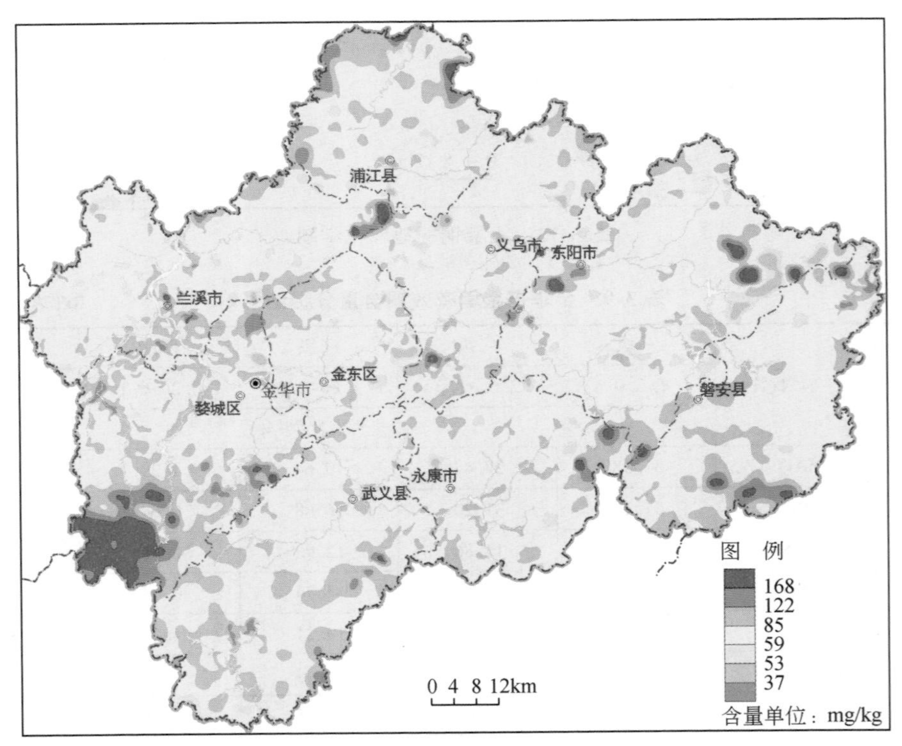

图3-14 土壤锌的地球化学图

2. 有效锌的含量及分级

土壤有效锌含量变化较大，为0.15～283mg/kg，平均值为3.76mg/kg，低于浙江省有效锌平均含量（5.43mg/kg）。各类土壤中有效锌含量相差不大，依次为石灰岩土（5.36mg/kg）、岩性土（5.24mg/kg）、潮土（5.14mg/kg）、水稻土（4.12mg/kg）、红壤

(3.58mg/kg)、粗骨土（3.31mg/kg）、紫色土（3.27mg/kg）和黄壤（2.95mg/kg）。

根据分级评价标准，统计金华市耕地土壤有效锌的含量分级情况（表3-10）。

表3-10　金华市土壤有效锌含量分级结果　　单位：mg/kg

行政区	样本数/件	一级	二级	三级	四级	五级
		>3.0	3.0~1.0	1.0~0.5	0.5~0.3	≤0.3
		所占比例/%				
金华市	5047	76.32	22.11	1.21	0.30	0.06
金东区	468	76.28	21.58	1.92	0.21	0
婺城区	518	80.50	16.99	2.12	0.19	0.19
兰溪市	909	65.13	32.56	1.76	0.44	0.11
义乌市	661	70.95	26.93	1.21	0.76	0.15
东阳市	641	73.63	24.96	1.09	0.31	0
永康市	690	89.28	10.14	0.43	0.14	0
浦江县	351	89.74	9.12	0.85	0.28	0
武义县	590	78.47	21.02	0.51	0	0
磐安县	219	68.95	30.59	0.46	0	0

结果显示，金华地区有效锌整体呈丰富水平，以一级土壤为主，占调查区面积的76.32%，其次为二级土壤，所占比例为22.11%，三级、四级、五级土壤所占比例较小，其中，四级、五级土壤分别为0.3%和0.06%。

3.4.5　钼（Mo）

1. 钼的含量及分布

土壤钼含量平均值为0.88mg/kg，含量变化较大，为0.152~37.2mg/kg，平均值略低于金衢盆地平均值（1.03mg/kg），远低于浙江省平均值（5.7mg/kg）。各类土壤中钼含量依次为石灰岩土（9.44mg/kg）、黄壤（1.05mg/kg）、红壤（0.94mg/kg）、水稻土（0.89mg/kg）、潮土（0.86mg/kg）、粗骨土（0.84mg/kg）、岩性土（0.77mg/kg）和紫色土（0.75mg/kg）。

钼高值区主要分布在婺城区、磐安县、浦江县北部以及兰溪市西部，在东阳市、金东区和武义县零星分布，含量值高于1.40mg/kg，低值区则主要分布在永康市、东阳市、金东区、兰溪市东部、义乌市北部以及武义县南部（图3-15）。

2. 有效钼的含量及分级

土壤有效钼含量变化较大，为0.004~6.12mg/kg，平均值0.12mg/kg，略低于浙江省有效钼平均值（0.15mg/kg）。各类土壤有效钼含量依次为石灰岩土（0.35mg/kg）、潮土（0.21mg/kg）、水稻土（0.14mg/kg）、红壤（0.12mg/kg）、岩性土（0.1mg/kg）、粗骨土

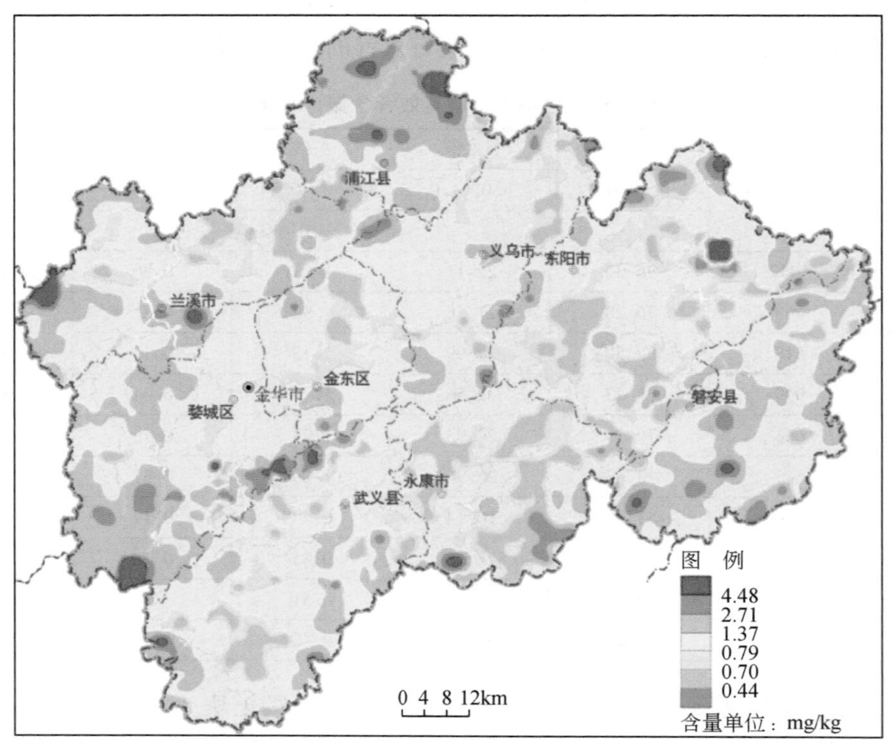

图 3-15　土壤钼的地球化学图

(0.1mg/kg)、紫色土 (0.09mg/kg) 和黄壤 (0.09mg/kg)。

根据分级评价标准，统计了金华市耕地土壤有效钼的含量分级情况（表 3-11）。

表 3-11　金华市土壤有效钼含量分级结果　　单位：mg/kg

行政区	样本数/件	一级	二级	三级	四级	五级
		>0.3	0.3～0.2	0.2～0.15	0.15～0.1	≤0.1
		所占比例/%				
金华市	5047	10.20	15.49	17.91	26.77	29.62
金东区	468	5.13	15.38	20.51	30.13	28.85
婺城区	518	13.90	24.32	20.85	23.55	17.37
兰溪市	909	17.27	15.62	14.74	20.24	32.12
义乌市	661	5.60	16.64	22.54	33.28	21.94
东阳市	641	6.24	10.76	18.56	31.83	32.61
永康市	690	6.09	11.16	14.49	25.80	42.46
浦江县	351	14.81	23.65	23.93	24.22	13.39
武义县	590	7.97	10.85	13.05	26.78	41.36
磐安县	219	20.09	17.81	16.89	26.94	18.26

分级结果显示，有效钼各级土壤所占调查区面积的比例从一级到五级依次递增。有效钼以四级、五级土壤为主，其次为三级土壤，主要分布在义乌市中部、金东区和婺城区的南部，而一级、二级土壤分布较少，主要分布在婺城区、兰溪南部、浦江盆地、义乌南部和武义县城附近，在其他地区零星分布（图3-16）。

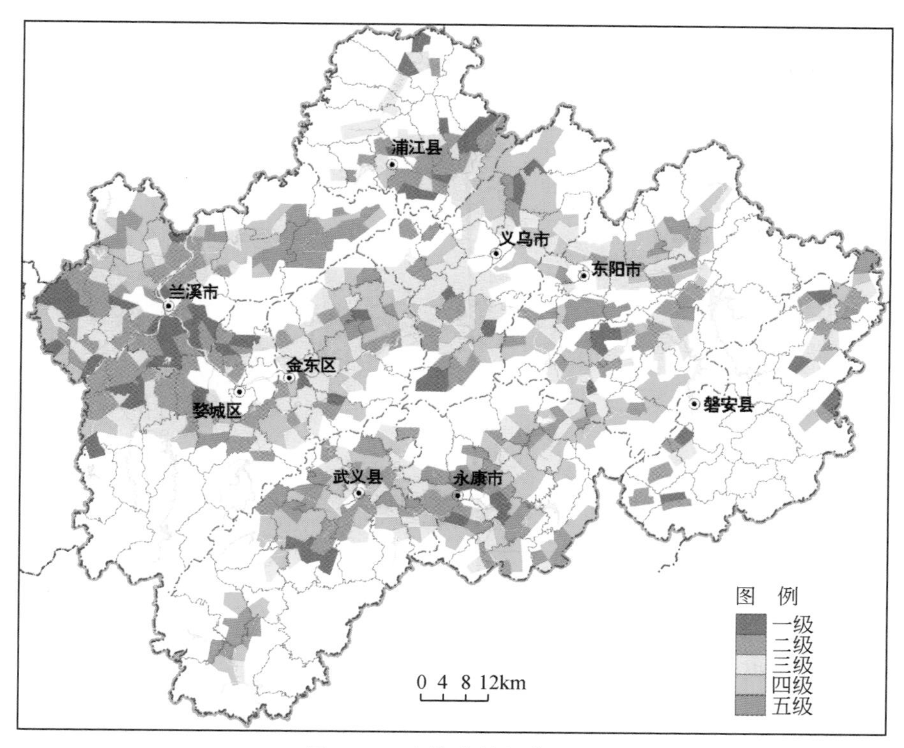

图3-16　土壤有效钼分级图

3.4.6　硼（B）

1. 硼的含量及分布

土壤硼含量的平均值为25.39mg/kg，含量为3.912～120mg/kg，平均值略低于金衢盆地平均值（30.82mg/kg），远低于浙江省平均值（38.5mg/kg）。各类土壤中硼含量依次为石灰岩土（38.58mg/kg）、水稻土（36.43mg/kg）、紫色土（35.41mg/kg）、潮土（27.92mg/kg）、黄壤（24.09mg/kg）、红壤（22.29mg/kg）、粗骨土（21.82mg/kg）和岩性土（16.9mg/kg）。

硼高值区基本上分布在金华北部大部地区，含量值高于41.0mg/kg，而低值区则分布在南部大部地区（图3-17）。

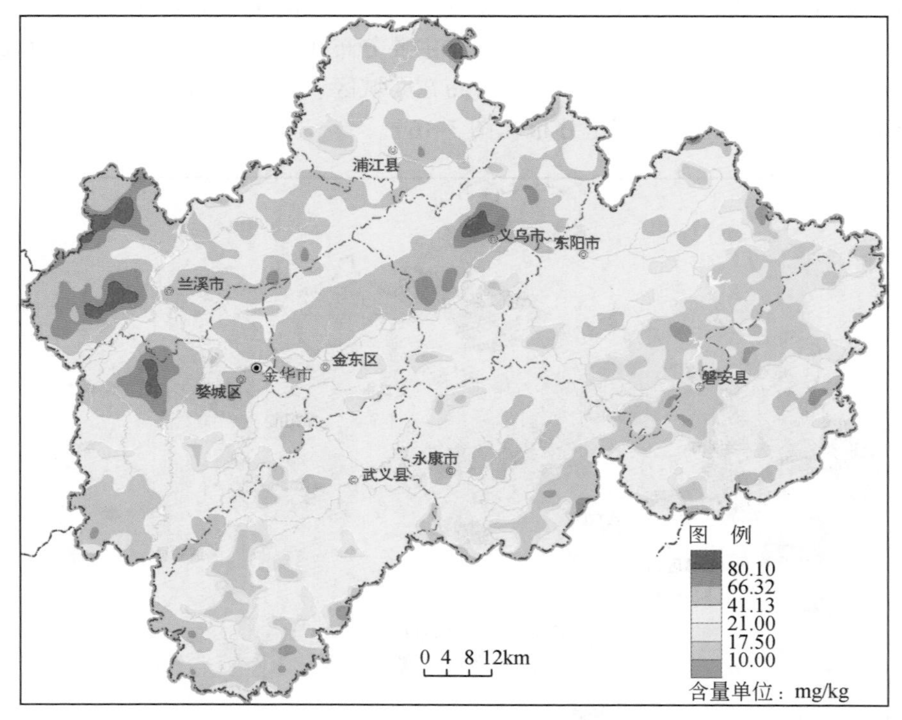

图 3-17　土壤硼的地球化学图

2. 有效硼的含量及分级

土壤有效硼含量变化较大，为 0.03 ~ 4.92mg/kg，平均值为 0.14mg/kg，低于浙江省有效硼平均含量（0.23mg/kg）。各类土壤中有效硼含量相差不大，依次为岩性土（0.17mg/kg）、水稻土（0.16mg/kg）、石灰岩土（0.15mg/kg）、潮土（0.14mg/kg）、紫色土（0.13mg/kg）、红壤（0.13mg/kg）、粗骨土（0.12mg/kg）和黄壤（0.10mg/kg）。

根据分级评价标准，统计金华市耕地土壤有效硼含量分级情况（表 3-12）。分级结果显示，金华地区普遍性缺硼，其中四、五级土壤所占调查区面积的比例为 97.88%，且以五级土壤所占比例较大，一级、二级、三级土壤所占比例较小，其中一级、二级土壤分别为 0.06% 和 0.28%。

表 3-12　金华市土壤有效硼含量分级结果　　单位：mg/kg

行政区	样本数/件	一级	二级	三级	四级	五级
		>2.0	2.0 ~ 1.0	1.0 ~ 0.5	0.5 ~ 0.2	≤0.2
		所占比例/%				
金华市	5047	0.06	0.28	1.78	27.34	70.54
金东区	468	0	0.21	3.42	34.19	62.18
婺城区	518	0	0.19	0.97	28.57	70.27

续表

行政区	样本数/件	一级	二级	三级	四级	五级
		>2.0	2.0~1.0	1.0~0.5	0.5~0.2	≤0.2
		所占比例/%				
兰溪市	909	0	0	0.77	35.31	63.92
义乌市	661	0.15	0	4.24	31.77	63.84
东阳市	641	0	0.31	0.78	16.85	82.06
永康市	690	0	0.58	0.87	20.58	77.97
浦江县	351	0.57	1.42	5.13	44.16	48.72
武义县	590	0	0.17	0.85	18.81	80.17
磐安县	219	0	0	0	11.42	88.58

第4章　重金属元素生态地球化学研究

4.1　重金属在土壤中的累积

4.1.1　重金属土壤累积的判别

1. 判断依据

评价标准是衡量土壤重金属累积程度的尺度。近年来，一些部门或研究人员发布了我国土壤污染的数据，差别甚大，除了调查方法的不同外，采用评价标准的不同是一个重要原因。有的采用现行的土壤环境质量标准（GB 15618-1995），有的直接采用土壤背景值（或平均值），有的采用正常区（未污染区）的含量水平。显然不同的评价标准、评价方法，其结果也是不同的，这就难以为判断和决策提供准确的信息支持。

由于我国地域辽阔，土壤地质背景千差万别，土壤结构变化复杂，采用现行的《土壤环境质量标准》作为土壤污染的评价标准显然不妥。“土壤环境质量标准是国家为防止土壤污染、保护生态系统、维护健康所制定的土壤污染物在一定的时间和空间范围内的容许含量值”，《标准》的起草人之一——夏家淇先生在2006年就指出，“虽然在GB 15618-1995土壤环境标准的制定中将土壤按pH划分为3组，但因土壤的复杂性及研究程度的限制，这个标准中的限量值只能作为土壤环境质量的筛选值、指导值或目标值，不能满足污染评价的需要。”

累积性评价是在一定区域、一定时间范围内，对污染物在土壤中的累积程度的判断，因此，在局域性评价中，依据土壤地球化学基准值和背景值来确定土壤重金属的累积程度是相对客观的方法。应当指出，这种方法相对于背景水平具有比较意义，但由于背景值缺少生态意义，尚不能体现对生态安全的危害程度，评价所判断的只是重金属有害物质的增加程度。

2. 判断方法

累积等级的划分，是对累积程度的表征，等级越高表明累积程度越重，反之则轻。评价将累积程度作4级划分，即Ⅰ级（未累积）、Ⅱ级（初步累积）、Ⅲ级（中度累积）、Ⅳ级（显著累积）。

1）单项累积评价

以区域土壤背景值（平均值+1倍离差）作为评价土壤累积的初始值，采用通行的指数公式：$P_i = C_i / C_{0i}$，式中 P_i 为土壤中 i 污染物的单因子累积指数；C_i 为土壤中 i 污染物的实测值；C_{0i} 为 i 污染物的评价标准值。

2）综合累积评价

土壤中的重金属元素往往是多来源、多种类的集聚，在区域层面上获取综合性的信息，为进一步的研究提供资料，是进行综合评价的基本目的。综合评价采用内梅罗综合指数法进行，其计算式为

$$P = \sqrt{\frac{(P_{imax})^2 + (P_{iavr})^2}{2}} \tag{4-1}$$

式中，P 为综合累积指数；P_{imax} 为土壤中各重金属元素累积指数最大值；P_{iavr} 为指数平均值。

单项和综合评价的等级划分标准见表4-1。

表4-1　土壤重金属累积等级划分标准

等级划分	单项累积指数	综合累积指数	累积程度	含义说明
Ⅰ	$P \leq 1.0$	$P \leq 1.0$	未累积	未受污染，仍在背景水平
Ⅱ	$1.0 < P \leq 2.0$	$1.0 < P \leq 2.0$	初步累积	土壤中重金属已超过背景值，出现积累
Ⅲ	$2.0 < P \leq 3.0$	$2.0 < P \leq 3.0$	中度累积	土壤中的重金属已明显受到污染
Ⅳ	$P > 3.0$	$P > 3.0$	显著累积	土壤受到某些污染物的严重污染

4.1.2　重金属土壤累积评价

1. 单指标评价

依据评价分级标准，分别对Cd、Hg、As、Pb、Cr、Ni、Cu、Zn 8种重金属元素的累积进行评价。

1）镉（Cd）累积

金华市约有1682km²的耕地土壤受到不同程度的镉累积，约占调查区面积的35.2%。其中，显著累积占调查区面积的1.6%；中度累积占调查区面积的2.7%，初步累积占调查区面积的30.9%。由图4-1可以看出金华镉累积的空间分布，镉主要的累积区分布在义乌城区周边、兰溪灵洞乡附近、浦江黄宅镇附近和永康芝英镇附近。

2）铜（Cu）累积

金华市约有1577m²的耕地土壤受到不同程度的铜累积，约占调查区面积的32.8%。其中，显著累积的面积占调查区面积的1.5%；中度累积面积占调查区面积的2.6%，初步累积面积占调查区面积的23.7%。由图4-2可以看出金华铜累积的空间分布。

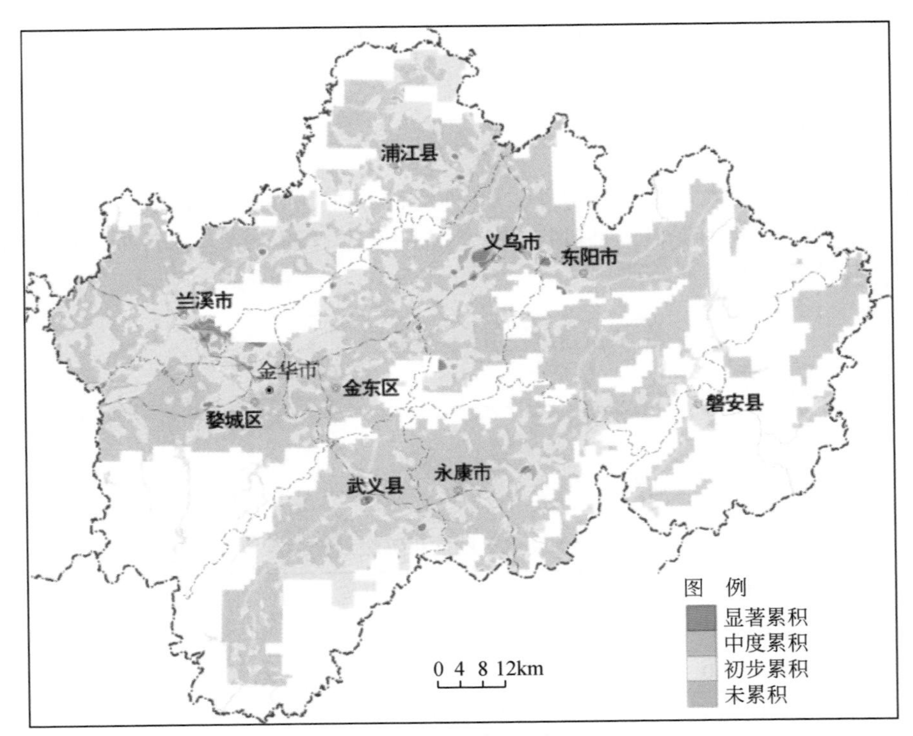

图 4-1 土壤镉累积程度图

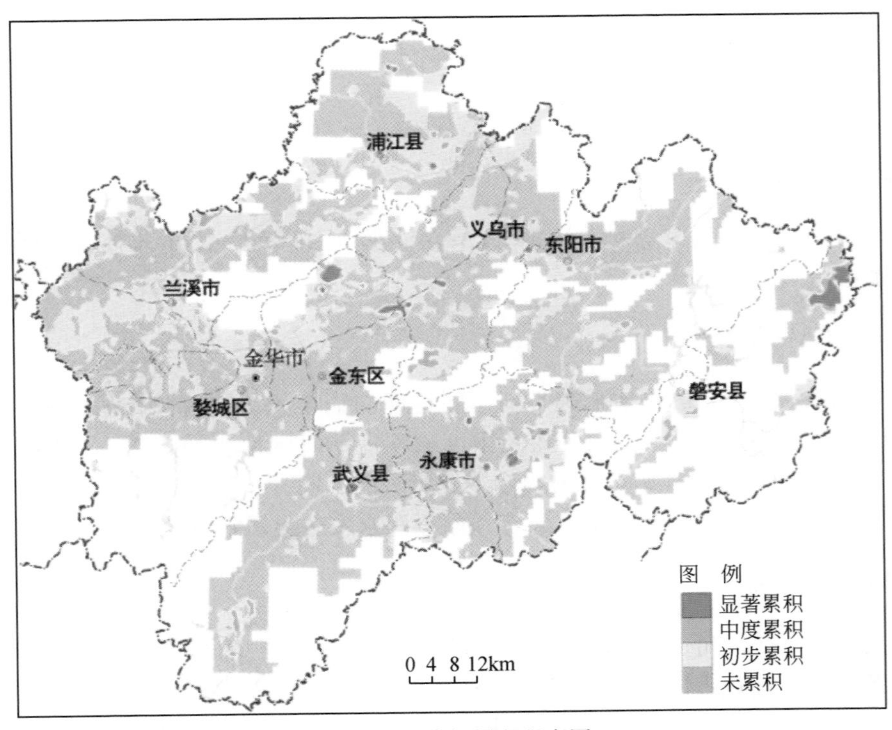

图 4-2 土壤铜累积程度图

铜主要的累积区分布在金东区源东乡、磐安尖山镇、浦江黄宅镇和永康芝英镇。其中磐安县尖山镇附近主要由白垩纪嵊县组基性的玄武岩地层引起的，属于土壤地球化学异常。金东区源东乡由地质背景和农业面源累积引起的为复合型累积。浦江黄宅和永康芝英镇主要由人为活动影响造成。

3）铅（Pb）累积

金华市约有 1392km^{2}的耕地土壤受到不同程度的铅累积，约占调查区面积的 29.1%。其中，显著累积占调查区面积的 0.5%；中度累积占调查区面积的 0.7%，初步累积占调查区面积的 27.9%。由图 4-3 可以看出金华铅累积的空间分布。铅以初步累积为主，显著—中度累积主要分布在义乌城区—东阳城区一带。

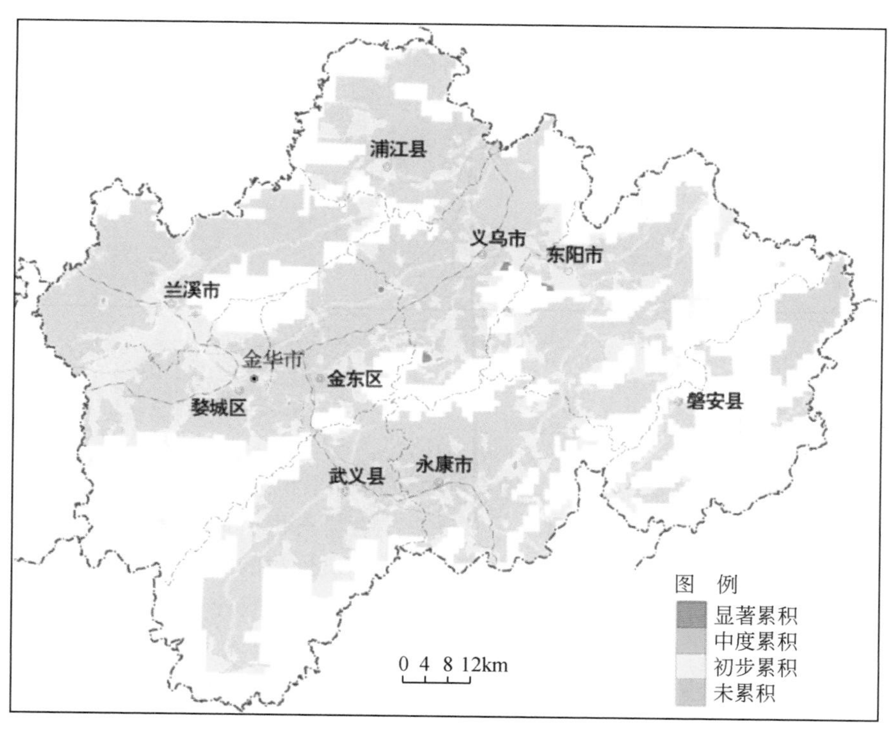

图 4-3　土壤铅累积程度图

4）锌（Zn）累积

金华市约有 1899km^{2}的耕地土壤受到不同程度的锌累积，约占调查区面积的 39.6%。其中，显著累积的面积占调查区面积的 0.5%；中度累积占调查区面积的 1.5%，初步累积面积占调查区面积的 37.6%。由图 4-4 可以看出金华锌累积的空间分布。铅以初步累积为主，显著—中度累积分布在永康市的唐先镇—古山镇一带。

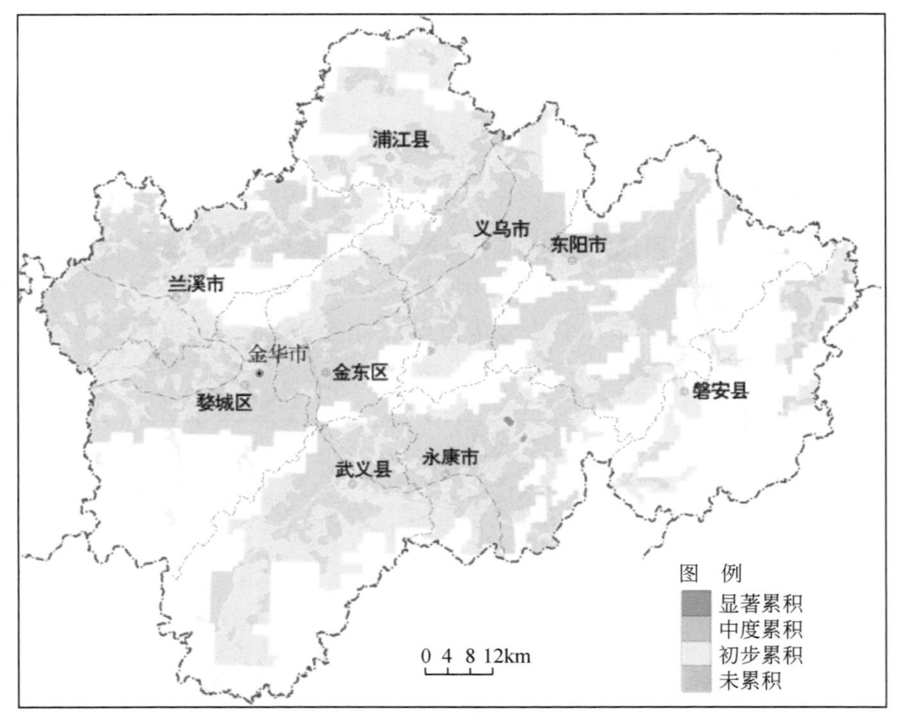

图 4-4 土壤锌累积程度图

5）汞（Hg）累积

金华市约有 1663km^{2}的耕地土壤受到不同程度的汞累积（图 4-5），约占调查区面积的 34.7%。其中，显著累积占调查区面积的 2.6%；中度累积占调查区面积的 4.9%，初步累积占调查区面积的 27.2%。由图 4-5 可以看出金华汞累积的空间分布。汞的累积区主要分布在各县市区的城区周边，中度—显著累积最为集中的区域分布在婺城区城区、兰溪城区以及浦江城区。

6）砷（As）累积

金华市约有 1248km^{2}的耕地土壤受到不同程度的砷累积，约占调查区面积的 26.1%。其中，显著累积占调查区面积的 1.1%；中度累积占调查区面积的 1.8%，初步累积占调查区面积的 23.2%。由图 4-6 可以看出金华砷累积的空间分布。砷中度—显著累积最为集中的区域分布在浦江盆地。义乌南部和永康北部出现砷高值区，这两片主要由地质背景引起。

7）铬（Cr）累积

金华市约有 1234km^{2}的耕地土壤受到不同程度的铬累积，约占调查区面积的 25.7%。其中，显著累积的占调查区面积的 1.1%；中度累积占调查区面积的 1.6%，初步累积占

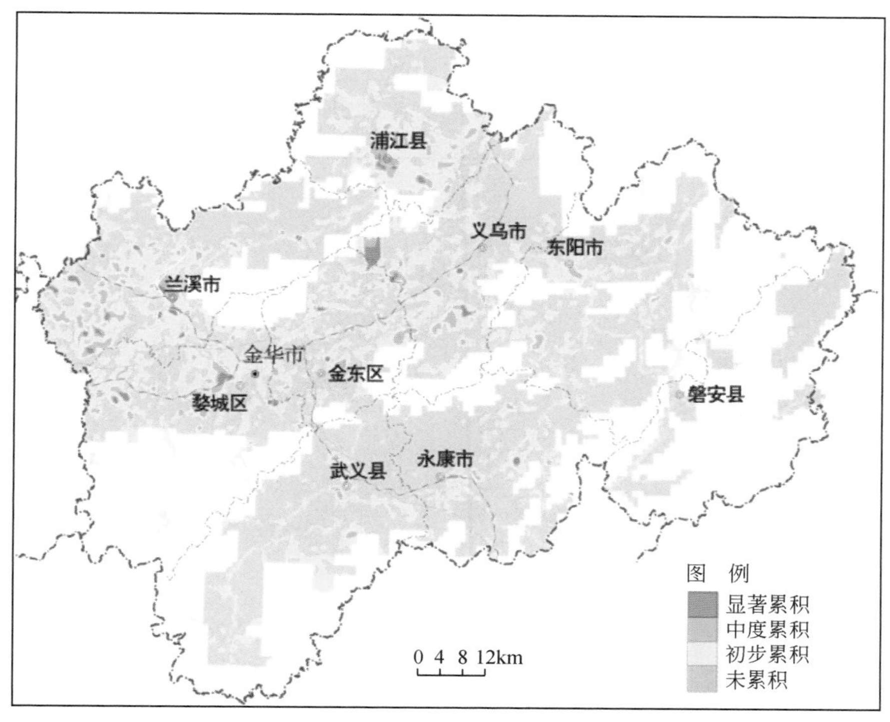

图 4-5　土壤汞累积程度图

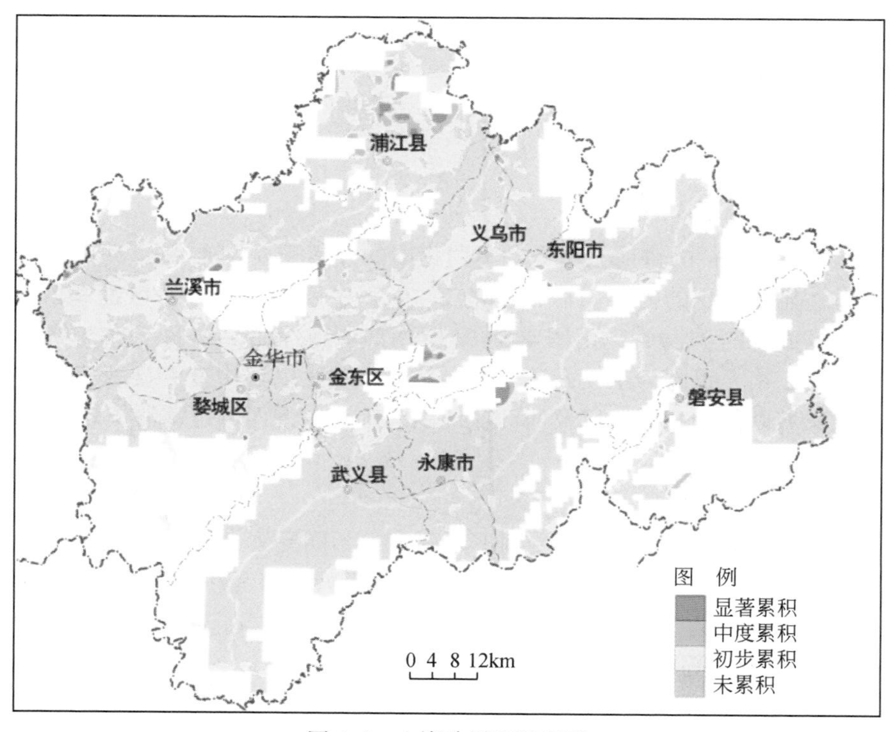

图 4-6　土壤砷累积程度图

调查区面积的23.0%。由图4-7可以看出金华铬累积的空间分布。铬中度—显著累积主要分布在武义城区以及永康和武义交界处。兰溪北部、义乌南部、磐安玉山台地和武义柳城也分布较大面积的铬高值区，这三片主要由地质背景引起。

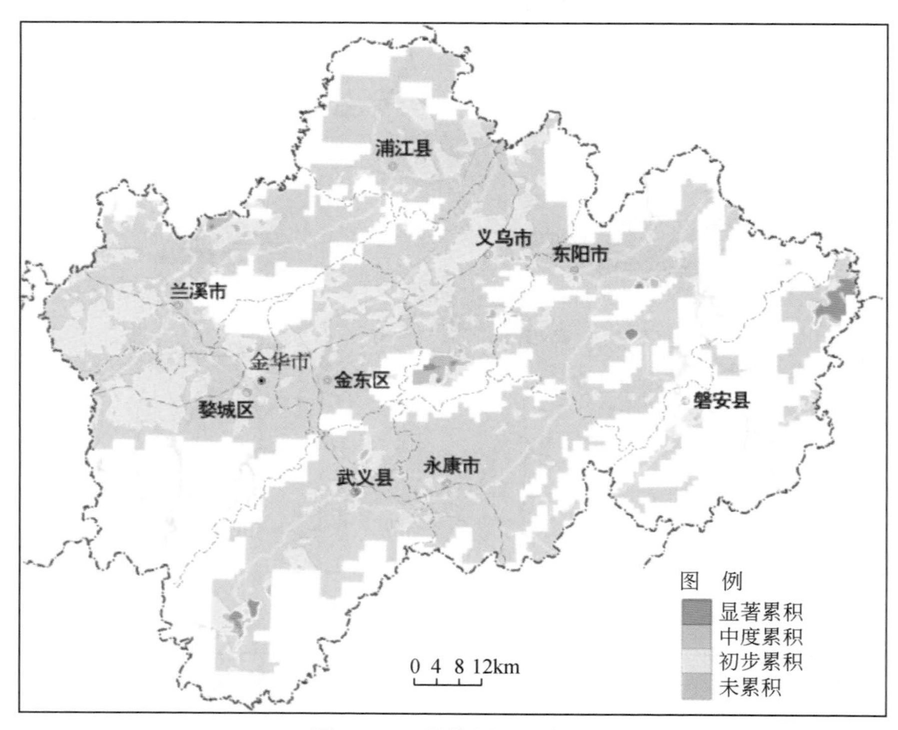

图4-7 土壤铬累积程度图

8）镍（Ni）累积

金华市约有1783km^{2}的耕地土壤受到不同程度的镍累积（图4-8），约占调查区面积的37.2%。其中，显著累积的占调查区面积的2.3%；中度累积占调查区面积的3.5%，初步累积占调查区面积的31.4%。由图4-8可以看出金华镍累积的空间分布与铬的累积分布较吻合，这是由于铬、镍同为亲铁元素，在自然界中共生。镍中度—显著累积最为集中的区域分布在武义城区、义乌城区以及浦江盆地的北部，兰溪西部也零散出现累积区。

2. 综合评价

金华市约有2635km^{2}的耕地土壤受到不同程度、不同元素的重金属累积，约占调查区面积的55.0%。其中，显著累积的面积约120km^2，占调查区面积的2.5%；中度累积面积188km^2，占调查区面积的3.9%，初步累积面积2327km^2，约占调查区面积的48.6%。金华市耕地土壤综合累积程度的空间分布见图4-9所示。

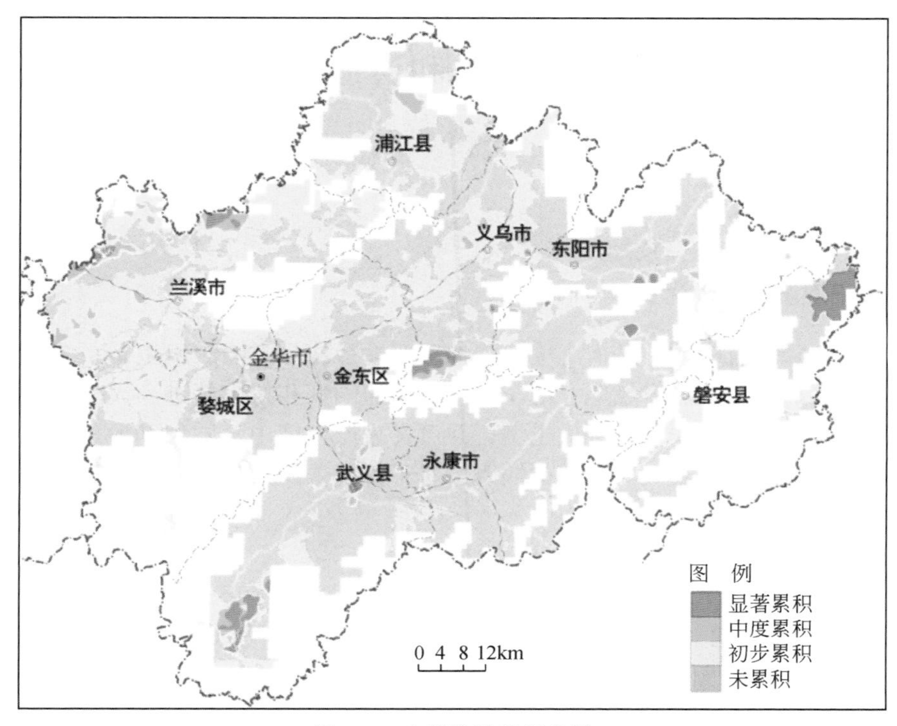

图4-8　土壤镍累积程度图

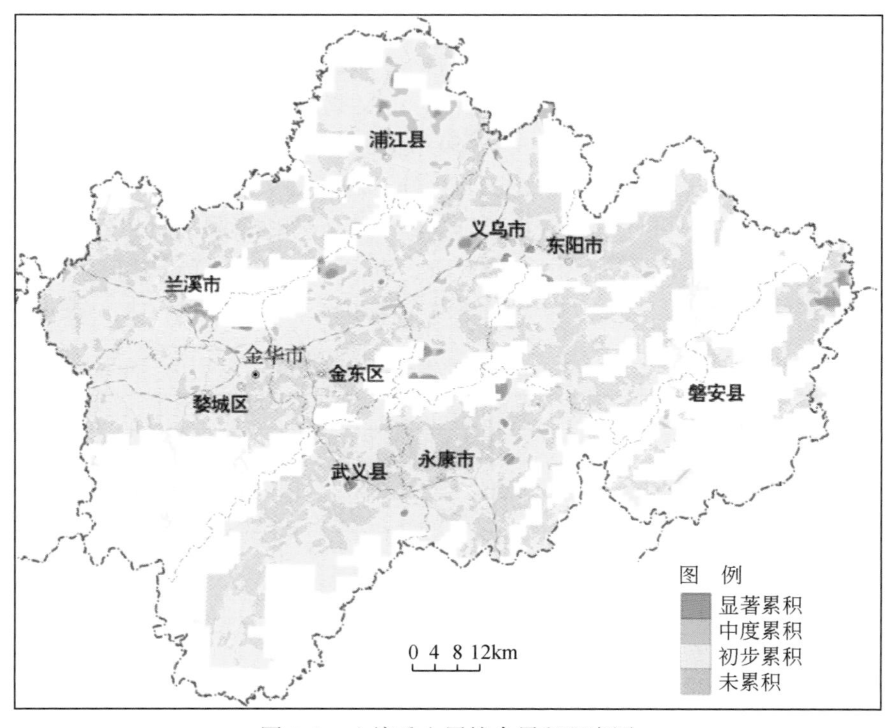

图4-9　土壤重金属综合累积程度图

4.2 来自大气沉降和灌溉水的重金属

4.2.1 大气沉降

1. 大气干湿沉降输入通量

大气干湿沉降是有害物质进入土壤的一种重要途径，是影响农田生态系统安全的重要因素。重金属可通过化石燃料燃烧、汽车尾气、工业烟气和粉尘等进入大气，吸附在气溶胶上，然后通过干湿沉降的方式进入土壤，并可在表层土壤中不同程度地累积。研究大气中重金属的干湿沉降过程及其对土壤的输入，对于正确认识人类活动对土壤生态环境的影响具有重要意义。

金华市某元素大气干湿沉降通量计算公式如下：

$$Q_{i通量} = (Q_{i湿沉降} + Q_{i干沉降}) \times A = (C_{i湿} \times V_{i湿} + C_{i干} \times W_{i干}) \times A \quad (4\text{-}2)$$

式中，$Q_{i通量}$ 为元素 i 的年沉降通量，mg/(ha・a)；$Q_{i湿沉降}$ 为元素 i 的年湿沉降通量，mg/(ha・a)；$Q_{i干沉降}$ 为元素 i 的年干沉降通量，mg/(ha・a)；$C_{i湿}$ 为元素 i 在湿沉降中的含量，mg/mL；$V_{i湿}$ 为湿沉降体积，mL；$C_{i干}$ 为元素 i 在干沉降中的含量，mg/kg；$W_{i干}$ 为干沉降总量，g 或 kg；A 为换算常数，$A = 10^8cm^2/803.8cm^2$，10^8cm^2 为 1ha 土壤面积，$803.8cm^2$ 为集尘缸口面积。

比较金华各县市的重金属沉降通量可以看出婺城区和金东区的 As 沉降通量最大，分别达到 13.50g /(ha・a) 和 13.55g /(ha・a)；义乌市 Cd、Zn 沉降通量最大，达到 12.05g /(ha・a) 和 1780.3g /(ha・a)；永康市 Cr、Cu、Ni、Pb 沉降通量最大，分别为 244.6g /(ha・a)、363.5g /(ha・a)、63.71g /(ha・a) 和 734.0g /(ha・a)。从大气干湿沉降通量图（图 4-10）中可以看出，Cd 沉降中心在义乌和东阳北部；Zn 的沉降中心和 Cd 基本重合，说明它们来源于同一污染源；Cr、Cu、Ni、Pb 的沉降中心都在永康，它们可能与永康的小五金业有关；Hg、As 在兰溪及金华市区一带沉降量较大（表 4-2）。

表 4-2　重金属大气干湿沉降通量　　单位：g /(ha・a)

行政区	As	Cd	Cr	Hg	Cu	Ni	Pb	Zn
浦江县	8.09	3.26	71.1	0.218	210	26.94	194	544
兰溪市	9.45	5.14	86.3	0.253	112	41.64	227	572
义乌市	7.44	12.05	115	0.251	227	32.06	385	1780
东阳市	4.22	3.36	53.7	0.152	97.5	26.63	147	742
磐安县	2.41	1.36	41.3	0.087	35.9	15.54	86.5	219
婺城区	13.5	6.49	85.8	0.362	263	38.07	283	711
金东区	13.6	6.97	103	0.264	113.1	33.01	257	751
武义县	4.46	2.77	113	0.195	88.6	38.55	142	443
永康市	8.83	3.95	245	0.263	364	63.71	734	674
金华全市	8.53	5.04	107	0.243	182	36.91	293	792

2. 大气沉降重金属来源解析

富集因子（enrichment factor，EF）是1974年Zoller等为了研究南极上空大气颗粒物中的化学元素是源于地壳还是海洋而首次提出来的，它是双重归一化数据处理的结果，其定义为：某元素在样品中及其来源物质中相对于参考元素的质量分数的比值。根据EF值可推断元素的主要来源，当EF>10时，则该元素基本上是人为活动造成；当EF≈1时，则该元素主要来源于地壳或土壤（Lantzy and Maikenzie，1979；潘贵仁等，2000；杨丽萍、陈发虎，2002）。

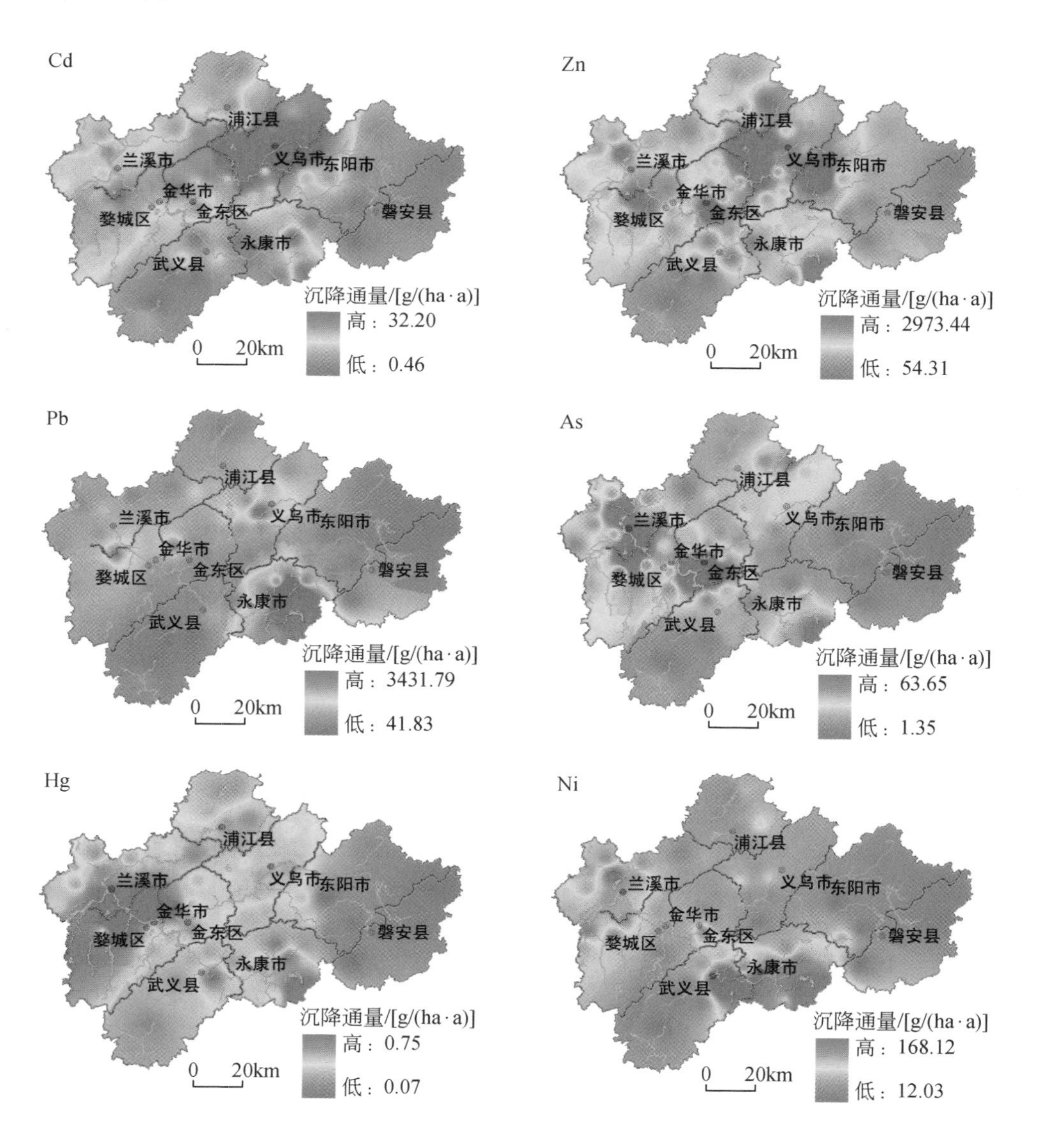

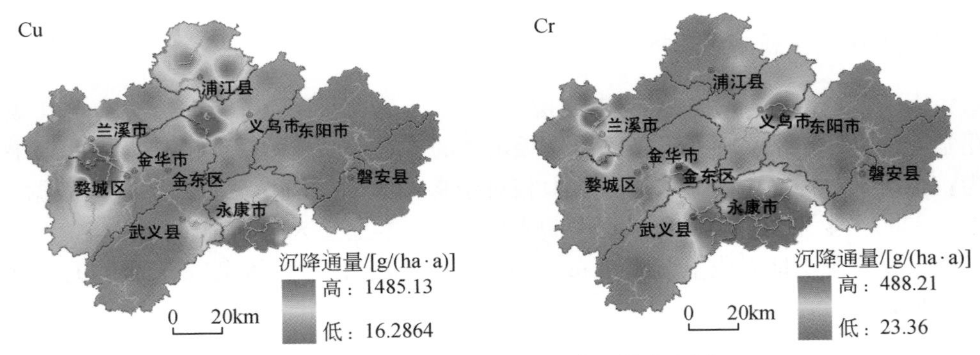

图 4-10 重金属大气干湿沉降通量分布图

参比元素选择的原则是：所选元素含量应有一定稳定性，所应用的方法对该元素有足够高的灵敏度，测定结果足够准确，该元素最好为参比体系（或参比物质）中的主要组成元素，该元素又在样品中普遍存在。本研究选 Al 作为参比元素（杨丽萍、陈发虎，2002；沈铁等，2002）。富集因子 EF 的表达式如下：

$$\mathrm{EF}=\frac{\left(\frac{C_X}{C_{\mathrm{Al}}}\right)_{\text{大气沉降}}}{\left(\frac{C_X}{C_{\mathrm{Al}}}\right)_{\text{土壤}}} \tag{4-3}$$

式中，C_X为元素 X 的含量；C_{Al} 为 Al 元素的含量。大气沉降、土壤分别表示元素在大气干湿沉降含量和土壤中的含量。

从表 4-3 可以看出 Cd、Hg、Pb、Cu、Zn 富集因子均大于 10，主要来源于人为污染。永康、武义的 Cr，永康、武义和东阳的 Ni 其富集因子大于 10，表明主要来源于人为污染；而其他城镇的 Cr、Ni 以及 9 个县市区的 As 富集因子介于 1～10 之间，人为源和自然源应该均有贡献。按照上述理论，将主要来源于人为污染的重金属的输入通量可以看做排除了土壤本身对大气干湿沉降的影响，那么金华市每年由大气干湿沉降输入土壤的重金属 Cd、Pb、Cu、Zn 分别为：34.1g/(ha·a)、292.5g/(ha·a)、182.0g/(ha·a)、792.4g/(ha·a)。

表 4-3 大气干湿沉降富集因子统计

行政区	Cd	Hg	As	Pb	Cr	Ni	Cu	Zn
东阳市	57.7	6.70	2.07	15.2	4.9	7.3	23.0	45.4
金东区	93.3	4.90	3.93	18.4	8.0	8.4	14.5	28.2
兰溪市	74.8	9.80	3.00	16.8	7.0	8.7	13.1	20.0
浦江县	38.8	7.00	1.86	18.5	4.0	6.0	19.8	22.2
武义县	36.0	13.4	3.36	15.8	14.7	11.7	13.6	15.5
婺城区	120	16.4	6.57	25.5	6.8	8.5	38.2	29.8
义乌市	1725	5.70	2.50	22.8	6.0	4.6	15.5	55.3
永康市	22.0	10.9	4.01	31.3	29.9	22.5	27.4	13.8
金华全市	373	9.50	3.56	20.0	8.8	8.7	19.8	30.7

3. 大气沉降对土壤重金属含量的影响

大气干湿沉降降落到土壤中后，如果大气干湿沉降元素来源于土壤，那么该元素的沉降对土壤无影响，如果大气干湿沉降中的元素来源于人为排放，那么大气干湿沉降将使得土壤中元素含量增加。

在不考虑施肥、灌溉、作物带出等其他元素输入输出行为影响的情况下，可用式（4-4）对研究区经大气干湿沉降一年后土壤中重金属元素的含量进行估测：

$$C = \frac{Q_{总}}{W_{干} + W_{土}} + C_{原} \times \frac{W_{土}}{W_{干} + W_{土}} \tag{4-4}$$

式中，C 为大气干湿沉降输入一年后土壤中元素的含量，mg/kg；$C_{原}$ 为土壤中元素的现时含量，mg/kg；$W_{干}$ 为每公顷范围内大气干沉降的年输入总质量，kg；$W_{土}$ 为每公顷土壤耕作层(0 ~ 20cm) 的质量，kg，根据《金华市土壤》，水稻土表层容重均值为 1.09g/cm^3 计算，约为 2180000kg；$Q_{总}$ 为每公顷土壤上元素的大气干湿沉降年总输入通量，mg；由大气干湿沉降引起的土壤中重金属元素含量的年净增量 ΔC 则为

$$\Delta C = C - C_{原} \tag{4-5}$$

从表 4-4 中可见，土壤中所有重金属元素含量都会因大气干湿沉降而增加，增加最明显的元素有 Cu、Pb、Zn、Cd、Cr、Ni 等元素，Cu、Zn 平均年增加量分别达 68.4μg/kg、328.7μg/kg。更值得注意的是，大气沉降使得土壤严控指标 Cd、Pb 的含量水平呈增加趋势，年增加量分别达 2.80μg/kg、108.7μg/kg。

表 4-4 大气干湿沉降引起的表层土壤中重金属的年变化量 单位：μg/kg

行政区	Cd	Hg	As	Pb	Cr	Ni	Cu	Zn
浦江县	1.67	0.12	5.45	102	40.4	13.4	100.5	301
兰溪市	2.37	0.13	5.67	99.7	50.1	23.3	59.0	292
义乌市	6.44	0.11	3.62	155	55.0	13.2	60.8	540
东阳市	1.21	0.07	1.95	67.7	20.9	10.1	38.8	412
婺城区	2.89	0.18	8.09	128	40.6	16.2	132	305
金东区	3.20	0.12	6.21	118	47.3	15.1	51.9	345
武义县	1.04	0.09	1.94	63.0	53.8	18.9	40.1	176
永康市	0.57	0.09	2.31	124	84.9	22.4	68.9	136
金华全市	2.80	0.12	4.69	109	47.7	16.5	68.4	329

由于土壤中元素含量级别差异很大，因此，元素增加或减少的量并不能完全说明大气干湿沉降对土壤中重金属元素含量影响的程度。为量化大气沉降对研究区土壤重金属含量影响的差异，计算了元素含量的增加率。增加率是用于表示土壤中元素年增加量占原有元素含量的百分数，它可以更准确地描述大气干湿沉降对土壤重金属元素年变化速率的影响。用下式表示：

$$P = 100 \times \frac{\Delta C}{C_{原}} \tag{4-6}$$

式中，P 为土壤中元素的年变化率，%；ΔC 为大气干湿沉降沉降一年后，土壤中元素增加或减少的含量；$C_{原}$ 为土壤中元素原有的含量。

从表 4-5 中可见，年变化率最大是 Cd，达到 1.67%，义乌市的年变化率达到 4.0%。其次 Zn、Cu、Pb 等元素年变化率达 0.3% 以上。这些元素对土壤重金属累积的贡献率最大，这说明，大气沉降对金华市表层土壤有害元素的累积是不容忽视的。严格控制工业废气达标排放，治理大气污染成为治理土壤污染的有效手段之一。

表 4-5　大气干湿沉降引起的表层土壤中重金属的年变化率　　单位：%

行政区	Cd	Hg	As	Pb	Cr	Ni	Cu	Zn
浦江县	0.63	0.10	0.05	0.32	0.10	0.11	0.43	0.40
兰溪市	1.26	0.17	0.06	0.30	0.16	0.18	0.26	0.38
义乌市	4.00	0.13	0.06	0.45	0.16	0.11	0.38	0.84
东阳市	0.79	0.10	0.03	0.22	0.07	0.10	0.32	0.69
婺城区	1.91	0.26	0.11	0.41	0.11	0.14	0.64	0.48
金东区	1.97	0.11	0.08	0.41	0.16	0.17	0.32	0.57
武义县	0.52	0.12	0.03	0.20	0.19	0.19	0.20	0.25
永康市	0.28	0.12	0.05	0.39	0.36	0.28	0.39	0.18
金华全市	1.67	0.15	0.06	0.34	0.15	0.15	0.36	0.50

4.2.2　灌溉水

1. 灌溉水输入通量

污水灌溉会导致土壤重金属含量增加，甚至会引起严重的土壤重金属污染。据农业部公布的调查结果，在约 140 万 ha 的污灌区中，遭受重金属污染的土地面积占污灌区面积的 64.8%，其中轻度污染的占 46.7%，中度污染的占 9.7%，严重污染的占 8.4%。

灌溉水重金属输入通量可用式（4-7）计算：

$$Q = PV \times 10^{-6} \tag{4-7}$$

式中，Q 为灌溉水向土壤输入重金属通量，g/(ha·a)；P 为灌溉水中重金属的浓度，μg/L；V 为每公顷耕地的每年灌溉水量，L/ha。

根据金华市 2010 年水资源公报显示的金华市及各市县的灌溉水水质数据，计算出金华市及各市县的灌溉水重金属输入通量（表 4-6）。可以看出：Cr、Cu、Zn 输入通量武义最高，Cd 输入通量永康最高，As、Pb 输入通量浦江最高，而汞输入通量婺城区最高。

表 4-6　重金属灌溉水输入通量　　单位：g/(ha·a)

行政区	Cr	Cu	Zn	As	Cd	Hg	Pb
东阳市	10.5	19.0	33.1	10.5	2.11	0.21	4.57
金东区	14.9	26.3	56.6	15.9	2.98	0.30	4.97

续表

行政区	Cr	Cu	Zn	As	Cd	Hg	Pb
兰溪市	15.8	17.2	48.8	19.5	2.87	1.23	5.16
磐安县	11.7	71.8	92.3	9.3	2.33	0.23	4.66
浦江县	17.8	36.5	167.2	49.8	3.56	0.36	26.69
武义县	309.7	78.5	1136.7	14.6	5.01	0.31	6.47
婺城区	37.6	56.2	273.9	16.3	3.03	1.40	7.70
义乌市	12.9	15.9	42.1	10.3	2.58	0.26	4.72
永康市	10.3	26.9	191.1	25.2	8.86	0.24	3.10
金华市	78.5	43.4	336.3	17.7	3.92	0.61	6.70

2. 灌溉水对土壤重金属含量的影响

为研究若干年后灌溉水对土壤重金属含量水平乃至对土地质量的影响，建立数学模型，对若干年后土壤重金属含量水平进行估算。

模型建立前提约定：①本次模型只考虑污水灌溉和重金属在土壤中的残留，不考虑大气沉降及其他因素的影响；②假定现有农田灌溉模式（灌溉方式和灌溉量等）不变。

那么可由下式计算因灌溉水引起的土壤重金属含量变化：

$$\Delta C = PV/W = Q/W \times 10^6 \tag{4-8}$$

式中，ΔC 为土壤中重金属每年的含量变化，μg/kg；P 为灌溉水中重金属的浓度，μg/L；V 为每公顷耕地的平均年灌溉水量，L；W 为每公顷耕地 20cm 深度的土壤重量，kg，2180000kg（土壤容重为 1.09g/cm^3）；Q 为灌溉水向土壤输入重金属通量，g/(ha·a)。

从表 4-7 可知，由灌溉水引起的土壤 Zn 含量的变化最大，达到 154.3μg/kg，其次为 Cr、Cu，年增量达到 36.0μg/kg 和 19.9μg/kg。

表 4-7　灌溉水引起的表层土壤中重金属的年变化量　　单位：μg/kg

行政区	Cd	Hg	As	Pb	Cr	Cu	Zn
东阳市	0.97	0.10	4.8	2.10	4.8	8.70	15.2
金东区	1.37	0.14	7.3	2.28	6.8	12.1	26.0
兰溪市	1.32	0.56	8.9	2.37	7.2	7.90	22.4
磐安县	1.07	0.11	4.3	2.14	5.4	32.9	42.3
浦江县	1.63	0.17	22.8	12.2	8.2	16.7	76.7
武义县	2.30	0.14	6.7	2.97	142.1	36.0	521.4
婺城区	1.39	0.64	7.5	3.53	17.2	25.8	125.6
义乌市	1.18	0.12	4.7	2.17	5.9	7.30	19.3
永康市	4.06	0.11	11.6	1.42	4.7	12.3	87.7
金华市	1.80	0.28	8.1	3.07	36.0	19.9	154.3

各市县灌溉水对土壤重金属的累积差异较大，永康市灌溉水向土壤中输入的 Cd 最大，

达到4.06μg/(kg·a)，达到其他市县的2～4倍，主要与小五金生产过程的酸洗废水排放有关。

由于土壤中元素含量级别差异很大，为更加准确地描述灌溉水对土壤重金属元素含量变化的影响程度，引用年变化率的概念，用下式表示：

$$P = 100 \times \frac{\Delta C}{C_{原}} \tag{4-9}$$

式中，P 为土壤中元素的年变化率，%；ΔC 为土壤中重金属每年的含量变化，mg/kg；$C_{原}$ 为土壤中元素原有的含量。

由表4-8（金华市灌溉水引起的表层土壤中重金属的年变化率）可以看出灌溉水对土壤Cd累积的贡献率最大，其年变化率达到0.90%；其次为Hg和Zn，变化率分别为0.28%、0.20%；Pb最小，其引起土壤的年变化率只有0.009%。

表4-8　灌溉水引起的表层土壤中重金属的年变化率　　单位：%

行政区	Cd	Hg	As	Pb	Cr	Cu	Zn
东阳市	0.59	0.11	0.08	0.006	0.01	0.05	0.02
金东区	0.66	0.12	0.09	0.007	0.02	0.06	0.04
兰溪市	0.60	0.47	0.12	0.007	0.02	0.04	0.03
磐安县	0.79	0.18	0.08	0.007	0.01	0.16	0.05
浦江县	0.74	0.13	0.26	0.037	0.02	0.08	0.09
武义县	1.25	0.18	0.13	0.009	0.37	0.20	0.64
婺城区	0.63	0.54	0.10	0.009	0.04	0.14	0.16
义乌市	0.56	0.11	0.06	0.006	0.01	0.04	0.03
永康市	2.12	0.13	0.20	0.004	0.02	0.06	0.11
金华市	0.90	0.28	0.12	0.009	0.09	0.10	0.20

4.3　重金属在农产品中的累积

4.3.1　农产品中的重金属含量

重金属元素多为作物的非必需元素，可通过多种途径（土壤、水和大气等）和各种生物化学作用进入作物系统。重金属的过量累积，不仅影响农产品的品质产量，更重要的是对农产品的食用安全造成威胁。

1. 稻米

水稻是金华地区的大宗农产，对291件样品的分析数据统计见表4-9。

表 4-9　不同产区稻米重金属含量　　单位：mg/kg

产地	样品数	As	Hg	Cd	Cr	Cu	Ni	Pb	Zn
东阳	24	0. 111	0. 005	0. 110	0. 094	4. 01	0. 422	0. 054	25. 70
金东	22	0. 109	0. 006	0. 105	0. 100	7. 78	0. 306	0. 071	27. 95
兰溪	43	0. 108	0. 007	0. 325	0. 097	5. 18	0. 645	0. 089	26. 25
磐安	11	0. 077	0. 003	0. 069	0. 102	5. 81	0. 528	0. 057	25. 73
浦江	18	0. 096	0. 004	0. 291	0. 095	5. 59	0. 558	0. 062	27. 87
武义	41	0. 085	0. 004	0. 125	0. 103	5. 74	0. 498	0. 065	26. 94
婺城	66	0. 099	0. 005	0. 158	0. 086	4. 11	0. 539	0. 068	23. 17
义乌	25	0. 087	0. 005	0. 278	0. 103	5. 79	0. 617	0. 072	24. 56
永康	41	0. 087	0. 004	0. 288	0. 122	6. 29	0. 576	0. 082	30. 06
金华	291	0. 095	0. 005	0. 165	0. 098	5. 05	0. 453	0. 068	25. 55

稻米 As 的平均含量为 0. 095mg/kg，不同产地稻米中的 As 含量为 0. 077 ~ 0. 111mg/kg；Hg 的平均含量为 0. 005mg/kg，不同产地稻米中的 Hg 含量为 0. 003 ~ 0. 007mg/kg；Cd 的平均含量为 0. 165mg/kg，最高值出现在兰溪（0. 325mg/kg），最低的为磐安（0. 069 mg/kg）；Cr 的平均含量为 0. 098mg/kg，变化在 0. 086 ~ 0. 122mg/kg，最高值出现在永康（0. 122mg/kg）；Cu 的平均含量为 5. 05mg/kg，变化在 4. 007 ~ 7. 776mg/kg；Ni 的平均含量为 0. 453mg/kg，变化在 0. 306 ~ 0. 167mg/kg；Pb 的平均含量为 0. 068mg/kg，变化在 0. 054 ~ 0. 089mg/kg；各产地稻米中的 Zn 含量变化不大，为 23. 168 ~ 30. 064mg/kg。

2. 茶叶

88 件茶叶样品重金属含量统计表明（表 4-10），茶叶中 Cd 含量的变异程度最大为 37. 9%，Zn 含量的变异程度最小，仅为 8. 2%。与浙江省茶叶中重金属元素含量相比，As 和 Cr 含量显著（$P<0.01$）低于浙江省平均水平，且变异程度还略低于浙江全省水平，表明金华地区茶叶中 As 和 Cr 元素含量普遍较低；Hg、Cd 含量均值与变异系数与全省平均水平较接近；Cu、Ni、Pb 和 Zn 含量普遍高于全省水平。

表 4-10　金华茶叶重金属含量

种类	As	Hg	Cd	Cr	Cu	Ni	Pb	Zn
平均值/(mg/kg)	0. 027	0. 007	0. 043	0. 525	15. 506	7. 505	1. 144	54. 578
标准差	0. 008	0. 002	0. 016	0. 124	2. 476	2. 498	0. 380	4. 479
变异系数/%	31. 2	22. 7	37. 9	23. 7	16. 0	33. 3	33. 2	8. 2
浙江省均值/(mg/kg)	0. 28	0. 005	0. 038	0. 990	12. 79	4. 68	0. 790	37. 22
浙江省变异系数/%	32. 8	23. 6	38. 2	38. 8	19. 7	34. 9	49. 6	27. 6

注：浙江省平均值与变异系数来自《浙江省农业地质环境调查报告》(2005)。

表 4-11 是产于不同地区茶叶重金属含量的统计结果，通过对比不难看出，各产区茶叶中的 Zn、Cu、Ni、Hg、Cr 的含量变化不明显，义乌产区茶叶中的 Cd、Pb 均高于其他

产区，浦江茶叶中的As明显高于其他产区，磐安产区中的茶叶重金属含量较低，如Cd、Pb在各产区茶叶中均是最低的。茶叶中Cd的含量依次为义乌>婺城>永康、浦江、兰溪>武义>东阳>磐安；茶叶中Pb的含量依次为义乌>浦江>武义>婺城>东阳>永康>兰溪>磐安。

表4-11　不同产区茶叶重金属含量　　单位：mg/kg

产区	样品数	As	Hg	Cd	Cr	Cu	Ni	Pb	Zn
东阳	15	0.026	0.007	0.038	0.494	14.68	7.91	1.13	54.71
兰溪	6	0.027	0.008	0.049	0.612	14.01	11.26	0.93	51.74
磐安	16	0.028	0.007	0.030	0.54	14.52	8.77	0.84	55.85
浦江	10	0.044	0.006	0.049	0.506	15.45	7.70	1.52	58.14
武义	15	0.025	0.009	0.043	0.695	19.76	7.68	1.40	55.18
婺城	13	0.027	0.008	0.052	0.536	15.30	6.84	1.23	50.20
义乌	12	0.032	0.008	0.069	0.538	19.42	8.17	1.56	55.37
永康	1	0.036	0.007	0.05	0.457	13.16	5.44	1.08	59.56

3. 水果

经统计（表4-12），As、Hg、Cr在各种水果中的含量变化不大，Cd、Ni的高含量出现在枇杷中，Cu的高含量出现在蜜梨中，Pb的高含量出现在杨梅中，Zn的高含量出现在青枣中。

表4-12　金华地区水果重金属含量　　单位：mg/kg

种类		甘蔗	橘子	蜜梨	枇杷	葡萄	青枣	柿子	桃形李	桃子	杨梅	金华地区
样品数		12	6	36	44	73	9	5	9	28	31	253
As		0.006	0.007	0.005	0.004	0.004	0.004	0.007	0.004	0.005	0.006	0.005
Hg		0.003	0.000	0.002	0.002	0.002	0.001	0.001	0.001	0.001	0.002	0.002
Cd		0.010	0.001	0.014	0.030	0.004	0.005	0.002	0.003	0.009	0.009	0.011
Cr		0.047	0.034	0.036	0.051	0.033	0.040	0.039	0.039	0.039	0.045	0.040
Cu		0.215	0.331	0.931	0.424	0.789	0.800	0.273	0.532	0.658	0.679	0.661
Pb		0.019	0.017	0.039	0.018	0.016	0.030	0.009	0.015	0.054	0.068	0.031
Zn		1.356	0.609	1.342	1.498	0.483	2.324	0.691	1.041	1.405	2.199	1.228
Ni	样品数	12	—	19	44	73	—	5	—	12	3	168
	$\overline{X}$	0.031	—	0.113	0.287	0.039	—	0.151	—	0.089	0.176	0.122

4. 蔬菜

统计计算了来自10件番茄、3件茭白、4件生姜、12件鲜玉米（鲜食）中的重金属含量（表4-13）。总的来看，块茎类蔬菜（生姜、土豆、茭白）中的重金属含量要高于地上部分的蔬菜（番茄、鲜玉米等），其中Cd、As、Cr、Pb的最高值均出现在生姜中，其次为土豆；番茄中的重金属在所统计的蔬菜中含量相对较低，其次为鲜玉米；Hg在各类蔬菜中的含量无明显变化。

表4-13　金华地区蔬菜重金属含量　单位：mg/kg

种类	番茄	茭白	生姜	土豆	鲜玉米	金华地区
样品数	10	3	4	9	12	40
As	0.003	0.007	0.015	0.005	0.034	0.014
Hg	0.003	0.001	0.001	0.001	0.002	0.002
Cd	0.011	0.001	0.185	0.024	0.007	0.030
Cr	0.027	0.040	0.129	0.078	0.109	0.077
Cu	0.532	0.180	2.175	1.519	2.760	1.644
Pb	0.016	0.031	0.300	0.029	0.053	0.060

4.3.2　农产品重金属累积性评价

以农产品的重金属平均值为基准，按$<\overline{X}$、$\overline{X}\sim|\overline{X}+S|$、$|\overline{X}+S|\sim|\overline{X}+2S|$、$>\overline{X}+2S$为尺度，分别定义为未积累（Ⅰ级）、初步积累（Ⅱ级）、明显积累（Ⅲ级）和重度积累（Ⅳ级）4个积累程度级别。

金华地区农产品中As、Hg含量累积程度总体以Ⅰ级为主，Ⅱ级至Ⅳ级积累程度比例相对较低。其中球茎类蔬菜As含量Ⅰ级积累程度比例最大，Hg含量Ⅰ级积累程度比例最大值则出现在其他类蔬菜中；橘子、甘蔗、球茎类蔬菜中未出现As含量的Ⅳ级积累程度，橘子、柿子、甘蔗、杨梅未出现Hg含量的Ⅳ级积累（表4-14）。

表4-14　农产品中As、Hg累积程度及比例

农产品品种		N	无机As/%				N	Hg/%			
			Ⅰ级	Ⅱ级	Ⅲ级	Ⅳ级		Ⅰ级	Ⅱ级	Ⅲ级	Ⅳ级
稻米		291	55.0	28.9	11.0	5.2	291	58.4	23.7	9.6	8.3
茶叶		88	44.3	30.7	13.6	11.4	88	45.5	31.8	17.0	5.7
水果	橘子	6	50.0	33.3	16.7	0.0	6	66.7	16.7	16.7	0.0
	蜜梨	65	52.3	24.6	9.2	13.9	65	52.3	33.9	7.7	6.2
	柿子	8	37.5	37.5	12.5	12.5	8	37.5	50.0	12.5	0.0
	甘蔗	12	58.3	25.0	16.7	0.0	12	50.0	25.0	25.0	0.0
	桃形李	22	59.1	27.3	4.6	9.1	22	50.0	22.7	22.7	4.6
	桃子	28	53.6	21.4	21.4	3.6	28	53.6	21.4	14.3	10.7
	枇杷	46	60.9	17.4	10.9	10.9	46	63.0	15.2	15.2	6.5
	葡萄	69	53.6	26.1	14.5	5.8	69	63.8	11.6	17.4	7.3
	杨梅	28	53.6	32.1	7.1	7.1	28	50.0	35.7	14.3	0.0
	青枣	9	11.1	77.8	0.0	11.1	9	44.4	33.3	11.1	11.1

续表

农产品品种		N	无机 As/%				N	Hg/%			
			Ⅰ级	Ⅱ级	Ⅲ级	Ⅳ级		Ⅰ级	Ⅱ级	Ⅲ级	Ⅳ级
蔬菜	根茎类蔬菜	18	50.0	38.9	0.0	11.1	18	44.4	33.3	16.7	5.6
	球茎类蔬菜	6	66.7	16.7	16.7	0.0	6	50.0	16.7	16.7	16.7
	其他类蔬菜	26	53.9	26.9	7.7	11.5	26	69.2	19.2	0.0	11.5

农产品中 Cd、Cr 累积以Ⅰ、Ⅱ级为主，仅橘子Ⅲ级比例偏高（表 4-15）。

表 4-15　农产品中 Cd、Cr 累积程度及比例

农产品品种		N	Cd/%				N	Cr/%			
			Ⅰ级	Ⅱ级	Ⅲ级	Ⅳ级		Ⅰ级	Ⅱ级	Ⅲ级	Ⅳ级
稻米		291	63.2	22.3	6.9	7.6	291	63.2	22.3	6.9	7.6
茶叶		88	50.0	29.6	11.4	9.1	88	58.0	21.6	10.2	10.2
水果	橘子	6	66.7	0.0	33.3	0.0	6	66.7	0.0	33.3	0.0
	蜜梨	65	50.8	30.8	10.8	7.7	65	52.3	23.1	15.4	9.2
	柿子	8	37.5	37.5	25.0	0.0	8	37.5	50.0	0.0	12.5
	甘蔗	12	50.0	25.0	16.7	8.3	12	41.7	41.7	16.7	0.0
	桃形李	22	40.9	36.4	13.6	9.1	22	45.5	40.9	13.6	0.0
	桃子	28	50.0	32.1	3.6	14.3	28	32.1	60.7	7.1	0.0
	枇杷	46	52.2	26.1	17.4	4.4	46	28.3	69.6	2.2	0.0
	葡萄	69	56.5	18.8	15.9	8.7	69	58.0	31.9	5.8	4.4
	杨梅	28	60.7	17.9	10.7	10.7	28	42.9	35.7	17.9	3.6
	青枣	9	66.7	11.1	22.2	0.0	9	55.6	33.3	11.1	0.0
蔬菜	根茎类	18	66.7	11.1	11.1	11.1	18	50.0	33.3	5.6	11.1
	球茎类	6	66.7	0.0	16.7	16.7	6	66.7	16.7	16.7	0.0
	其他类	26	65.4	11.5	15.4	7.7	26	42.3	34.6	11.5	11.5

农产品中 Cu、Ni 含量累积程度比例总体表现出：Ⅰ级>Ⅱ级>Ⅲ级>Ⅳ级的特点。其中球茎类蔬菜未出现 Cu 和 Ni 累积的比例高达 83.3%，其次为根茎类蔬菜。Cu 的重度累积比例最大值出现在甘蔗中，其次为茶叶、青枣及其他类蔬菜，Ni 的重度累积比例最大值出现在根茎类蔬菜中（表 4-16）。

表 4-16　农产品中 Cu、Ni 累积程度及比例

农产品品种	N	Cu/%				N	Ni/%			
		Ⅰ级	Ⅱ级	Ⅲ级	Ⅳ级		Ⅰ级	Ⅱ级	Ⅲ级	Ⅳ级
稻米	291	59.1	23.7	10.7	6.5	291	59.5	22.0	8.9	9.6
茶叶	88	52.3	27.3	9.1	11.4	88	52.3	29.6	9.1	9.1

续表

农产品品种		N	Cu/%				N	Ni/%			
			Ⅰ级	Ⅱ级	Ⅲ级	Ⅳ级		Ⅰ级	Ⅱ级	Ⅲ级	Ⅳ级
水果	橘子	6	66.7	16.7	16.7	0.0	6	—	—	—	—
	蜜梨	65	44.6	32.3	20.0	3.1	48	50.0	31.3	10.4	8.3
	柿子	8	50.0	12.5	37.5	0.0	8	62.5	25.0	12.5	0.0
	甘蔗	12	58.3	16.7	8.3	16.7	12	66.7	8.3	25.0	0.0
	桃形李	22	40.9	36.4	22.7	0.0	22	—	—	—	—
	桃子	28	46.4	35.7	7.1	10.7	12	58.3	5.9	9.1	1.6
	枇杷	46	47.8	32.6	19.6	0.0	46	56.5	21.7	13.0	8.7
	葡萄	69	50.7	29.0	14.5	5.8	69	52.2	24.6	15.9	7.3
	杨梅	28	46.4	39.3	3.6	10.7	28	—	—	—	—
	青枣	9	44.4	33.3	11.1	11.1	9	—	—	—	—
蔬菜	根茎类蔬菜	18	55.6	27.8	16.7	0.0	18	77.8	0.0	5.6	16.7
	球茎类蔬菜	6	83.3	0.0	16.7	0.0	6	83.3	16.7	0.0	0.0
	其他类蔬菜	26	50.0	23.1	15.4	11.5	16	50.0	25.0	18.8	6.3

农产品中Pb和Zn含量累积程度比例亦表现出：Ⅰ级>Ⅱ级>Ⅲ级>Ⅳ级的特点。Pb的未累积比例高于Zn，其中Pb的未累积比例最大，根茎类蔬菜中Zn的未累积比例最高，为72.2%，其次为青枣（表4-17）。

表4-17　农产品中Pb、Zn累积程度及比例

农产品品种		N	Pb/%				N	Zn/%			
			Ⅰ级	Ⅱ级	Ⅲ级	Ⅳ级		Ⅰ级	Ⅱ级	Ⅲ级	Ⅳ级
稻米		291	63.2	21.7	7.9	7.2	337	52.5	27.3	14.2	5.9
茶叶		88	50.0	29.6	13.6	6.8	88	51.1	30.7	14.8	3.4
水果	橘子	6	66.7	16.7	16.7	0.0	6	50.0	33.3	16.7	0.0
	蜜梨	65	50.8	26.2	9.2	13.9	65	56.9	24.6	13.9	4.6
	柿子	8	62.5	12.5	25.0	0.0	8	50.0	25.0	25.0	0.0
	甘蔗	12	66.7	16.7	0.0	16.7	12	50.0	25.0	16.7	8.3
	桃形李	22	59.1	18.2	13.6	9.1	22	59.1	18.2	22.7	0.0
	桃子	28	60.7	14.3	7.1	17.9	28	53.6	28.6	10.7	7.1
	枇杷	46	58.7	21.7	10.9	8.7	46	52.2	34.8	2.2	10.9
	葡萄	69	58.0	17.4	13.0	11.6	69	52.2	26.1	8.7	13.0
	杨梅	28	50.0	32.1	17.9	0.0	28	57.1	25.0	7.1	10.7
	青枣	9	66.7	0.0	33.3	0.0	9	66.7	11.1	22.2	0.0

续表

农产品品种		N	Pb/%				N	Zn/%			
			Ⅰ级	Ⅱ级	Ⅲ级	Ⅳ级		Ⅰ级	Ⅱ级	Ⅲ级	Ⅳ级
蔬菜	根茎类蔬菜	18	61.1	11.1	11.1	16.7	18	72.2	0.0	16.7	11.1
	球茎类蔬菜	6	50.0	16.7	33.3	0.0	6	33.3	50.0	16.7	0.0
	其他类蔬菜	26	50.0	19.2	30.8	0.0	59	47.5	17.0	28.8	6.8

4.4 土壤–水稻系统的重金属研究

4.4.1 重金属在水稻植株中的分布

对水稻根、茎和籽实中重金属含量研究发现，重金属进入植株后，主要集中在根部，只有少量向地上部分（茎、叶、籽实）迁移（图4-11）。重金属在水稻植株不同器官的质量分数分布由大到小的次序为：根→茎→籽实，稻米中重金属的来源主要由根系从土壤中吸收，茎部运转，最终达到籽实。

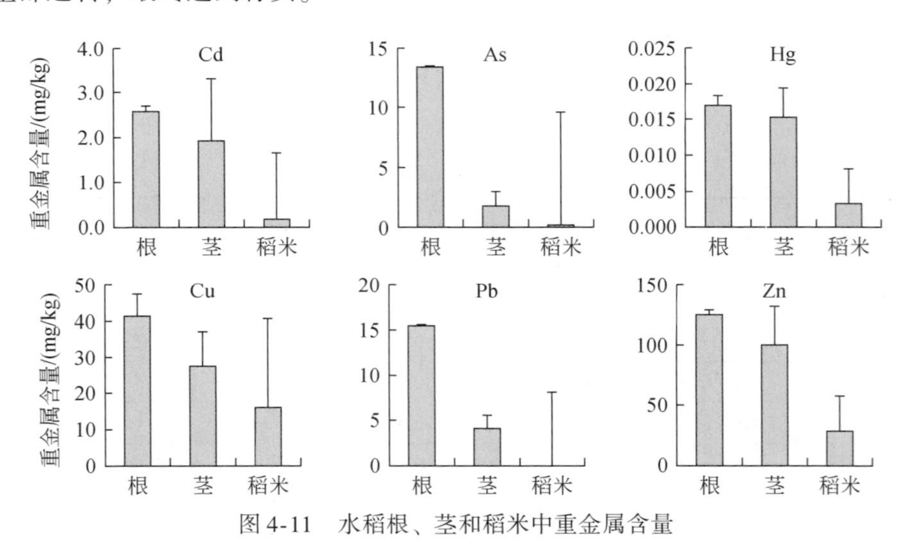

图4-11　水稻根、茎和稻米中重金属含量

从水稻植株重金属元素的误差线可知，重金属在根部的含量差异较小，自下而上，重金属的含量差异越大，这种差异，可能揭示了不同品种、不同种植方式、不同环境条件对重金属迁移、富集的能力。

4.4.2 土壤、稻米中重金属含量的相关性

大量研究表明，土壤中的重金属浓度与生长于其上的农作物在一定浓度范围内成正相

关关系，不同的作物对土壤重金属的反应不同，如有的呈幂函数关系，有的可以用线性关系来概括。为了将这种关系更清晰地显示出来，将数据做以下处理：

（1）根据GB 15618–1995的标准将土壤重金属含量分成三级，统计不同级别土壤种植稻米的重金属含量，并作箱式图（图4-12）。

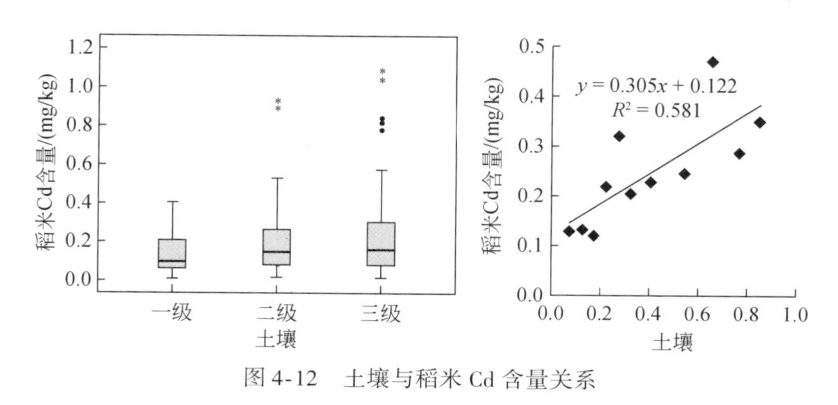

图4-12　土壤与稻米Cd含量关系

（2）根据土壤重金属含量分布情况，按照含量区间，对土壤、稻米重金属数据进行均化处理后，以0.05mg/kg（或者0.1mg/kg）土壤重金属含量区间分成n对数据（Cd 11对、Hg 12对、As 8对），对这n组数据土壤与水稻重金属含量进行相关分析。

1. 镉元素的相关性

由图4-12发现，三级土壤和二级土壤种植的稻米Cd含量水平高于一级土壤，说明土壤Cd含量水平对稻米Cd含量有一定的影响。

根据图4-12，本地区稻米中的Cd与土壤中的Cd呈现出极显著的线性正相关，相关系数达0.762（$n=11$，$P<0.01$）。这一分析表明土壤Cd的含量水平对稻米Cd富集的贡献最大，即土壤是稻米Cd的第一供体。

2. 砷元素的相关性

由图4-13发现，三级土壤和二级土壤种植的稻米As含量水平高于一级土壤，说明土壤As含量水平对稻米As含量有一定的影响。

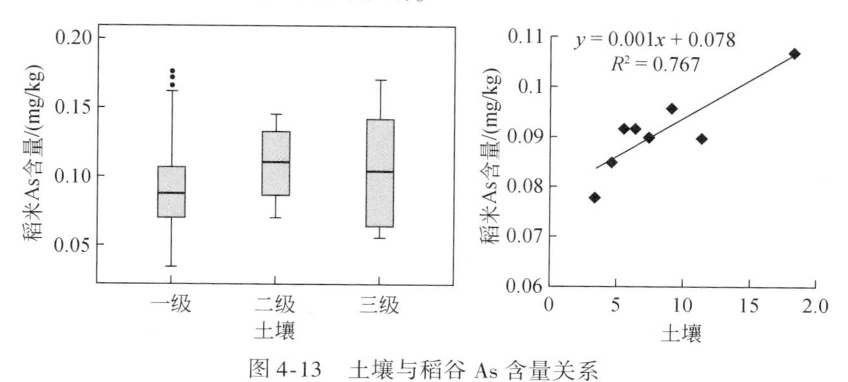

图4-13　土壤与稻谷As含量关系

根据图4-13，本地区稻米中的As与土壤中的As呈现出极显著的线性正相关，相关系数达0.876（$n=8$，$P<0.01$）。这一分析表明土壤As的含量水平对稻米As富集的贡献最大，即土壤是稻米As的第一供体。

3. 汞元素的相关性

由图4-14发现不同级别土壤种植稻米的Hg含量依次是：三级土壤>二级土壤、一级土壤，说明土壤Hg含量水平对稻米Hg含量有一定的影响。

根据图4-14，本地区稻米中的Hg与土壤中的Hg呈现出极显著的线性正相关，相关系数达0.738（$n=12$，$P<0.01$）。这一分析表明土壤Hg的含量水平对稻米Hg富集的贡献最大，即土壤是稻米Hg的第一供体。

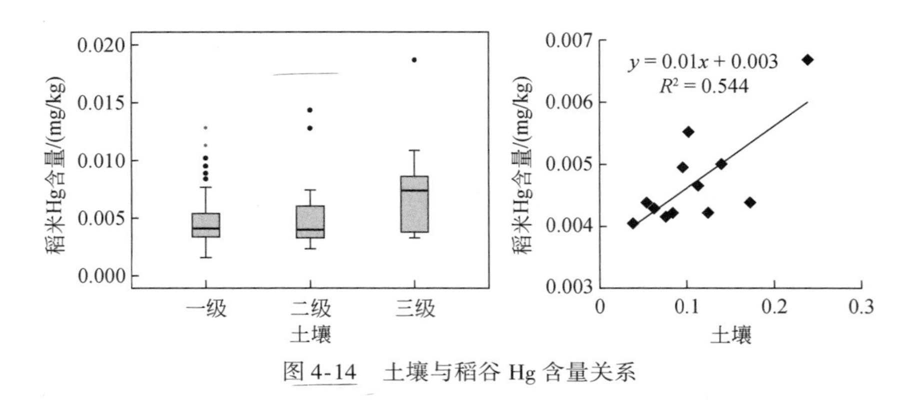

图4-14 土壤与稻谷Hg含量关系

4.4.3 土壤理化性状对稻米重金属吸收的影响

除土壤重金属含量外，土壤pH、有机质含量等理化性质都影响稻米重金属吸收累积。

1. 土壤pH

pH被认为是影响农作物吸收土壤重金属最重要的因素之一。这主要是由于土壤pH直接影响土壤重金属磷酸盐、碳酸盐和氢氧化物的溶解度，影响重金属有机化合物的溶解及土壤胶体电荷的性质，进而影响作物可吸收态重金属的含量。

为更加直观地将这种关系显示出来，将数据做以下处理：

（1）将土壤pH按酸碱度分成强酸性（pH≤5.0）、弱酸性（5.0<pH≤6.5）、中性（6.5<pH≤7.5）、碱性（pH>7.5），统计酸碱度土壤种植稻米对重金属富集系数（富集系数=稻米中重金属含量/土壤中重金属含量）。

（2）根据土壤pH分布情况，按照含量区间，对土壤-稻米重金属数据进行均化处理后，以0.2为一级将稻米重金属富集系数区间大致分成16对数据，对这16组数据土壤与水稻重金属含量进行相关分析。

由图4-15、图4-16发现，土壤pH与稻米中Cd、Zn的富集系数呈极显著负相关，不同酸碱性土壤对稻米Cd、Zn富集系数的影响依次是：强酸性土壤>酸性土壤>中性土壤>

碱性土壤，说明土壤酸碱性对稻米 Cd、Zn 的吸收影响较大，酸性越强，稻米越容易吸收土壤中的 Cd、Zn。

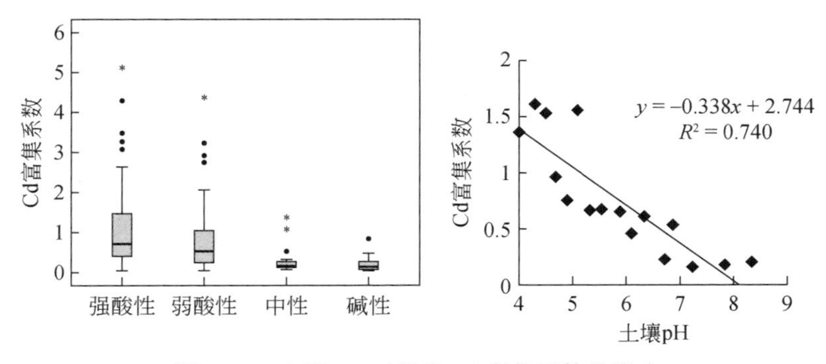

图 4-15　土壤 pH 对稻米 Cd 富集系数的影响

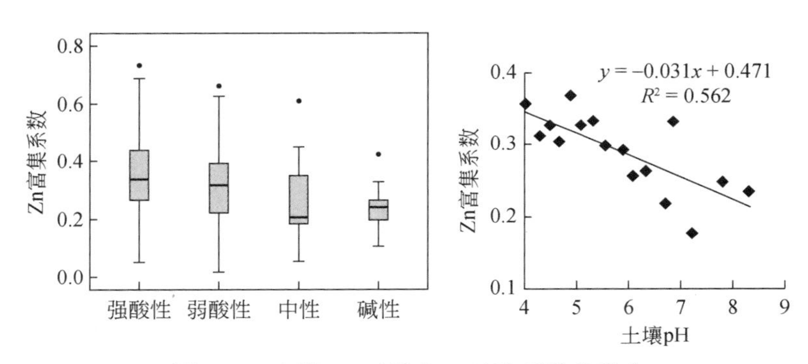

图 4-16　土壤 pH 对稻米 Zn 富集系数的影响

2. 土壤有机质

在微生物作用下，有机物被熟化为土壤腐殖质，腐殖质与土壤中的无机颗粒结合生成有机胶体或有机–无机复合胶体，不仅增加了土壤的表面活性，也增加了土壤对重金属的吸附能力。因土壤腐殖质含有大量含氧官能团，它们易与重金属元素发生络合反应，生成稳定的有机结合态重金属复合物。土壤的有机质可以显著降低土壤重金属元素的有效性，进而降低作物对重金属的吸收量。

同样也将土壤有机质数据按 0. 3mg/kg 为一级将稻米重金属富集系数区间分成 15 组数据，对这 15 组数据土壤与稻米重金属富集系数进行相关分析。

金华地区稻米 Cd、Zn 的富集系数与土壤有机质含量呈极显著的线性负相关（图 4-17），相关系数达–0. 868、–0. 746（$n = 15$，$P < 0.01$）；稻米 Cu 富集系数与土壤有机质含量呈显著负相关，相关系数为–0. 586（$n = 15$，$P < 0.05$）。这表明土壤有机质含量对稻米 Cd、Zn、Cu 富集的影响较大。

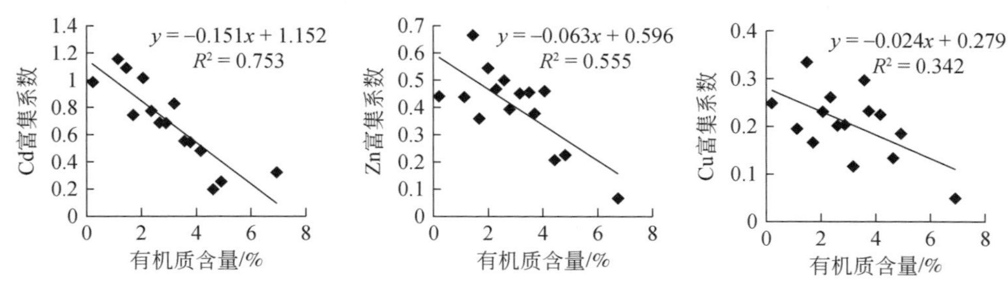

图 4-17　土壤中有机质含量与稻米 Cd、Zn、Cu 富集系数的相关性

3. 其他

除土壤 pH、有机质含量外，土壤氧化还原电位（Eh）、土壤质地以及土壤阳离子交换量（CEC）等理化性质也对作物对土壤中的重金属吸收有影响。

土壤在还原状态下，重金属可形成难溶化合物硫化物，使土壤溶液中的重金属离子减少，从而抑制了植物对重金属的吸收。当土壤 Eh 值提高时，重金属的活性也增加，有利于水稻吸收重金属，且 Eh 值与糙米重金属含量呈正相关。但 As 例外，当 Eh 值低到一定程度时，变价元素 As 可以亚砷酸盐形态存在，亚砷酸盐的毒性和可溶性比砷酸盐大得多，且易被作物吸收。水稻土由于长期淹水使 Eh 电位降低，有利于亚砷酸盐的存在，从而使水田与旱地土壤中 As 的临界含量有很大差别。由此可见，采取灌溉措施来调节土壤氧化还原状况可以减少水稻对重金属的累积。

土壤的质地越黏重，对重金属的持留量也越大。因为土壤重金属离子通过同晶置换作用替代黏土矿物晶格内部的 Na、K、Mg 和 Ca 等常规离子，而储存在土壤中。此外，土壤矿物，尤其是黏粒矿物通过影响土壤 CEC 值而影响土壤的重金属含量。CEC 是土壤胶体的负电荷量，其数值越大代表着土壤的负电荷量越高，也就意味着土壤通过静电作用吸附重金属离子的量越多。

4.5　水稻安全的土壤重金属临界值

4.5.1　土壤重金属形态组成

土壤环境中重金属以多种形态存在，并随环境条件的变化，可以由一种形态转变成另一种形态。形态不同，迁移能力也不同，所产生的生态效应也差异很大，土壤元素的形态分析是土壤重金属生态效应与预测的基础。

将金华具有代表性的 41 个土壤样品进行了形态分析，逐步提取各形态含量的统计结果见表 4-18，比例结构见图 4-18。其中水溶态、可交换态、碳酸盐结合总称为醋酸提取态，是可再迁移性和生物可利用性最强的成分。7 种元素中，Cd 的醋酸溶解态含量比例最大，占到全量的 54.8%，Zn 占全量的 13.6%、Pb 占全量的 11.9%、Ni 占全量的11.7%、Cu占全量的5.3.%、Hg占全量的4.0%、As占全量的2.0，Cr最低，仅占全量的1.3%。

表4-18 土壤重金属元素形态含量特征　　单位：mg/kg

形态	参数	As	Hg	Cd	Cr	Cu	Ni	Pb	Zn
水溶态	最小值	0.0002	0.002	0.002	0.0002	0.0002	0.001	0.001	0.0003
	最大值	0.021	0.030	0.304	0.004	0.024	0.102	0.042	0.028
	平均值	0.005	0.011	0.039	0.002	0.003	0.014	0.016	0.008
离子交换态	最小值	0.0003	0.005	0.079	0.001	0.001	0.002	0.001	0.002
	最大值	0.03	0.040	0.886	0.029	0.099	0.369	0.231	0.449
	平均值	0.006	0.017	0.456	0.005	0.015	0.081	0.076	0.098
碳酸盐态	最小值	0.00004	0.004	0.006	0.001	0.002	0.002	0.005	0.001
	最大值	0.045	0.026	0.236	0.055	0.156	0.082	0.138	0.193
	平均值	0.009	0.012	0.062	0.008	0.039	0.030	0.056	0.040
腐殖酸态	最小值	0.047	0.045	0.003	0.0004	0.018	0.012	0.016	0.020
	最大值	0.403	0.515	0.233	0.249	0.301	0.628	0.155	0.151
	平均值	0.213	0.213	0.067	0.117	0.139	0.152	0.092	0.064
铁锰氧化态	最小值	0.0277	0.007	0.005	0.004	0.002	0.014	0.132	0.014
	最大值	0.364	0.109	0.276	0.091	0.346	0.213	0.568	0.237
	平均值	0.147	0.027	0.073	0.025	0.146	0.062	0.353	0.062
强有机态	最小值	0.0013	0.032	0.012	0.0002	0.0004	0.020	0.018	0.019
	最大值	0.055	0.379	0.543	0.438	0.148	0.206	0.348	0.222
	平均值	0.013	0.169	0.139	0.112	0.067	0.078	0.077	0.085
残渣态	最小值	0.3352	0.304	0.014	0.399	0.161	0.069	0.079	0.139
	最大值	0.92	0.843	0.536	0.939	0.935	0.885	0.566	0.859
	平均值	0.606	0.559	0.190	0.736	0.595	0.598	0.338	0.650

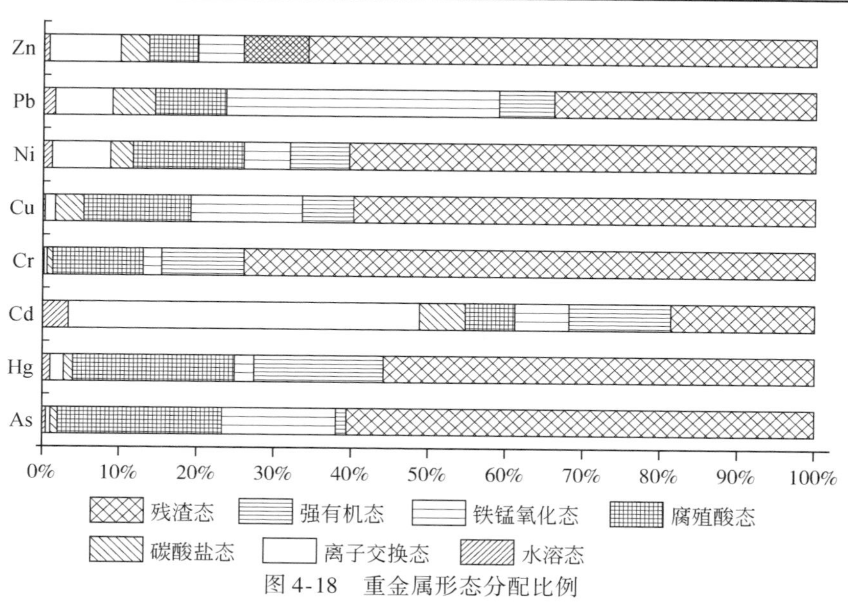

图4-18 重金属形态分配比例

重金属与 Fe、Mn 氧化物结合的部分对应 BCR 提取中的可还原态，其在还原的条件下不稳定，会释放到环境中。有机结合态包含重金属与有机质和硫化物的结合物，该类型结合物与大分子腐殖质稳定结合，但有研究表明该形态在氧化条件下有机质分解过程中有小部分的金属会释放到环境中。有机结合态是重金属元素赋存的重要形态，其中 Cr 的比例最大，为 16.9%，As 比例最低，只占全量的 1.3%。

残渣态提取的是存在于矿物晶格内的重金属，性质稳定，难以再迁移和被生物利用。对于重金属元素来说残渣态所占的比重大，除 Cd 以醋酸提取态为主外，其他 7 种元素均以残渣态为主。

利用离子交换态、水溶态和碳酸盐态（活性态，或 BCR 的醋酸提取态）占全量的比例可以初步判断重金属元素的可再迁移的顺序为：Cd>Pb=Zn>Ni>Cu>Hg>As>Cr，同时上述三种形态也是生物可利用的最重要形态成分，因此可再迁移性排序也是生物有效性的排序。

4.5.2 土壤重金属全量–形态响应关系模型

将 38 组土壤重金属全量与不同形态含量作相关性分析，从表 4-19 可知，Cd、Hg、Ni 土壤全量与对应形态之间存在相关关系。Cd 全量与离子交换态、碳酸盐态、腐殖酸态、铁锰氧化态、强有机态以及残渣态呈极显著相关，Cd 全量与水溶态呈显著相关；Hg 全量与水溶态、强有机态呈显著相关，与腐殖酸态呈极显著相关；Ni 全量与水溶态、离子交换态、碳酸盐态、铁锰氧化态、强有机态和残渣态呈极显著相关。因此，可建立 Cd、Hg、Ni 土壤全量与土壤对应元素形态之间线性回归方程。

表 4-19　Cd、Hg、Ni 土壤全量与土壤形态相关系数

元素	水溶态	离子交换态	碳酸盐态	腐殖酸态	铁锰氧化态	强有机态	残渣态
Cd 全量	0.369*	0.686**	0.959**	0.812**	0.930**	0.616**	0.961**
Hg 全量	0.347*	−0.064	0.064	0.581**	−0.077	0.342*	0.953**
Ni 全量	0.803**	0.777**	0.679**	0.220	0.400	0.319	0.997**

*为显著相关（$P<0.05$）；**为极显著相关($P<0.01$)。

回归方程构建是否合理，需要进行检验。首先用 F 统计量检验，考虑回归方程的线性关系是否显著，再用适合度检验模型对样本观测值的拟合程度。因为自变量的增加，R^2 可能会增加，所以将自由度的修正相关系数 R^2_{adj}（即拟合优度）作为判断模型与数据拟合程度的标准。

从表 4-20 可见，Cd 的 8 个模型均通过了 F 统计量的检验，说明土壤 Cd 全量与土壤 Cd 各形态存在显著的线性关系，8 个回归方程的 P 值均为 0，表示方程的线性关系极显著。从 R^2 大小看，回归方程 8 的值最大，为 0.996，此回归方程最合理。

Hg 的两个模型均通过了 F 统计量的检验，两个回归方程的 P 值均为 0，表示方程的线性关系极显著，所建立的回归方程较合理。

Ni的5个回归方程均通过了 F 统计量的检验，说明土壤Cd全量与土壤Cd各形态存在显著的线性关系，5个回归方程的 P 值均为0，表示方程的线性关系极显著。从 R^2 大小看，回归方程5的值最大，为0.997，此回归方程最合理。

表4-20 基于土壤形态的土壤Cd、Hg、Ni全量预测模型

元素	序号	模型	R	R^2	F	P
Cd	1	$Y=17.170C_{离子交换态}-0.242$	0.686	0.456	32.033	0.000
	2	$Y=3.580C_{碳酸盐态}-0.003$	0.959	0.917	412.244	0.000
	3	$Y=9.611C_{腐殖酸态}+0.008$	0.812	0.650	69.565	0.000
	4	$Y=3.488C_{铁锰氧化态}+0.067$	0.930	0.861	229.703	0.000
	5	$Y=10.120C_{强有机态}+0.094$	0.616	0.362	22.029	0.000
	6	$Y=3.239C_{残渣态}+0.115$	0.961	0.922	439.548	0.000
	7	$Y=3.476C_{碳酸盐态}+0.944C_{离子交换态}+0.052C_{水溶态}-0.024$	0.959	0.913	131.235	0.000
	8	$Y=0.147C_{水溶态}+1.241C_{离子交换态}+0.995C_{碳酸盐态}+1.396C_{腐殖酸态}+0.780C_{铁锰氧化态}+1.004C_{强有机态}+1.331C_{残渣态}+0.024$	0.998	0.996	1333.946	0.000
Hg	1	$Y=2.578C_{水溶态}+3.763C_{腐殖酸态}+40.741$	0.583	0.302	9.011	0.001
	2	$C_{腐殖酸态}=3.438C_{水溶态}+12.106$	0.525	0.255	13.685	0.001
Ni	1	$Y=147.061C_{水溶态}-6.749$	0.803	0.635	65.438	0.000
	2	$Y=35.015C_{离子交换态}-0.189$	0.777	0.592	54.779	0.000
	3	$Y=93.533C_{碳酸盐态}-12.171$	0.679	0.445	30.725	0.000
	4	$Y=1.193C_{残渣态}+1.868$	0.997	0.993	5275.543	0.000
	5	$Y=11.017C_{水溶态}+0.272C_{离子交换态}+7.316C_{碳酸盐态}+1.091C_{残渣态}-0.148$	0.999	0.997	2966.235	0.000

4.5.3 稻米-土壤重金属响应关系模型

土壤-植物系统中重金属的积累能力不仅与其总量有关，更大程度取决于元素的形态组成，进行作物与土壤重金属各形态间的响应关系分析，可确定重金属的活性形态及其影响，对研究重金属在土壤中的有效性规律，充分了解其迁移转换机理、阐明其生理作用特征等有重要意义。

由表4-21可知稻米中的Cd、Hg、Ni含量与其对应元素形态之间存在相关关系。稻米Cd含量与土壤Cd全量、碳酸盐态和残渣态呈显著相关，稻米Cd含量与土壤Cd离子交换态呈极显著相关关系；稻米Hg含量与土壤Hg水溶态含量呈极显著正相关，与土壤Hg腐殖酸态呈显著相关；稻米Ni含量与Ni全量、水溶态、离子交换态和碳酸盐态呈极显著相关。

表 4-21　土壤重金属形态与稻米重金属全量相关系数（n = 38）

元素	全量	水溶态	离子交换态	碳酸盐态	腐殖酸态	铁锰氧化态	强有机态	残渣态
Cd	0.369*	0.247	0.435**	0.389*	0.266	0.292	0.313	−0.325*
Hg	0.254	0.480**	0.016	−0.069	0.390*	−0.007	0.290	0.185
As	0.026	−0.081	0.113	−0.037	0.073	0.223	0.200	−0.042
Pb	0.246	−0.196	0.006	0.354*	0.360*	0.250	0.165	−0.066
Cu	0.176	0.079	0.137	0.152	0.170	0.182	0.091	0.223
Zn	−0.023	−0.110	−0.073	0.063	0.105	−0.033	0.109	−0.043
Cr	0.127	−0.087	0.049	−0.037	−0.161	0.211	0.233	0.159
Ni	0.508**	0.424**	0.482**	0.612**	0.092	0.506	0.491	0.485

*代表 0.05 水平（双侧）上显著相关；**代表在 0.01 水平（双侧）上显著相关。

将 Cd 的全量、离子交换态、碳酸盐态和残渣态作为预测稻米中 Cd 含量的自变量，将土壤 Hg 的水溶态、腐殖酸态作为预测稻米中 Hg 含量的自变量，将土壤 Ni 的全量、水溶态、离子交换态和碳酸盐态作为预测稻米中 Ni 含量的自变量，建立预测模型。

从表 4-22 可见，Cd 的 4 个模型均通过了 F 统计量的检验，说明稻米中 Cd 含量与土壤 Cd 全量、离子交换态和碳酸盐结合态以及残渣态均存在显著的线性关系，4 个回归方程的 P 值均小于 0.05，表示方程的线性关系显著，但是只有模型 2 的回归方程 $P < 0.01$，表示方程的线性关系极显著。从 R_{adj}^2 大小看，回归方程 2 的值最大，为 0.167。因此，运用此模型预测稻米中 Cd 含量的结果较理想。

Hg 的两个模型均通过了 F 统计量的检验，两个模型的回归方程 $P < 0.01$，表示方程的线性关系极显著。从 R_{adj}^2 大小看，回归方程 2 的值较大，为 0.214。因此，运用此模型预测稻米中 Hg 含量的结果较理想。

Ni 的 6 个回归方程均通过了 F 统计量的检验，方程存在极显著线性关系，从 R_{adj}^2 大小看，回归方程 4 的值较大，为 0.357。因此，运用此模型预测稻米中 Ni 含量的结果较理想。

表 4-22　基于土壤形态的稻米 Cd、Hg、Ni 含量预测模型

元素	序号	模型	R	R_{adj}^2	F	P
Cd	1	$Y = 0.38C_{全量} + 0.091$	0.369	0.112	5.657	0.023
	2	$Y = 11.236C_{离子交换态} - 0.133$	0.435	0.167	8.404	0.006
	3	$Y = 8.239C_{离子交换态} + 0.644C_{碳酸盐态} - 0.093$	0.451	0.158	4.478	0.019
	4	$Y = 8.213C_{离子交换态} + 0.933C_{碳酸盐态} - 0.291C_{残渣态} - 0.101$	0.453	0.135	2.926	0.048
Hg	1	$Y = 0.001C_{水溶态} + 0.003$	0.480	0.209	10.774	0.002
	2	$Y = 0.001C_{水溶态} + 0.000039C_{腐殖酸态} + 0.002$	0.507	0.214	6.045	0.006

续表

元素	序号	模型	R	R^2_{adj}	F	P
Ni	1	$Y = 0.012C_{全量} + 0.381$	0.508	0.237	12.509	0.001
	2	$Y = 1.803C_{水溶态} + 0.455$	0.424	0.157	7.904	0.008
	3	$Y = 0.504C_{离子交换态} + 0.305$	0.482	0.211	10.879	0.002
	4	$Y = 1.957C_{碳酸盐态} - 0.043$	0.612	0.357	21.562	0.000
	5	$Y = 0.930C_{水溶态} + 0.371C_{离子交换态} + 0.308$	0.514	0.222	6.277	0.005
	6	$Y = 0.021C_{水溶态} + 0.189C_{离子交换态} + 1.004C_{碳酸盐态} - 0.039$	0.629	0.343	7.436	0.001

将重金属形态分析的实测数据（38组）分别代入Cd模型2、Hg模型2和Ni模型4，实测值与各个模型预测值的散点图（图4-19～图4-21），可以看出实测值与预测值分布于直线两侧，且预测值点均分布在$X \pm 2S$的范围内，说明3个模型基本符合要求，可以分别用来预测研究区稻米Cd、Hg、Ni的浓度。

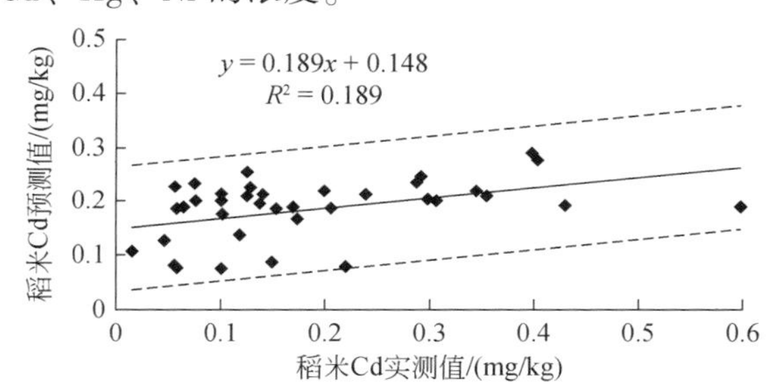

图4-19　Cd模型2预测值与实测值散点图

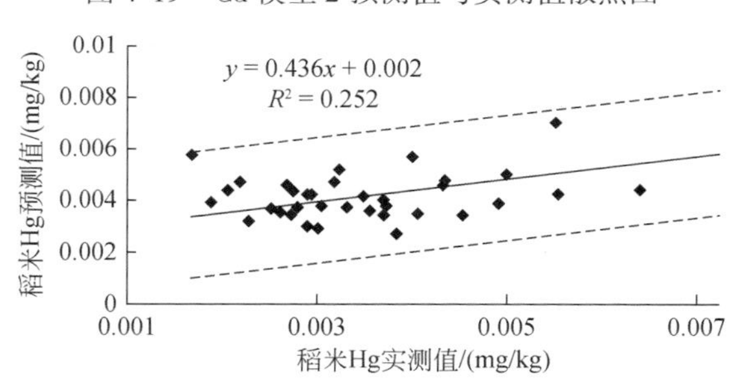

图4-20　Hg模型2预测值与实测值散点图

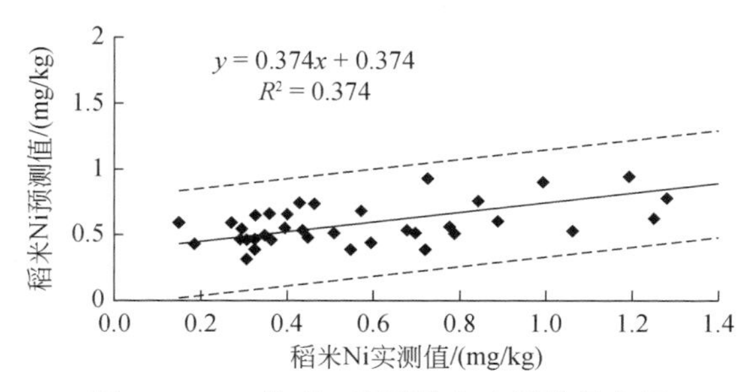

图4-21　Ni模型4预测值与实测值散点图

4.5.4 土壤重金属安全临界值

土壤重金属安全临界值，是指植物中的重金属含量达到食品卫生标准限量，或植株表现受害症状时，该植株生长土壤中重金属的含量。有研究以作物重金属含量，生物量减少程度、相关酶的活性降低程度、叶绿素含量的变化等作为指标，来判定土壤的重金属临界值。

本研究依据《食品安全国家标准食品中污染物限量》（GB 2762-2012）中谷物的限量标准，来反演土壤的重金属临界值。稻米 Cd、Hg 安全限量值分别为 0.2mg/kg 和 0.02mg/kg，Ni 参照氢化植物油及氢化植物油为主的产品的限量标准为 1.0mg/kg 。

1. 土壤 Cd 临界值反演

根据稻米 Cd 含量预测模型 2 和稻米 Cd 的限量标准反推出土壤中 Cd 离子交换态的临界值为：0.030mg/kg。根据土壤 Cd 全量预测模型 1，当离子交换态在 0.030 时土壤全量 Y=0.273mg/kg。这个预测值比国家标准（HJ 332-2006）中酸性土壤 Cd 的限量值 0.30mg/kg 稍低。所以，本研究给出土壤 Cd 全量的临界值为 0.27mg/kg、土壤 Cd 离子交换态的临界值为 0.03mg/kg。

2. 土壤 Hg 临界值的反演

根据稻米 Hg 含量预测模型 2、土壤 Hg 全量预测模型和稻米 Hg 的限量标准，可反推出土壤 Hg 水溶态临界值为 15.46mg/kg，土壤腐殖酸态临界值为 65.26mg/kg，土壤 Hg 全量临界值为 326.17mg/kg。由模型反演出的土壤 Hg 的临界值远大于金华市土壤 Hg 含量范围（0.003 ~ 3.807mg/kg），故不采用反演结果。

3. 土壤 Ni 临界值的反演

根据稻米 Ni 含量预测模型 4 和稻米 Ni 的限量标准反推出土壤中 Ni 的碳酸盐态的临界值为 0.533mg/kg，根据土壤 Ni 全量与土壤 Ni 碳酸盐态的预测模型，可推导出土壤 Ni 含量临界值为 37.68mg/kg。这个反演结果比国家标准（HJ 332-2006）中酸性土壤 Ni 的限量值 40mg/kg 稍低，所以本研究给出土壤 Ni 全量的临界值为 37.7mg/kg、土壤 Ni 碳酸盐态的临界值为 0.53mg/kg。

4.6 重金属风险预测预警

重金属风险预警，是指对一定时期农产品和土壤重金属污染状况进行的预测、分析与评价，确定土壤质量变化的趋势、速度以及达到某一变化限度的时间等，按需要适时地给出变化和恶化的各种警戒信息及相应对策。

4.6.1　研究方法

1. 土壤重金属累积预测方法

重金属累积过程受自然和人为因素的影响，过程复杂多变，本研究基于物质守恒定律，采取通量模型预测未来2030和2050年的重金属含量变化过程（吴绍华，2009）：

$$\frac{\mathrm{d}C_s}{\mathrm{d}t}=\sum_i\frac{\mathrm{d}C_{si}}{\mathrm{d}t}-\sum_j\frac{\mathrm{d}C_{sj}}{\mathrm{d}t} \tag{4-10}$$

式中，C_s是土壤中评价元素s的含量，mg/kg；i和j分别代表各种可能的输入和输出途径；t为时间。

本研究预测范围属区域尺度，主要考虑普遍性、区域性的输入因素，一般在人居环境生态系统中，重金属的输入途径主要有大气干湿沉降、灌溉水、化肥施用；输出途径主要有作物收割等。

1）大气沉降输入

大气沉降物主要包括大气降水、降尘以及溶解于降水和吸附于降尘颗粒物表面的气体及各种有机化合物。前人研究表明，大气降尘是土壤重金属污染的重要来源。干湿沉降年通量资料通过回收的年集尘罐样直接计算。

2）灌溉水输入

浙江省水利设施较好，灌溉一直是水资源的主要利用方式。经灌溉水带入土壤中的重金属元素年输入量的计算取自金华市2010年水资源公报数据。

3）肥料施用输入

农业种植过程，经施用化肥带入土壤中的有害元素的年输入量计算公式如下：

$$Q=\sum_{i=1}^{4}C_i\times W_i \tag{4-11}$$

式中，Q为各类肥料（包括无机和有机）的年输入量，g/(ha·a)，其中有机肥料包括绿肥、禽畜粪便、人粪尿和商品有机肥。C_i为某种肥料对应指标i平均含量，mg/kg；W_i为1年耕地某类肥料均用量，kg/ha。限于不同肥料中重金属元素含量的获取（吴绍华，2009），本研究只计算Hg、Cd、Cu、Pb和Zn 5类元素的输入通量，其他相关计算参数来自于《金华统计年鉴2013》（表4-23）。

表4-23　肥料中重金属的含量及水稻施用量

肥料类型		重金属含量/(mg/kg)								施用量/(kg/ha)
		As	Hg	Cd	Cr	Cu	Ni	Pb	Zn	
化肥	氮肥	—	0.094	0.0005	—	0.4	—	0.012	4.9	203.33
	磷肥	—	0.052	0.50	—	7.4	—	0.93	61.0	72.74

续表

肥料类型		重金属含量/(mg/kg)								施用量/(kg/ha)
		As	Hg	Cd	Cr	Cu	Ni	Pb	Zn	
化肥	钾肥	—	0.207	0.05	—	3.2	—	0.0008	9.7	41.06
	复合肥	—	0.903	0.18	—	10.8	—	0.64	348.2	118.20
有机肥		9.45	2.37	4.78	84.30	82.14	11.01	24.01	314.86	10580.96

注：化肥重金属含量来源于王起超（2004）；有机肥料重金属含量来源于陈林华等（2009）；施用量来源于金华市统计年鉴（金华市统计局，2012）。

在水田、旱地和果园等土地利用方式下，土壤重金属的输出途径主要包括灌溉排水、农作物收割、蒸腾作用、地表径流和淋滤作用等。蒸腾作用主要影响 K、Na 等轻金属，对除 Hg 之外的其他重金属几乎没有影响（刘德绍等，2010）。限于资料的可取性，本研究只考虑农作物收割作为输出途径。

4）作物吸收输出

水稻是研究区的主要粮食作物，现在一般实施秸秆还田，根茎叶中的重金属返回到土壤中，因此真正从土壤中吸收转移的重金属只是籽粒部分。除此之外，还计算了玉米、甘蔗和蔬菜。作物吸收重金属的含量可以表达为：

$$O_{crop} = Y_{crop}C_{crop} \tag{4-12}$$

式中，O_{crop}为重金属作物提取量；Y_{crop}为作物产量；C_{crop}为作物中的重金属含量。作物重金属含量来自于本次调查数据，其他参数来自于《金华地区统计年鉴 2013》。

2. 水稻重金属生态风险评价方法

重金属健康风险评价方法可以分为两种类型：一是基于重金属环境质量标准或背景值，即实测含量与标准值的比较来判断环境污染程度，包括：污染指数法、潜在生态危害指数法、综合评价法等，本研究主要利用该方法对水稻重金属生态风险进行评价；二是基于暴露-风险评价，该方法关注于风险受体对环境风险的敏感性，本节主要利用该方法对人体重金属暴露的健康风险进行评价。

本研究中，基于重金属环境质量标准的评价方法的主要应用对象为水稻，包括：

1）综合污染指数法

我国先后对粮食中 Hg、As、Cr、Cu、Pb、Zn 和 Cd 7 种重金属元素的最高限量进行了规定，然而目前国内外尚无关于粮食中 Ni 的卫生标准。我国规定地面水中 Ni 的最高允许浓度为 0.5mg/L。苏联规定生活用水中 Ni 最高允许浓度为 0.1mg/L。我国现在唯一涉及 Ni 限量的食品卫生标准是《人造奶油卫生标准》（GB 15196-2003），其中 Ni 最高允许浓度为 1mg/kg（黄明丽，2007）。因此，本研究借用 1mg/kg 作为水稻中 Ni 含量的限量标准。综合得到水稻中 8 种重金属的限量值如表 4-24 所示。

表 4-24　我国粮食（稻米）中重金属限量值及重金属毒性系数

粮食	Hg	As	Cr	Cu	Ni	Pb	Zn	Cd
限量值/(mg/kg)	0.02	0.7	1.0	10	1	0.4	50	0.2
毒性系数*	40	10	2	5	1	5	1	30

*含量单位：mg/kg，引自（Hakanson，1980）。

2）潜在生态风险指数法

Hakanson 潜在生态风险指数（risk index，RI）是普遍应用于沉积物重金属生态风险评价的一种方法，其最大的特点就是在评价过程中引入了毒性系数，从而消除将不同重金属对生态环境的影响视为等同的影响，其结果更能贴近重金属风险的真实情况。本研究将此方法运用到水稻重金属生态风险评价中，潜在生态风险指数的分步计算公式如下（黄明丽，2007）：

$$\begin{cases} C_f^i = C_D^i / C_R^i \\ E_r^i = T_r^i \times C_f^i \\ \mathrm{RI} = \sum_{i=1}^{m} E_r^i \end{cases} \tag{4-13}$$

式中，C_f^i 为某一金属的污染系数；C_D^i 为重金属浓度实测值；C_R^i 为背景参比值，采用“浙江省土壤地球化学背景值表”关于水稻背景值调查数据作为金华地区水稻作物中重金属元素的背景值；T_r^i为重金属生物毒性响应因子，反映重金属的毒性水平及介质对重金属污染的敏感程度（表 4-25）；E_r^i 为某一重金属潜在生态风险系数；RI 为多种重金属潜在生态风险指数。指标 E_r^i 和 RI 的污染强度分级标准参见表 4-25。

表 4-25　Hakanson 潜在生态风险分级

类别	生态风险				
	轻微	中等	强	很强	极强
E_r^i	<40	40 ~ 80	80 ~ 160	160 ~ 320	≥320
RI	<150	150 ~ 300	300 ~ 600	600 ~ 1200	≥1200

4.6.2　土壤重金属累积

金华地区土壤重金属含量统计（表 4-26）可见，所有元素含量平均值均小于国家土壤环境质量二级标准（pH<6.5），但各元素最大值均显著超过上述标准值，表明局部地区存在重金属超标情况，其中 Ni、Hg 和 Cd 的变异系数均大于 1，表明上述元素含量在空间上分布极不均匀，Pb 和 Zn 元素的变异系数最小，分别为 0.57 和 0.51，其他元素介于其间。

表 4-26　金华地区土壤重金属含量统计特征

项目	As	Hg	Cd	Cr	Cu	Ni	Pb	Zn
最小值/(mg/kg)	0.69	0.003	0.004	0.9	0.3	0.3	4.7	10.7
最大值/(mg/kg)	260.47	3.81	10.52	976.8	756	327	1308	2021
均值/(mg/kg)	6.92	0.10	0.20	38.08	19.50	12.54	33.50	75.71
标准偏差	5.99	0.10	0.20	28.67	16.56	12.91	19.04	38.84
变异系数	0.87	1.00	1.00	0.75	0.85	1.03	0.57	0.51
标准值*/(mg/kg)	30	0.30	0.3	250	50	40	250	200

*参考国家土壤环境质量二级标准（pH<6.5），样本数为 19168。

1. 重金属含量变化速率

图 4-22 为各元素含量在 1987～2012 年期间的变化速率及空间分布。在这期间，金华地区中西部的金东区、武义县、婺城区、兰溪县和浦江中部土壤 As 元素含量整体呈上升趋势，增速 0～0.75mg/(kg·a)；金华中东部地区的浦江大部、义乌、永康、东阳和磐安 As 含量整体呈下降趋势，增速−0.5～0.0mg/(kg·a)。Hg 元素含量在 1987～2012 年期间整体呈上升趋势，增速 0～0.006mg/(kg·a)；仅在武义县、婺城区和永康县的交界地区呈降低趋势，减速 0～0.002mg/(kg·a)。

金华地区 Cd 含量在空间上呈嵌套分布，增值区主要分布在金东区、永康市和东阳市，增速 0～0.011mg/(kg·a)，值得注意的是，义乌城区、金东和兰溪城区周边以及浦江的零星地区存在增速的高值点，为 0.011～0.051mg/(kg·a)。武义-婺城-金东交界区、浦江北部和兰溪北部 Cd 含量呈降低区，降速 0～0.008mg/(kg·a)。与 1987 年相比，2012 年金华地区 Cr 含量变化具有明显空间分布特征，其中北部的兰溪和浦江县北边降低趋势，降速达 0～1.00mg/(kg·a)；其他区域的 Cr 含量均呈上升特点，增速主要集中在 0～4.00mg/(kg·a)，其中磐安北部山区的增速达 4.00～8.15 mg/(kg·a)。

Cu 元素含量整体呈增加趋势，只有在永康的东北部出现含量减小的情况，增速为 0～2.00mg/(kg·a)；Ni 总体上亦呈增加趋势，其中武义西南部、兰溪-浦江交界区、浦江-义乌-东阳东北方向含量呈降低趋势，变化趋势为−2.00～0.00mg/(kg·a)，其他区域含量的增速为 0～4.50mg/(kg·a)。

金华地区 Pb 元素含量的空间分布具有显著的区域特性，其中减幅集中在−2.00～0.00 mg/(kg·a)，分布在东阳市、武义县南部、永康东北部和义乌市的东南部；含量增值区分布在其他区域，增速集中在 0～2.50mg/(kg·a)。1987～2012 年间，永康市东北部、东阳市周边以及浦江县中部为 Zn 含量的降低区，降速为−4.00～0.00mg/(kg·a)，其中永康与东阳交界处存在降速的极值，为−7.70～4.0mg/(kg·a)。

2. 重金属输入输出通量

经计算，金华地区大气沉降、化学肥料、灌溉输入及有机肥施用的 2012 年度重金属输入通量分别为 1453.29g/(ha·a)、49.37g/(ha·a)、487.13g/(ha·a) 和

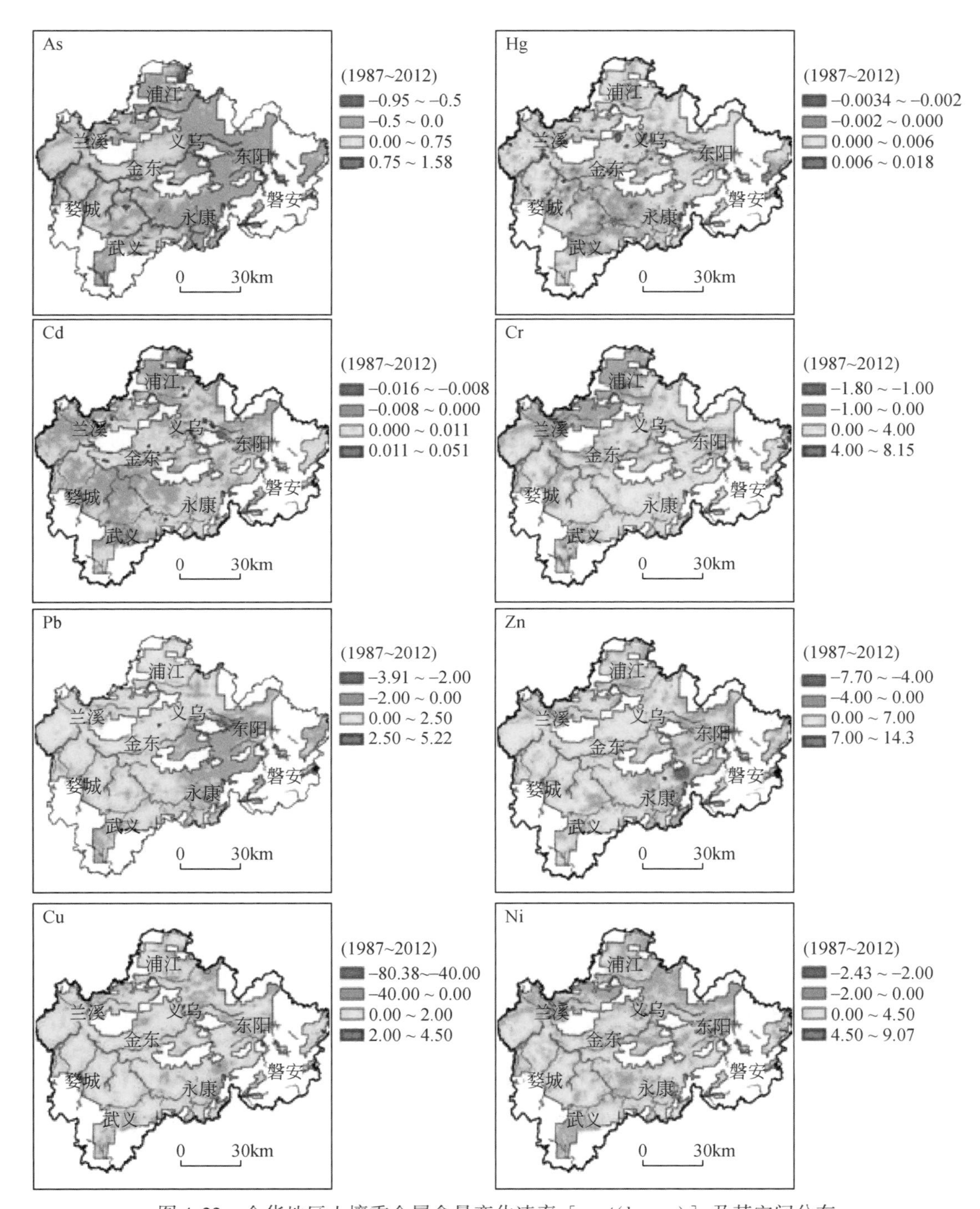

图4-22　金华地区土壤重金属含量变化速率［mg/(kg·a)］及其空间分布

5646.05g/(ha·a)。灌溉排水和作物吸收输出的重金属通量分别达62.37g/(ha·a)和390.90g/(ha·a)，净输入通量为7182.57g/(ha·a)（表4-27）。

表 4-27　金华地区重金属输入和输入通量统计表　　单位：g/(ha・a)

通量		As	Hg	Cd	Cr	Cu	Ni	Pb	Zn	合计
输入	自然沉降	8.53	0.24	34.11	106.60	182	36.91	292.5	792.4	1453.29
	化学肥料	—	0.14	0.06	—	2.03	—	0.15	46.99	49.37
	灌溉输入	17.70	0.61	3.92	78.5	43.4	—	6.7	336.3	487.13
	有机肥料	99.99	25.08	8.46	891.97	869.12	116.50	254.05	3331.52	5646.05
输入通量		126.22	26.21	46.61	1077.07	1098.58	153.41	553.54	4554.2	7635.84
输出	作物提取	1.55	0.30	2.53	6.22	98.71	5.34	3.37	272.88	390.9
净通量		124.67	25.91	44.08	1070.85	999.87	148.07	550.17	4281.32	7244.94

有机肥料占 As、Hg 和 Cr 元素的输入通量的主导地位，比例分别高达 79.2%、96.2% 和 82.8%，As 和 Hg 的灌溉输入次之，分别仅占 14.0% 和 2.3%，对 Cr 元素而言，自然沉降占据次要地位，比例为 9.9%。Ni 元素因仅获得自然沉降和有机肥料方面的输入量，比较发现，有机肥料输入亦占据主导。Cd、Cu、Pb 和 Zn 元素各输入通量组分的比例如图 4-23 所示。Cd 元素的输入通量主要来源于自然沉降和有机肥料的施用，比例分别占 73.2% 和 18.3%，灌溉输入的贡献占 8.4%；有机肥料的施用是 Cu 和 Zn 输入通量的主要来源，比例分别为 94.9% 和 82.0%，其中 Pb 的自然沉降占据输入通量的主导，比例高达 52.8%，Zn 的自然沉降和化肥施用输入贡献率亦较可观，比例分别为 17.4% 和 3.8%。

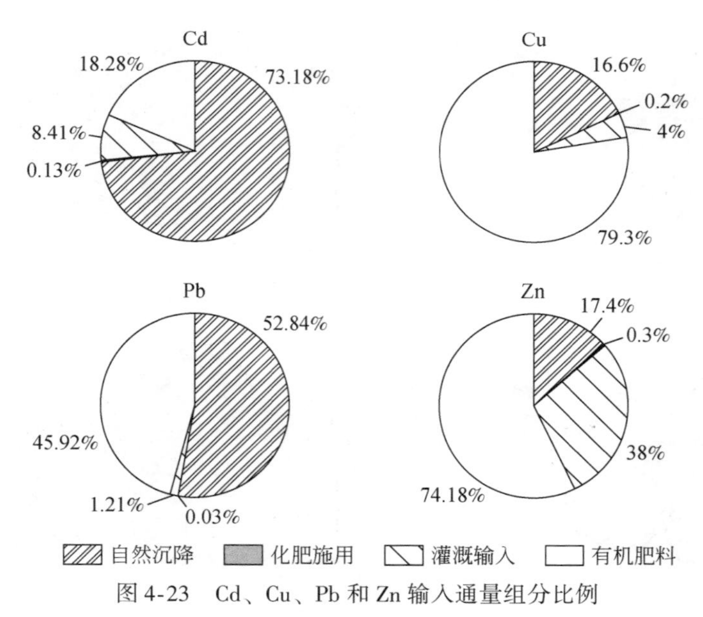

图 4-23　Cd、Cu、Pb 和 Zn 输入通量组分比例

4.6.3　水稻重金属与生态风险评价

从总体来看（图 4-24a），金华水稻中的重金属污染指数（P_i）均未超过 1，只有 Cd

元素污染指数接近1，而在综合污染指数（P）却高达19.83，已远远超过严重污染的临界值3，表明金华水稻Cd元素含量的空间差异极显著，存在局部水稻Cd含量高值点（区）。

水稻重金属的潜在生态风险评价结果如图4-24b所示，多种重金属潜在生态风险指数（RI）达317.79，已突破中等至强潜在生态风险等级，因此应该特别重视这一结果。Cd和Hg的生态风险指数分别为282和23.82，分别具有很强和轻微的潜在风险，As、Cr、Cu、Ni、Pb和Zn的风险都很轻微，较为安全。就不同地区水稻重金属元素的生态风险而言，兰溪市具有最高指数，达494，浦江、永康和义乌属于第二族群，生态风险指数均突破400，上述地区的重金属均达到了极强的生态风险等级，其他地区的水稻重金属生态风险指数虽然相对较低，但也均达到了较强的风险等级（图4-24c）。

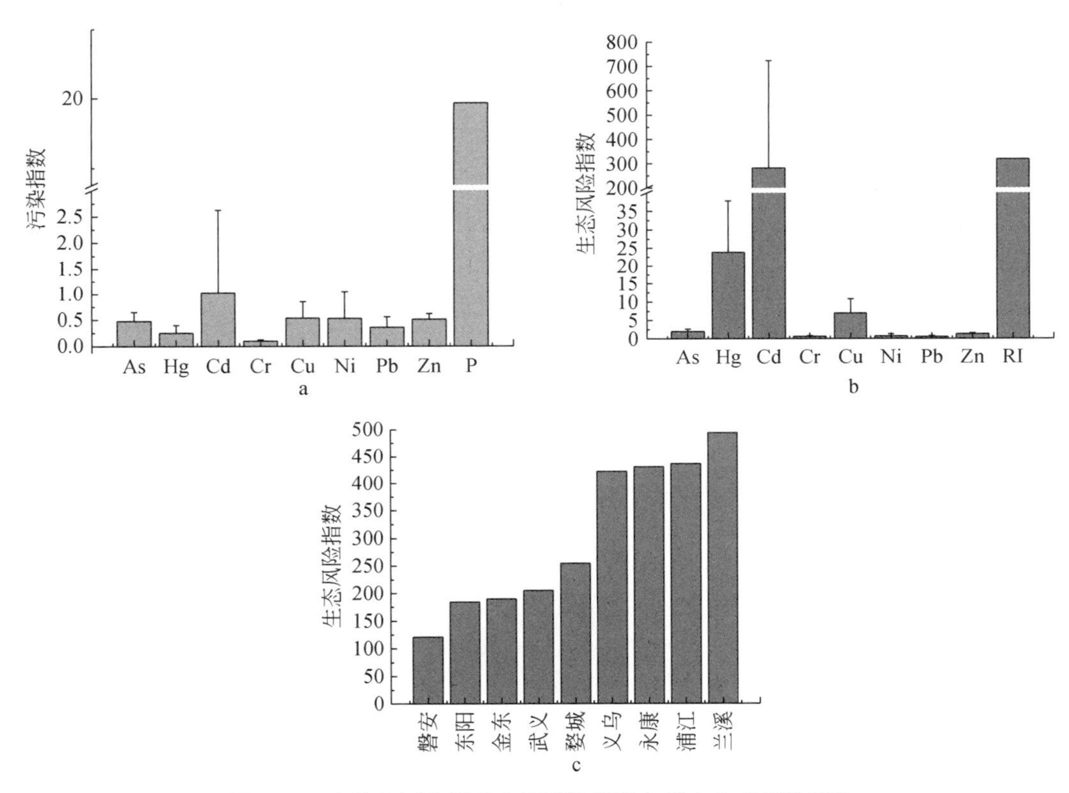

图4-24　金华地区水稻重金属污染指数与潜在生态风险指数

4.6.4　重金属风险管理

1. 重金属排放通量控制

以上研究表明，要防止重金属积累风险的发生，唯一有效的方法就是控制重金属的排放。目前我国对空气质量的常规监测还不包括重金属。大气是重金属面源污染的主要传输途径，金华地区大气沉降组分分别占Cd、Cu、Pb和Zn沉降通量的73.2%、16.6%、

52.8%和17.4%，空气中的重金属主要是吸附于降尘或飘尘中，对人体的危害也较为明显，因此加强空气中重金属排放的监测与管理工作极为必要。建立大气重金属排放的控制标准，能有效地防止土壤重金属的过度积累，降低重金属污染风险。

2. 有机肥使用管理

通过对重金属输入来源的研究发现，Hg、Cd、Cu、Pb和Zn的有机肥来源的重金属分别占了总肥料输入来源的98%以上，可见有机肥中的重金属是金华地区土壤重金属积累的重要来源。在我国农村，养殖污染物处理水平、污水处理率和粪尿处理率低，厩肥、粪尿生活污水等直接作为有机肥施入农田中，这是农田重金属污染的重要来源。因此，研究有机肥重金属的脱离技术，建立农村有机肥集中处理中心极为必要。

3. 土壤动态监测

基于通量平衡的方法简化了土壤重金属积累的过程，且没有考虑工业排放等人为活动的影响，结果存在很大的不确定性（吴绍华，2009）。研究土壤重金属积累最精确的方法就是动态监测，我国目前的土壤质量动态监测主要集中在土壤肥料方面，对土壤重金属的动态监测刚刚起步，归因于低量重金属对人体的健康影响属于慢性效应，社会群体关注不够，以及长期重金属的监测分析费用昂贵，需要大量资金。就金华地区而言，应当充分利用已有的多期次农业地质调查数据，建立由农业或环保部门主导的土壤重金属动态监测制度，建立长期监测网点。

第5章　富硒土壤研究与资源开发示范

硒是一种稀有分散元素，在自然界中分布极不均匀，硒的过量或不足常会引发生物地方病（李家熙等，2000），长期以来，人们对硒的研究主要集中在硒的毒性方面。1973年国际卫生组织宣布硒是人体必需的微量元素，这是科学界的重大发现。1982年，中国营养学会将其列入人体必需的微量元素之一。自此，硒的生物化学功能与人体健康关系的研究越来越受到重视。2002年浙江率先开展了富硒土壤调查，并在龙游等地进行了富硒土壤开发，在全国产生了积极的示范作用，获得了显著的经济社会效益。

5.1　富硒土壤及地学分类

5.1.1　富硒土壤

富硒土壤，即富含硒的土壤，参照生态景观硒的划分方案（谭见安，1989），把含量介于0.35～3.0mg/kg范围的土壤称为富硒土壤。其地球化学意义是，在生态景观环境中，这类土壤处于高硒和富硒水平。

调查共圈出富硒土壤26处，面积约743.7km^2，占调查面积的13.9%。其中，林地富硒区约348.8km^2，占调查面积的6.5%；耕地富硒区约385.9km^2，占7.4%。富硒土壤主要集中分布于金华西南部的婺城、兰溪一带（图5-1，表5-1）。

表5-1　金华市富硒土壤区一览表

地学分类	富硒土壤区及编号	面积/km^2	土地利用	主要农产品种植
表生沉积型	J-1 浦江县浦南富硒区	12.6	耕地、林地	蜜梨、桃形李
	J-3 兰溪市灵洞富硒区	47.8	耕地、林地	水稻
	J-4 兰溪市上华富硒区	29.8	耕地	水稻、茶叶
	J-5 金东区赤松富硒区	7.3	耕地	葡萄
	J-6 义乌市稠城富硒区	8.3	耕地	水稻、水果、甘蔗
	J-9 东阳市歌山富硒区	6.5	耕地	水稻、玉米
	J-12 婺城区汤溪富硒区	17.2	耕地	水稻、蔬菜、茶叶
	J-13 婺城区蒋堂-琅琊富硒区	114	耕地	水稻、葡萄、蔬菜
	J-14 婺城区白龙桥富硒区	10.1	耕地、林地	水稻
	J-15 婺城区乾西-罗店富硒区	56.2	耕地	蔬菜
	J-16 婺城区苏孟富硒区	22.3	耕地	茶叶、水果

续表

地学分类	富硒土壤区及编号	面积/km^2	土地利用	主要农产品种植
酸性火山岩型	J-8 金东区岭下富硒区	10.3	林地	
	J-18 武义县白姆富硒区	14.0	林地	茶叶、水稻
	J-19 武义县壶山富硒区	32.0	耕地、林地	水稻、茶叶
	J-20 武义县熟溪富硒区	7.6	林地	水果、茶叶
	J-21 武义县泉溪富硒区	8.8	耕地	水稻
	J-22 武义县俞源富硒区	12.1	林地	水稻、茶叶
	J-23 武义县大田富硒区	6.8	林地	茶叶、水稻
	J-24 武义县熟溪-全溪富硒区	29.9	林地	
	J-25 永康市江南富硒区	5.7	耕地、林地	水稻、杨梅
	J-26 永康市江南-石柱富硒区	6.2	林地	水稻
花岗岩型	J-17 婺城区安地富硒区	200.5	林地	
玄武岩型	J-10 磐安县玉山富硒区	12.6	耕地	中药材、玉米、茶叶
	J-11 磐安县尖山富硒区	7.9	耕地	中药材、玉米、茶叶
变质岩型	J-7 义乌市赤岸富硒区	42.6	耕地	水稻、毛芋、茶叶
黑色岩系型	J-2 兰溪市诸葛富硒区	14.6	耕地、林地	水稻、油菜、棉花

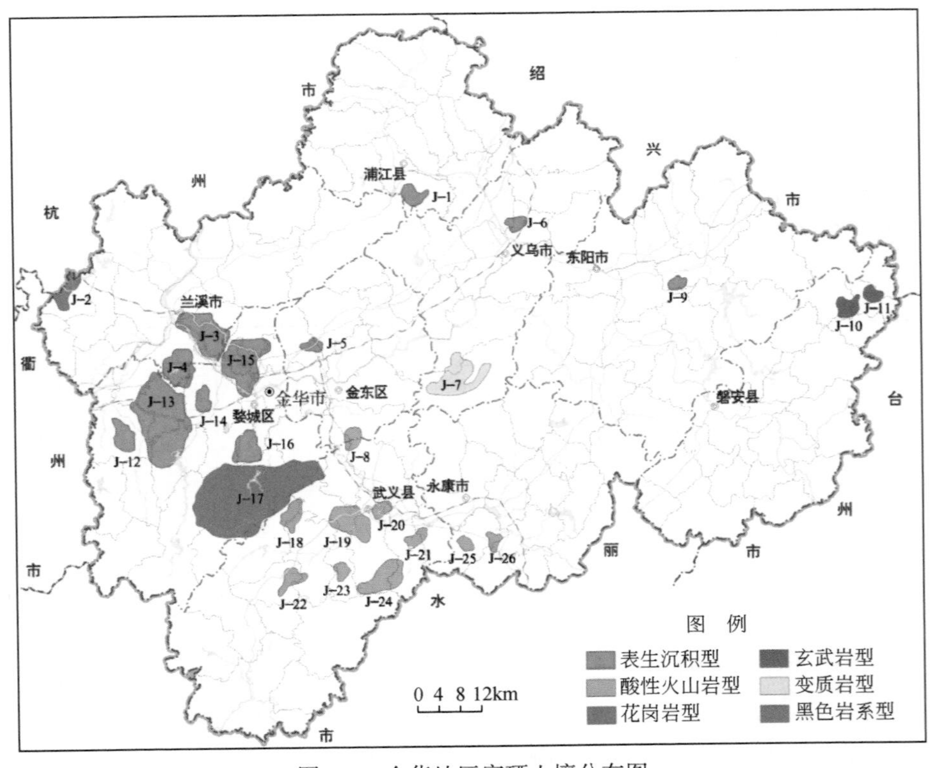

图 5-1　金华地区富硒土壤分布图

5.1.2　富硒土壤的地学分类

富硒土壤区地质分布差异显著，婺城区蒋堂一带富硒土壤主要为第四系覆盖区，出露第四系下更新统汤溪组（Qp_1t）、中更新统之江组（Qp_2z），义乌赤岸一带富硒区为陈蔡群（JxC）变质岩分布区，而磐安玉山、尖山一带则主要出露古近系嵊县组（N_2s）玄武岩。依据富硒土壤产出的地质背景，可将圈出的富硒土壤划分为表生沉积型、酸性火山岩型、花岗岩型、玄武岩型、变质岩型、黑色岩系型六种地学类型。基于富硒土壤与原生地质环境依存关系的地学分类，也能得到地球化学研究的支持，这种由成土母岩（母质）的地球化学特性所形成的硒的表生富集或富硒土壤，可称为天然富硒土壤，以此有别于由外源（人类活动）输入所产生的硒异常。

5.2　土壤硒的表生富集作用

5.2.1　硒的地球化学继承性

由于硒在原生地质环境中的分布具有不均匀性特征，故在岩石-土壤-生物系统中，地质环境中硒的丰度对土壤硒含量具有决定性作用。图 5-2 是硒在土体剖面不同层位所作的硒分布模式图。对比不难发现，土壤硒的含量及分布具有极大的相似性，而对不同地层区土壤剖面硒的测量也发现，硒随深度的变化而变化，并趋于在表层土壤富集。

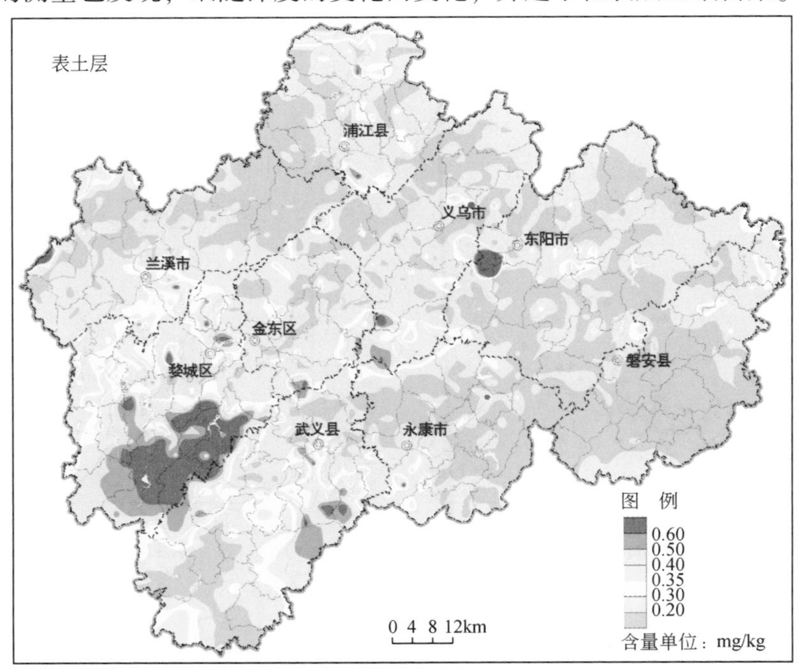

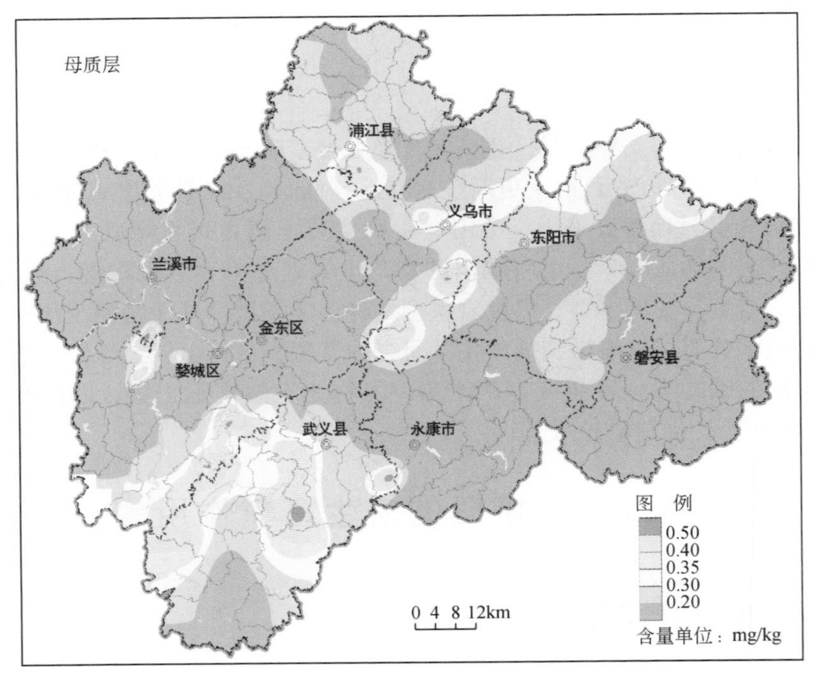

图 5-2　表土层与母质层的硒含量分布模式图

5.2.2　土壤理化性状对硒富集的影响

1. 土壤质地

土壤质地是土壤物理性质之一，指土壤中不同大小直径的矿物颗粒的组合状况。研究区土壤以黏土类、黏壤土类为主，由于土壤黏粒对 Se 具有较强的吸附作用，致使研究区土壤黏粒含量与土壤硒含量呈现极显著的正相关关系，尤其是旱地土壤（图 5-3）。

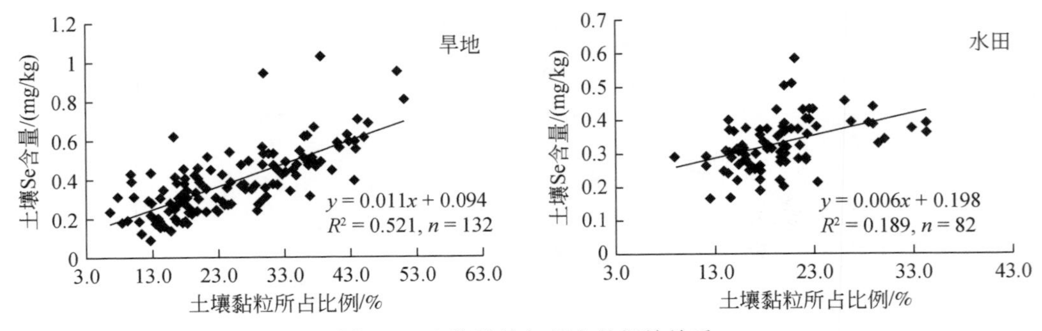

图 5-3　土壤黏粒与硒含量相关关系

统计表明，黏粒含量大于 40% 的土壤中硒平均含量远高于黏粒含量小于 20% 的部分，是其的 2.2 倍。廖金凤（1998）在对海南土壤硒的研究时也发现黏粒含硒量为土壤平均含硒量的 4 倍。可见，研究区土壤黏粒对硒具有显著的富集作用。

2. 土壤酸碱性

土壤 pH 被认为是影响土壤硒含量的重要因素之一，通过控制土壤元素的活性（生物有效性）进而影响作物中硒的含量。研究发现，耕作方式的不同，土壤 pH 对硒含量的影响有所差异。

如图 5-4 所示，旱地土壤，土壤 pH 与硒含量呈现显著的负相关关系，表明在研究区范围内，随着土壤酸性的增强，土壤硒含量有增加的趋势。有研究表明，土壤 pH 是控制硒价态转化的主要因素，酸性和中性土壤中主要以亚硒酸盐（ SeO_3^{2-} ）形式存在，而在通气良好的碱性土壤中，硒主要以硒酸态（ SeO_4^{2-} ）存在（章海波等，2005）。一般地，SeO_3^{2-} 与吸附质间的亲和力较强，易受黏粒矿物和倍半氧化物固定，而 SeO_4^{2-} 与吸附质的亲和力较弱，溶解度大，因此 pH 越高，土壤中的硒越容易淋失（刘铮，1996）。此外，土壤 pH 对土壤硒的甲基化也有影响，在一定 pH 范围内土壤硒的甲基化随着 pH 的增加而加强，产生易挥发的二甲基化合物，从而使硒的移动性和从表土中溢出的可能性增加（李永华、王五一，2002）。

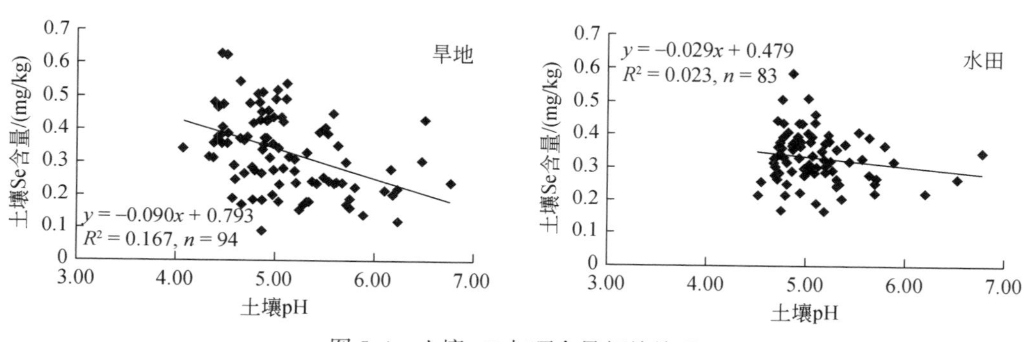

图 5-4　土壤 pH 与硒含量相关关系

水田土壤，土壤 pH 与硒含量相关性并不显著。

3. 土壤有机质的影响

土壤有机质是土壤中各种含碳有机化合物的总称，包括动植物残体、微生物体和生物残体在不同分解阶段的产物，以及由分解产物合成的腐殖质等。较多研究者认为土壤有机质对硒全量有较显著影响，土壤硒含量与有机质呈现正相关性。图 5-5 中可以看出，不论是水田土壤还是旱地土壤，硒含量和有机质之间显著正相关（$P<0.01$），说明研究区土壤中硒的含量与有机质密切相关。

土壤有机质对硒的影响主要在于对硒的吸附与固定作用，有机质含量丰富的土壤，对土壤中硒的吸附能力也越强，土壤中含硒量也相对越高。

有机结合态硒是土壤中硒的主要存在形态，其中腐殖酸态和强有机态分别约占全量比例的 32.7% 和 31.0%，故在进行富硒土壤开发时，可通过农艺方式提高土壤有机质含量，调节土壤硒的有效含量，从而达到农产品对土壤硒有效吸收的目的。

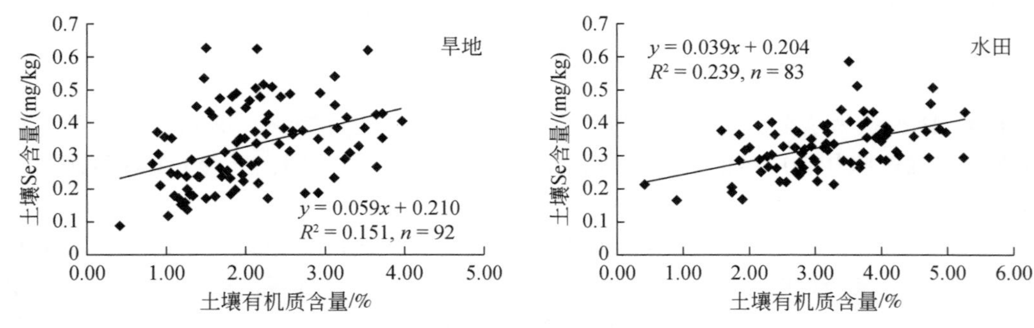

图 5-5 土壤有机质与硒含量相关关系

5.2.3 大气干湿沉降的影响

大气干湿沉降是物质进入土壤的一种重要途径，进入大气中的硒可吸附在气溶胶上，然后通过干湿沉降的方式进入土壤，并可在表层土壤中不同程度地累积。

利用全区 76 个大气沉降监测站点样品分析数据，计算了金华市硒的年沉降通量（表 5-2、图 5-6），显示婺城—金东—义乌一线盆地区硒沉降通量明显较高，这可能与燃煤等人类活动有关，也可能受盆地的特殊地形地貌类型影响，致使大气降尘不易远距离迁移。

表 5-2 金华市大气干湿沉降中硒元素含量和通量特征

参数统计	含量		沉降通量/[g/(ha · a)]		
	湿沉降/(μg/L)	干沉降/(mg/kg)	湿沉降	干沉降	总量
最小值	0.22	0.27	0.00	0.73	0.80
最大值	17.63	10.44	0.75	7.85	7.91
平均值	1.12	3.82	0.13	2.62	2.76
标准差	2.39	1.90	0.14	1.37	1.39
变异系数	2.14	0.50	1.08	0.52	0.51

注：统计样本数 73 件。

从金华市各县市大气干湿沉降硒元素年平均增量图（图 5-7，图 5-8）可知，金东区的年平均增量最高，接近 1.6ng/g，而武义县的年平均增量最低，0.60ng/g 左右。除金东区以外，婺城区、兰溪市、义乌市、永康市和浦江县硒元素的年平均增量都较高，达到了 1.0ng/g。兰溪市的大气干湿沉降年平均增加率最高，超过 0.8%，而磐安县的年平均增加率最低，不到 0.4%。除兰溪市外，义乌市、金东区的大气干湿沉降年平均增加率都相对较高，超过了 0.6%。

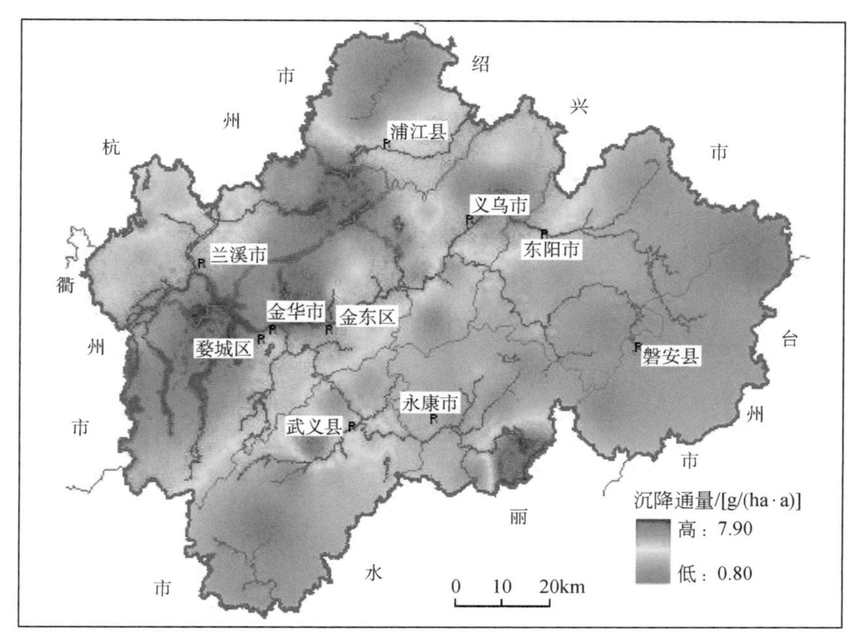

图 5-6　金华市干湿沉降中硒的通量分布图

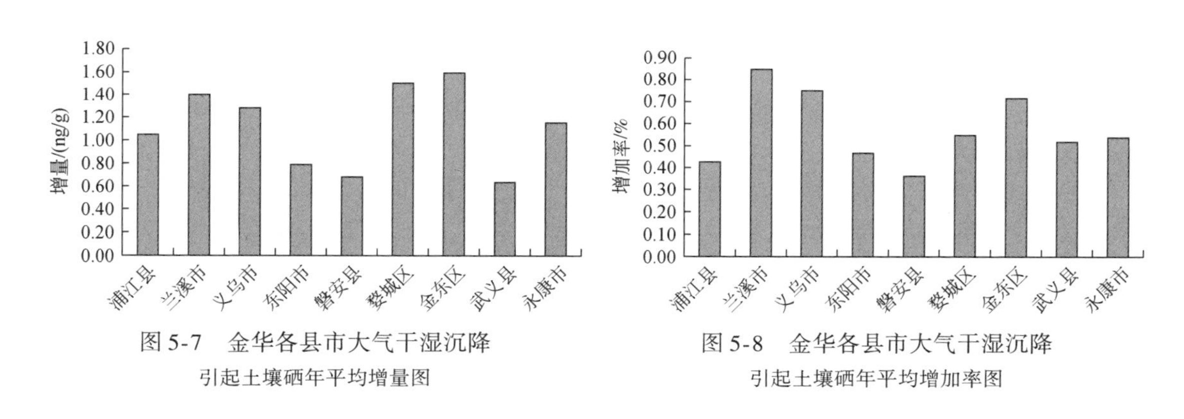

图 5-7　金华各县市大气干湿沉降引起土壤硒年平均增量图

图 5-8　金华各县市大气干湿沉降引起土壤硒年平均增加率图

5.2.4　外源输入对土壤硒的贡献

本研究以义乌市和婺城区为例，利用频数分布函数工具，从数字特征上对硒元素含量的来源进一步分离，以期定量指出外源输入对土壤富硒的贡献率。

自然分布函数中两参数原型函数最为常见。假设土壤硒含量有 i 个来源，不同的来源组分具有自己的频数分布特征，f_i代表第 i 个组分的原型分布函数，a_i和 b_i代表它的原型函数参数，p_i代表比重系数，代表不同组分在总体分布中的比重，由于全样总量为 100%，即总体分布密度积分为 1，所以 i 个组分样品的分布函数中有 i 个比重系数。分布函数通常可以表示为（孙东怀等，2001）：

$$f(p,a,b) = p_1 f_1(a_1,b_1) + p_2 f_2(a_2,b_2) + \cdots + p_i(a_i,b_i) \tag{5-1}$$

$f(p,a,b)$ 为某样品硒含量的理论频数密度函数；$p_i(a_i,b_i)$ 为第 i 个来源组分的理论频数分布。正态分布和 Weibull 分布是元素含量分布函数中常用的两个类型。以正态分布的概率密度函数作为不同来源组分的分布函数的原函数：

$$f(x,\ \mu,\ \sigma)=\frac{1}{\sqrt{2\pi}\sigma}e^{-\frac{(x-\mu)^2}{2\sigma^2}} \quad (5\text{-}2)$$

对实测数据进行频数分布分析后，以各组段粒度含量最小值为自变量 x_i，以“频数／组距”为因变量 y_i，根据式（5-1）和式（5-2），用最小二乘法计算各待定参数。总体样本分离后，应用定积分计算不同组分来源正态分布函数的面积，从而计算出不同来源的贡献率。各组分含量贡献率的表达式为

$$\mathrm{Contr}(i,x_i)=\frac{p_i f_i(x_i,a_i,b_i)}{f(x_i,a,b)} \quad (5\text{-}3)$$

$\mathrm{Contr}(i,x_i)$ 为某样品中粒径为 x_i 的贡献率，p_i，$f(x_i,a,b)$，$f_i(x_i,a_i\ b_i)$ 含义与式（5-1）相同。

1. 义乌市

根据概率累积曲线的拐点，初步判定硒具有两组不同的来源组分（图 5-9），认为组分 A 来源属于自然来源组分；组分 B 则为来源于人类生产、生活和排污以及大气沉降的外源输入组分。

根据最小二乘法拟合，分离出 Se 元素不同的组分来源。分离结果 的 R^2 为 0. 84，通过显著性检验，拟合效果很好，拟合参数见表 5-3，其中 Se 外源输入组分 B 的平均含量为 0. 27mg/kg，分离效果见图 5-10。

根据正态分布函数的含义，μ 代表样本均值，σ 代表样本标准差。比重系数 p（表 5-3）数据显示调查区 Se 含量的外源输入组分贡献较小，仅为 0. 16。通过多元统计方法的交互验证，以及频数分布含量的分离，该区表层土壤硒含量的外源输入仅占 15%，表明富硒土壤资源具有可持续开发利用的潜力。

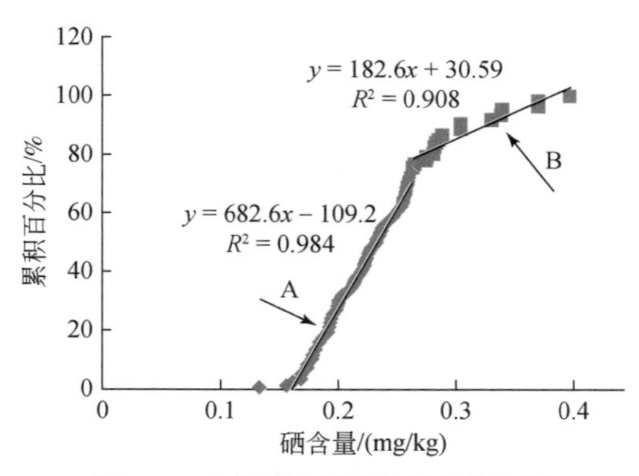

图 5-9　土壤硒含量概率累积分布图

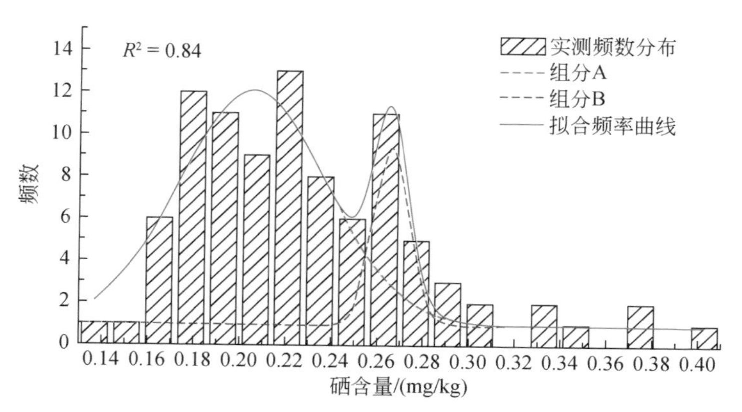

图5-10　硒元素不同来源组分频数函数分离

表5-3　义乌市硒元素不同组分来源拟合结果参数

拟合参数	组分A			组分B		
	p	μ	σ	p	μ	σ
硒	0.89	0.20	0.06	0.16	0.27	0.15

2. 婺城区

根据概率累积曲线的拐点，初步判定婺城区的硒同样具有两组不同的来源组分（图5-11）。组分A来源属于自然来源组分；组分B则为来源于人类生产、生活和排污以及大气沉降的外源输入组分。

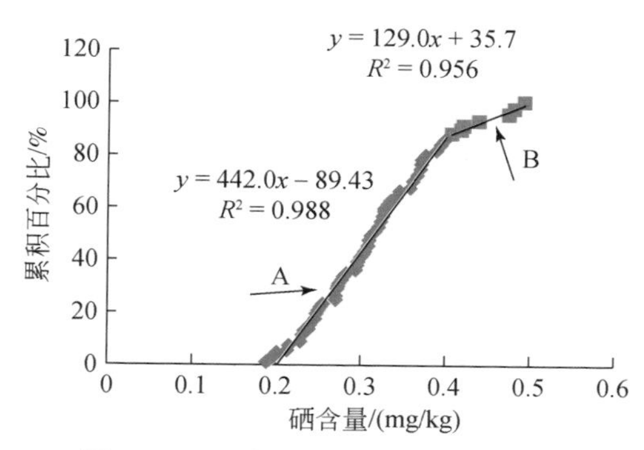

图5-11　土壤硒含量概率累积分布图

根据最小二乘法拟合，分离出Se的不同组分来源。分离结果的R^2为0.75，通过显著性检验，拟合效果较好，拟合参数见表5-4，其中硒元素外源输入组分B的平均含量为0.37mg/kg，分离效果见图5-12。

从表5-4可以看出，婺城区Se的外源输入组分贡献仅为0.06。结合前述本区地质地貌环境，表明土壤富硒成因主要归因于成土母质，通过多元统计方法的交互验证，以及频数分布含量的分离，该区表层土壤硒含量的外源输入仅占4.3%，表明富硒土壤资源具有

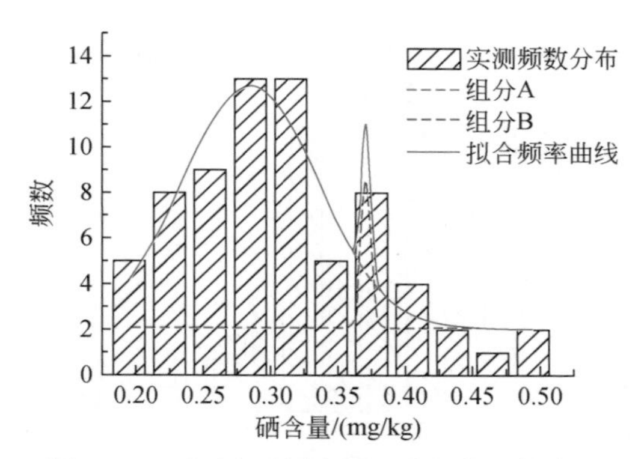

图 5-12　硒元素不同来源组分频数函数分离

可持续开发利用的潜力。

表 5-4　婺城区硒元素不同组分来源拟合结果参数

拟合参数	组分 A			组分 B		
	p	μ	σ	p	μ	σ
硒	1.33	0.29	0.12	0.06	0.37	0.01

5.3　土壤–稻米硒的相关性

5.3.1　土壤–稻米硒含量的对应关系

对金华市采集的247组稻米及根系土壤样品硒分析数据统计（表5-5），金华市稻米中的硒含量与土壤的硒含量间呈现出较好的对应性，随着土壤硒含量的增加，稻米中硒含量表现出增加的趋势。土壤硒含量小于0.2mg/kg时，稻米硒含量均值0.054mg/kg；土壤硒含量处于0.2～0.3mg/kg时，稻米硒含量均值0.062mg/kg；土壤硒含量处于0.3～0.4mg/kg时，稻米硒含量均值0.066mg/kg；土壤硒含量处于0.4～0.5mg/kg时，稻米硒含量均值0.069mg/kg；土壤硒含量大于0.5mg/kg时，稻米硒含量均值0.074mg/kg。

表 5-5　土壤与稻米中硒含量对应关系表　　单位：mg/kg

土壤硒含量	<0.2	0.2～0.3	0.3～0.4	0.4～0.5	>0.5
样本对数	37	95	54	30	31
农产品硒均值	0.054	0.062	0.066	0.069	0.074
农产品硒最小值	0.020	0.025	0.032	0.027	0.033
农产品硒最大值	0.118	0.170	0.111	0.172	0.316
土壤硒平均含量	0.169	0.245	0.343	0.439	0.731

5.3.2　土壤-稻米硒的相关性

根据土壤硒含量分布情况，按照含量区间，对土壤-稻米硒数据进行均化处理后，分作两组。第一组每 0.1mg/kg 土壤硒含量区间大致分成 2 对数据，共 12 对；第二组每 0.1mg/kg 土壤硒含量区间大致分成 1 对数据，共 5 对。分别对这两组数据土壤与水稻硒含量进行相关分析（图 5-13）。结果表明，本地区稻米中的硒与土壤中的硒呈现出显著的线性正相关，相关系数分别达 0.8972（$n=12$）和 0.9397（$n=5$）。这一结果再次印证了土壤硒的含量水平对农产品硒富集的贡献，即土壤是农产品硒的第一供体。

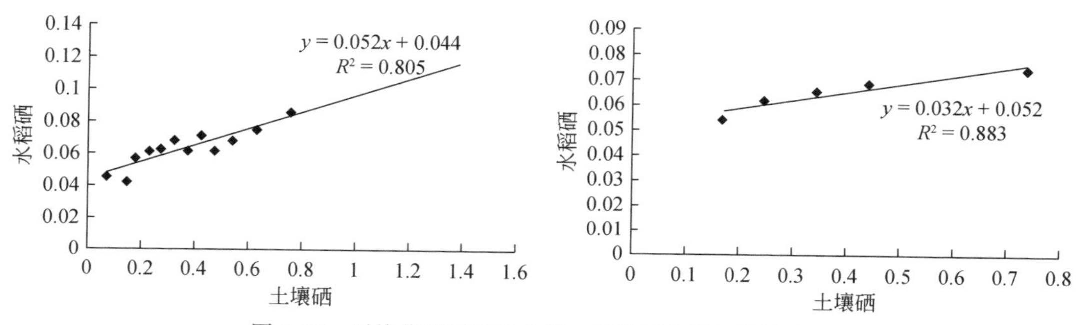

图 5-13　平均化处理后的土壤—稻米晒含量相关关系图

（左图数据对 $n=12$，右图数据对 $n=5$，单位：mg/kg）

5.3.3　稻米硒效应分析

为界定可生产富硒米的土壤硒临界值，利用 141 组稻米-土壤对应数据进行了相关分析（图 5-14 ~ 图 5-16），通过不同置信水平的分析，获得以下结果：

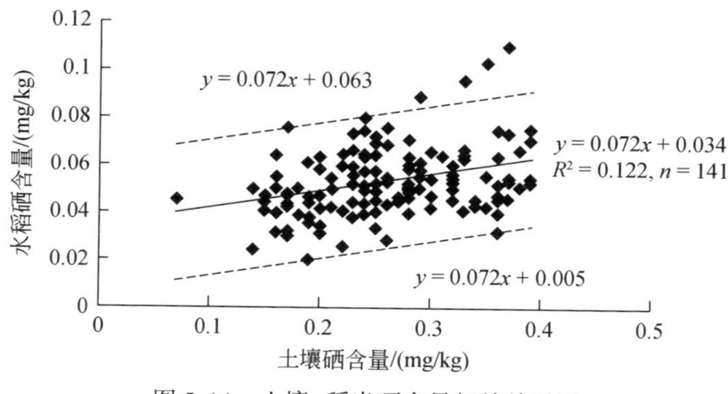

图 5-14　土壤-稻米硒含量相关关系图

（95% 置信区间）

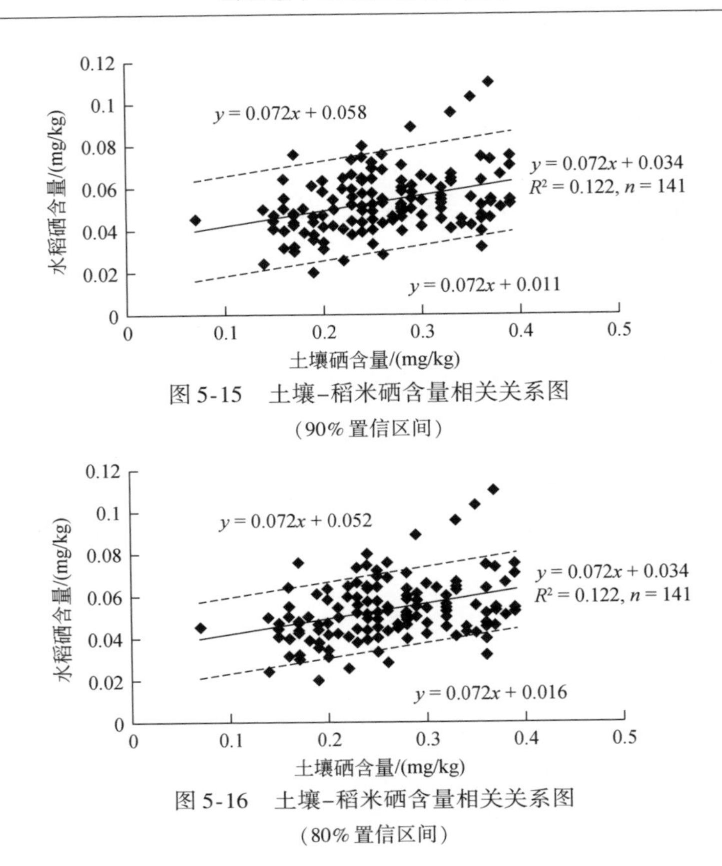

图 5-15　土壤–稻米硒含量相关关系图

（90% 置信区间）

图 5-16　土壤–稻米硒含量相关关系图

（80% 置信区间）

在 95% 置信水平下，即种植出的稻米 95% 以上可达富硒水平时，建立了置信区间下限方程 $y = 0.072x + 0.05$（图 5-14），推算出稻米硒含量为 0.04mg/kg 时，对应土壤含量 0.486mg/kg，取值 0.50mg/kg。

在 90% 置信水平，即为种植出的稻米 90% 以上可达富硒水平时，建立了置信区间下限方程 $y = 0.072x + 0.011$（图 5-15），推算出稻米硒含量为 0.04mg/kg 时，对应土壤含量 0.403mg/kg，取值 0.40mg/kg。

在 80% 置信水平，即种植出的稻米 80% 以上可达富硒水平时，建立了置信区间下限方程 $y = 0.072x + 0.016$（图 5-16），推算出稻米硒含量为 0.04mg/kg 时，对应土壤含量 0.333mg/kg，取值 0.35mg/kg。

分析认为，若仅考虑土壤硒含量（全量）这一因素，在金华地区圈定富硒土壤的最低含量拟控制在 0.35mg/kg 水平，这一结论可作为富硒土壤资源评价的重要依据。

5.4　富硒土壤资源评价

5.4.1　我国的富硒农产品标准

为规范硒产品的生产，保证硒产品的质量和保健效果，自 20 世纪 90 年代以来，国家及地方颁布了一系列富硒农产品的标准（表 5-6），给出了可以标注为富硒农产品的含量值，如富硒稻谷标准（GB/T 22499-2008，国家质量监督检验检疫总局和国家标准化委员会）、富硒茶标准（NYT 600-2002，农业部）、富硒食品硒含量分类标准（DB 36T 566-2009，江西省地方标准）、富硒食品标签（DB 42/211-2002，湖北省地方标准）、富硒食品硒含量分类标准（DB 6124. 01-2010，安康市质量技术监督局）等。

表 5-6 富硒农产品引用标准一览表

品种		标准值/(mg/kg)	引用标准
谷物类	稻 米	≥0. 04	GBT 22499-2008 富硒稻谷标准
茶叶类	茶 叶	0. 25 ~4. 0	NYT 600-2002 富硒茶
蔬菜类	鲜番薯	≥0. 01	DB 36T 566-2009 富硒食品硒含量分类标准（江西）
	鲜毛豆	≥0. 01	
	干花生	≥0. 07	
	鲜玉米	≥0. 01	
	西兰花	≥0. 01	
水果类	枇 杷	≥0. 01	
	杨 梅	≥0. 01	
	梨	≥0. 01	
	桃	≥0. 01	
	桃形李	≥0. 01	
	葡 萄	≥0. 01	

5. 4. 2 富硒土壤资源分级方案

富硒土壤是一种地质资源，更是农业资源，对富硒土壤的资源评价，关键取决于可被人类利用的程度。

为适应浙西地区富硒土地的开发与保护，2010 年，浙江省地质调查院会同龙游县国土资源局开展了富硒土壤评价标准的研究，并由衢州市质量技术监督局予以发布，标准为《衢州市农业标准规范——富硒土壤评价标准》（DB 3308/T 18-2010）。该标准将富硒土壤分为三级。其中，一级富硒土壤，能满足生产粮食、水果类富硒农产品的土壤硒含量范围；二级富硒土壤，能满足生产豆类富硒农产品的土壤硒含量范围；三级富硒土壤，能满足生产蔬菜类富硒农产品的土壤硒含量范围。

土壤硒全量、硒的形态、土壤理化性状、土壤环境质量及种植方式等，都会对农产品硒的吸收和富集产生影响。基于资源的开发利用这一前提，在相似的地质-地球化学背景下，土壤硒的全量和农产品的达标率应是最重要的两个指标，对这两个指标的评价，也是对硒资源开发利用能力的判别。

基于此，将富硒土壤划分为三个等级，Ⅰ级为最佳（表 5-7）。将 0. 35mg/kg 作为富硒土壤分级的下限值，在 0. 35 ~0. 55mg/kg 之间划分为两等分，将 0. 55mg/kg 作为Ⅰ级和Ⅱ级富硒土壤的分界值，0. 45mg/kg 作为Ⅱ级和Ⅲ级富硒土壤的分界值，小于 0. 35mg/kg 的土壤划为一般土壤。对富硒土壤的分级，实质上也是对土地资源利用适宜性的评价。

表 5-7　富硒土壤资源可利用性评价分级方案

<table>
<tr><td>级别</td><td colspan="2">Ⅰ级</td><td colspan="2">Ⅱ级</td><td colspan="2">Ⅲ级</td><td>说明</td></tr>
<tr><td rowspan="2">指标特征</td><td>土壤硒全量</td><td>农作物硒含量</td><td>土壤硒全量</td><td>农作物硒含量</td><td>土壤硒全量</td><td>农作物硒含量</td><td rowspan="3">综合评级时，“土壤硒全量”和“农作物硒含量”中任一项达到该级的评价标准，即可评定为相应的富硒土地级别</td></tr>
<tr><td>≥0.55</td><td>几乎100%谷物类≥0.040</td><td>≥0.45</td><td>90%以上谷物≥0.040</td><td>≥0.35</td><td>蔬菜类≥0.01或80%以上稻谷≥0.040</td></tr>
<tr><td>适种范围</td><td colspan="2">适合天然富硒谷物、果蔬等多种富硒农产品生产</td><td colspan="2">适合以水稻、蔬菜为主的天然富硒农产品生产</td><td colspan="2">种植蔬菜类易富硒</td></tr>
</table>

注：硒含量单位为 mg/kg。

5.4.3　富硒土壤资源评价与建档

依据富硒土壤资源评价分级方案，结合已获得的地质地球化学信息，对发现的 12 处重要富硒土壤进行评价，结果见表 5-8。初步的评估，在资源的利用方向上，已具有了明确的意义，随着调查研究程度的加深，评价将会更加科学。

表 5-8　金华地区主要富硒土壤资源评价结果

序号	名称及编号	评价等级	面积	土壤硒含量	农产品富硒情况	主要农产品种植
1	浦江县浦南富硒区（J-1）	Ⅲ级	12.6	0.35～0.50	—	蜜梨、桃形李
2	兰溪市诸葛富硒区（J-2）	Ⅰ级	14.6	0.55～1.00	稻谷达富硒标准	水稻、油菜、棉花
3	兰溪市灵洞富硒区（J-3）	Ⅲ级	47.8	0.35～0.50	—	水稻
4	兰溪市上华富硒区（J-4）	Ⅰ级～Ⅱ级	29.8	0.35～0.75	稻谷、蔬菜等均可富硒	水稻、茶叶
5	义乌市赤岸富硒区（J-7）	Ⅰ级～Ⅲ级	42.6	0.35～0.90	80%以上稻谷达富硒标准	水稻、毛芋、杨梅、茶叶
6	磐安县玉山富硒区（J-10）	Ⅰ级～Ⅲ级	12.6	0.35～0.65	80%稻谷达富硒标准	中药材、玉米、茶叶
7	磐安县尖山富硒区（J-11）	Ⅰ级～Ⅲ级	7.9	0.35～0.65	80%稻谷达富硒标准	中药材、玉米、茶叶
8	婺城区汤溪富硒区（J-12）	Ⅲ级	17.2	0.35～0.45	部分稻谷达富硒标准	水稻、蔬菜、茶叶
9	婺城区蒋堂-琅琊富硒区（J-13）	Ⅰ级～Ⅱ级	114	0.35～0.75	稻谷、蔬菜等均可富硒	水稻、葡萄、蔬菜
10	婺城区白龙桥富硒区（J-14）	Ⅰ级	10.1	0.50～1.00	稻谷、蔬菜等均可富硒	水稻
11	婺城区乾西-罗店富硒区（J-15）	Ⅱ级～Ⅲ级	56.2	0.35～0.60	—	蔬菜
12	婺城区苏孟富硒区（J-16）	Ⅱ级～Ⅲ级	22.3	0.35～0.65	—	茶叶、水果

注：面积单位为 km^2，硒含量单位为 mg/kg。

富硒土壤的发现，引起了地方政府的重视。为更好地保护和利用这一资源，建立了全市富硒土壤档案，包括富硒土壤调查报告、富硒土壤数据库、富硒土壤登记卡（表5-9），丰富了调查成果，为成果的应用提供了方便。

表5-9　金华地区富硒土壤登记卡

编号：Se-2

<table>
<tr><td>名 称</td><td colspan="3">蒋堂富硒区</td><td>面积/km^2</td><td>96.7</td></tr>
<tr><td rowspan="2">土壤硒含量特征</td><td>控制样品点数/个</td><td>Ⅰ级点数
（≥0.55）</td><td>Ⅱ级点数
（0.45～0.55）</td><td>Ⅲ级点数
（0.35-0.45）</td><td>pH</td></tr>
<tr><td>378</td><td>43</td><td>50</td><td>137</td><td>3.54～8.4</td></tr>
<tr><td rowspan="2">土壤地质环境背景</td><td>地貌类型</td><td>成土母质类型</td><td>土壤类型</td><td>环境质量等级</td><td>种植现状</td></tr>
<tr><td>堆积冲积平原
侵蚀堆积地貌</td><td>中更新世红土
石灰性紫泥岩类</td><td>水稻土、红壤、紫色土、粗骨土</td><td>Ⅰ类、Ⅱ类</td><td>水稻、蔬菜、苗木等</td></tr>
<tr><td>富硒土壤区平面图</td><td colspan="5">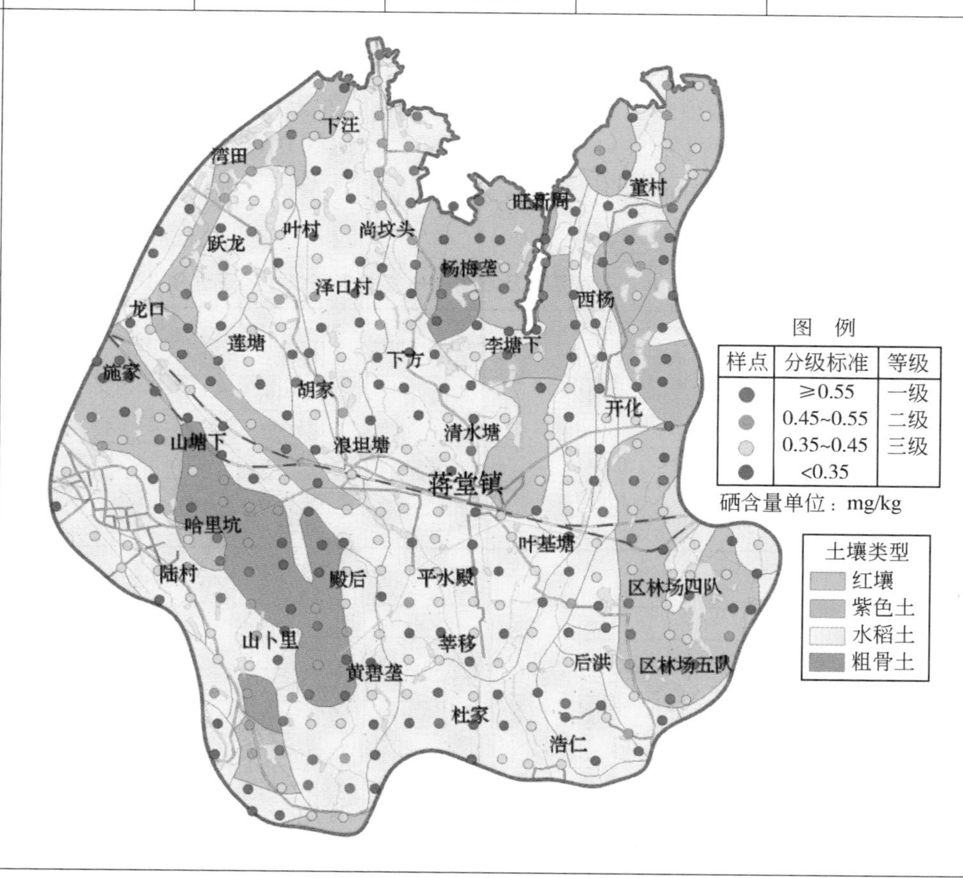
</td></tr>
<tr><td>初步评估</td><td colspan="5">根据野外调查和土壤测试结果，本区可耕作面积较大，土壤中硒含量大于0.35mg/kg的样点占60.85%，且大多分布于水稻土上，据本次水稻样品分析结果，稻米中硒含量较高，此区已做过土壤详查工作，适宜开发利用</td></tr>
</table>

填制单位：浙江省地质调查院　　填卡：魏迎春　　审核：黄春雷　　填卡日期：2013.6

5.5 富硒农产品种植试验与开发示范

5.5.1 富硒农产品种植试验

1. 富硒稻种植

2012 年，与金华市愚汉爱清近原生态农业研究所合作，在婺城区蒋堂镇杨梅垅村开展了不同品种水稻硒富集能力种植试验及水稻旱作种植试验，试验面积 5.2 亩。

试验种植选择了航香 18、明珠 2 号、甬优 9 号、长梗 1 号、宁 88、深两优 5814，共计 6 个品种，开展水稻富硒能力种植试验研究，并按传统水作及旱种两种方式进行种植，对比不同种植方式对稻米富硒程度的差异。

通过试验，获得两点结论：

一是不同品种水稻富硒能力差异明显。由表 5-10 和图 5-17 可以看出，按照 0.04mg/kg 的富硒标准，均达富硒要求，但不同品种水稻硒富集能力差异明显。不管是采取水作方式，还是旱作方式，深两优 5814 富硒能力最强，均达到 0.06mg/kg 以上；长梗 1 号和宁 88 硒含量次之，为 0.05mg/kg 的水平；航香 18 和明珠 2 号富硒能力相对较差，处于 0.04mg/kg 的富硒临界水平。

表 5-10 不同品种及不同种植方式下稻米中的硒含量

品种	种植方式	Se/(mg/kg)	种植方式	Se/(mg/kg)	含量差别（旱-水）/%
航香 18	水作	0.039	旱作	0.048	23.565
明珠 2 号	水作	0.040	旱作	0.046	15.398
甬优 9 号	水作	0.043	—	—	—
长梗 1 号	水作	0.048	旱作	0.053	10.502
宁 88	水作	0.050	旱作	0.050	0.040
深两优 5814	水作	0.062	旱作	0.063	0.968

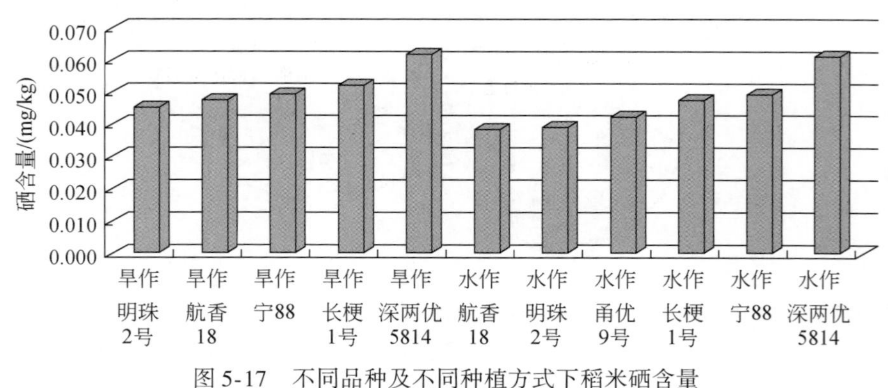

图 5-17 不同品种及不同种植方式下稻米硒含量

二是与传统水作方式相比，旱作方式更容易富硒。从图 5-17 和表 5-10 中可以看出，以旱作方式种植的 5 种水稻品种硒含量都明显高于传统水作方式，尤其是航香 18、明珠 2 号、长梗 1 号等水作富硒能力较差者，含量增幅明显，达 10% ~20%。

2. 富硒番薯种植

2012 年，与农业种植大户操先生合作开展了不同品种番薯硒富集能力种植试验。试验地点选择在婺城区蒋堂镇界首村番薯种植基地，试验品种选择心香、紫薯 3 号、浙薯 13、H-9121、浙紫 1 号等 5 种在种品种及金华市农科院 G26、94、34、35、G8、69、68、65、67、70 等 10 种在研品种，按照传统种植方式开展试验工作。

试验结果见表 5-11 和图 5-18。从中可看出，不同品种番薯的硒含量差异明显，心香、紫薯 3 号、浙薯 13、H-9121、浙紫 1 号等 5 种在种优选品种硒含量明显高于金华市农科院 10 种在研品种。含量从高到低依次是心香、浙紫 1 号、浙薯 13、紫薯 3 号、H-9121、70、67、65、69、G8、35、34、94、G26。

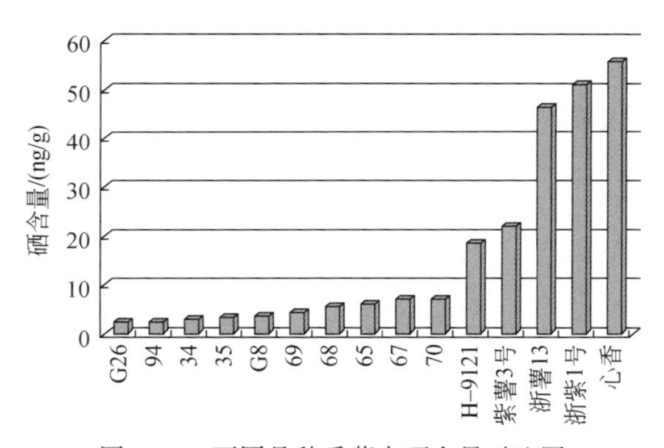

图 5-18　不同品种番薯中硒含量对比图

表 5-11　不同品种番薯中硒含量

品种	Se/（ng/g）	备注
G26	2.25	金华农科院在研品种
94	2.44	金华农科院在研品种
34	2.79	金华农科院在研品种
35	3.23	金华农科院在研品种
G8	3.62	金华农科院在研品种
69	4.35	金华农科院在研品种
68	5.77	金华农科院在研品种
65	6.08	金华农科院在研品种
67	7.08	金华农科院在研品种
70	7.11	金华农科院在研品种
H-9121	18.49	在种优选品种

续表

品种	Se/（ng/g）	备注
紫薯3号	21.97	在种优选品种
浙薯13	46.27	在种优选品种
浙紫1号	50.91	在种优选品种
心香	55.84	在种优选品种

5.5.2 富硒土壤的商业开发

种植试验成果的发布，迅速受到了政府相关部门、涉农企业及农业生产合作社的高度关注。2012年8月，浙江旺盛达农业开发有限公司与金华市蒋堂建富粮食专业合作社签订合作协议，先期开展富硒土壤商业开发。

金华市蒋堂建富粮食专业合作社主要负责产品的生产、初加工及种植基地日常维护，浙江旺盛达农业开发有限公司负责产品商标注册、加工、包装、销售等，同时，浙江省地质调查院对土壤环境质量监测、土壤改良、富硒品种优选等持续提供技术支持。

富硒土壤开发示范基地位于婺城区蒋堂镇黄璧垄村，占地约1200亩。示范基地水田、旱地兼有，种植水稻等粮食作物及西兰花、番薯、毛豆、花生等蔬菜，基地采用现代化的生产和管理技术，无公害生产，产品品质优良、含硒丰富。深受市场欢迎，并远销日本等地。

5.5.3 绩效评估

（1）通过富硒土壤开发试点，大大提升了农业地质成果的价值，促进了农业地质成果的应用转化，也为其他富硒区的开发提供了示范，同时也为耕地保护和管理提供了科学依据。

（2）试点表明，科学利用富硒土壤资源，大力开发富硒农产品，不仅提升了土地的价值，经济效益也十分可观，2012年，金华市婺城区的富硒农产品开发，惠及10余家粮食生产合作社，市场利润5000余万元。

（3）富硒土壤的开发，为农业生产方式转变、农业产业化调整、生态高效农业发展提供了科技支撑，农业产业链的延伸、农民效益的增加都是具有时代特征的进步。

（4）开发试点的示范效应也得到了体现，金华各地所发现的富硒土壤都受到了地方国土、农业部门的重视，也相继启动了富硒土壤的开发工作。

5.6 富硒土壤资源开发流程

通过金华地区工作实践，对富硒土壤开发积累了一些经验，建立了一个由调查、评价、试种和商业开发四个阶段构成的工作流程（图5-19）。

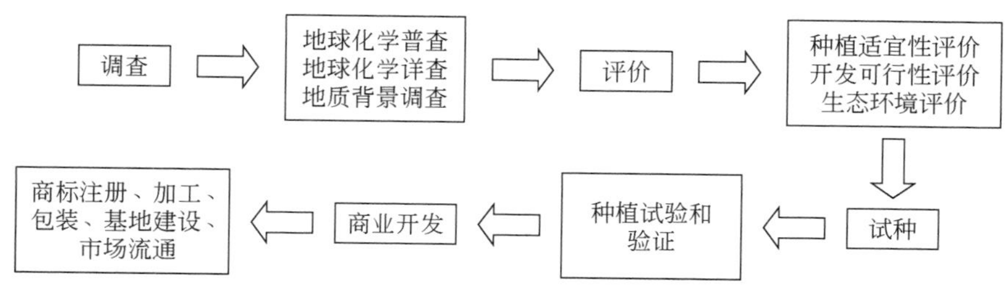

图 5-19　富硒土壤开发工作流程图

调查是基础。根据不同的目的和需求，硒地球化学调查分为普查和详查两个尺度，普查目的在于发现富硒土壤，详查侧重在研究富硒土壤区的地球化学特征，更准确划定富硒土壤的范围。普查采用 1∶50000 的精度，详查采用 1∶10000 或更大比例尺的精度。由于土壤硒主要来源于成土母质（母岩），所以对地质背景的调查必不可少。

评价是核心。评价主要针对筛选具有价值的富硒土壤区，在调查研究基础上，评价工作主要集中在三个方面：一是富硒农产品种植适宜性评价；二是富硒土壤区生态环境评价；三是资源开发可行性评价。评价是对资源价值的认定，也是进行资源开发的前提。

试种实际上就是对评价结果的检验，通过对作物的种植试验，进一步确定最具富硒能力的种类、品种及种植方式，为制定开展规划和绩效评估提供依据。

商业开发是终端步骤，一般由涉农企业操作，实现资源优势向经济优势的转化。

第6章　特色农产品种植及品质的地学研究

特色农产品指在某特定区域内生产的某一农产品，在产量、品质上比其他地区具有明显优势，其特点是与众不同、具有独特的品质、鲜明的地方性和较高的经济价值（汪庆华等，2007）。金华农耕历史悠久，独特的地形地貌类型，多样化的小生境条件、复杂的地质地球化学景观，孕育了种类繁多的特色农产品，据统计，粮食作物和经济作物类的品种多达数百种，有着“浙江第二粮仓”浙中水果之城的美誉。图6-1展示的是金华部分特色农产品种植区的地理分布情况，不难看出，不同的特色农产品种植，具有鲜明的地域特色，这是实现农业产业化、规模化发展的基础，为满足农业部门种植结构调整、产业化生产基地建设的需要，依据特色农产品与地质环境的相关程度，选择了金华名茶、兰溪枇杷、浦江桃形李、武义蜜梨、磐安中药材进行地学研究。这是农业地质的任务，也是农业科学发展的现实需求。

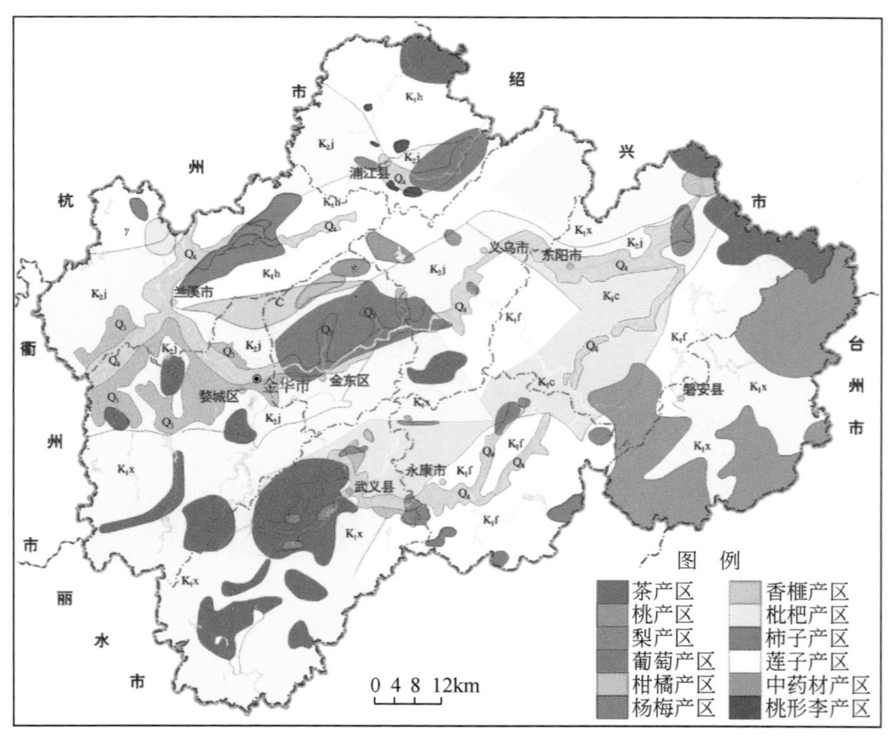

图6-1　金华市特色农产品种植分布图

6.1　地质环境与农业

区域范围内，农业生产主要取决于气候带及地貌条件，而在局域范围内，农业布局与农业种植则与地质背景（地层岩石、土壤母质、土壤类型）和土壤地球化学相关，背景及物质条件的差异性，也是产生“隔界不长，易地而竭”及“南橘北枳”现象的根本原因。

6.1.1　农业种植与地貌

本区地貌以金衢盆地为主体，四周相间分布着武义、永康、南马、浦江等小盆地，形成独特的环状盆地群。盆地由盆底、盆边构造组成，包括盆底河谷平原、缓坡岗地以及盆边丘陵山地次级地貌。这些不同的地貌类型引起光、温、水、气、热在分配上差异较大，从而制约着农耕和土地利用的方式，对农业分带产生重要而深远的影响，大体可以划分为三个层次。

1. 河谷平原地貌

分布于河谷两侧，地势平坦开阔，光照充足，土壤由河流冲积物组成，物质来源多元化，土层深厚肥沃，土壤质地适中，水源充足，加上交通运输、施肥管理与排灌较为方便，是本市各县（市、区）果、菜、粮集中分布的高产区，种植作物有水稻、蔬菜、瓜果以及葡萄等，如兰溪游埠、汤溪、洋埠，婺城白龙桥、蒋塘，金东塘雅、孝顺等地，在农业生产中发挥着重要作用。

2. 缓坡岗地地貌

在金华市分布较为广泛，区内耕地所占比重较大，经济利用价值较高，有较大的开发潜力，一些尚未开发的缓坡岗地成为金华市后备土地资源。区内发育紫红色砂页岩和砂砾岩，即著名的“红层盆地”，土壤主要由“红层”砂泥岩风化发育而成，尽管土壤成熟度不高，但由于营养元素较丰富，钙质含量高，仍取得较好的生产效果，是本市粮、油、果、茶、糖的主要生产基地，种植有水稻、油菜、柑橘、杨梅、枇杷、桃形李、蜜梨、水蜜桃、甘蔗、红心李、青枣、方山柿以及茶树等，具有较高的商品率，如著名的桐琴蜜梨、兰溪杨梅、穆坞枇杷、义乌甜蔗、浦江桃形李等。

3. 丘陵山地地貌

丘陵山地是本区主要地貌类型，土地利用受地形坡度、海拔影响较大。一般以海拔300～350m为界，300m以下以农业为主，土壤类型主要为红壤，种植有较多的果树、茶树、中药材等，如金东蜜梨，东阳香榧，磐安浙贝母、元胡、白术和玄参，武义茶叶等。海拔350m以上土壤类型为黄红壤、黄壤等，天然植被发育，以林业生产为主。

图6-2是以兰江河谷为起点，向两侧农业种植功能依次出现东西向水平分带，自兰江河谷地带，向西依次出现水稻种植区、枇杷园、茶园、柿园区，低山区为天然植被；向东

依次出现农田、五十里杨梅长廊，进入坡度较陡的丘陵和低山区，出现大面积的天然植被，形成完整的农业生态景观组合。

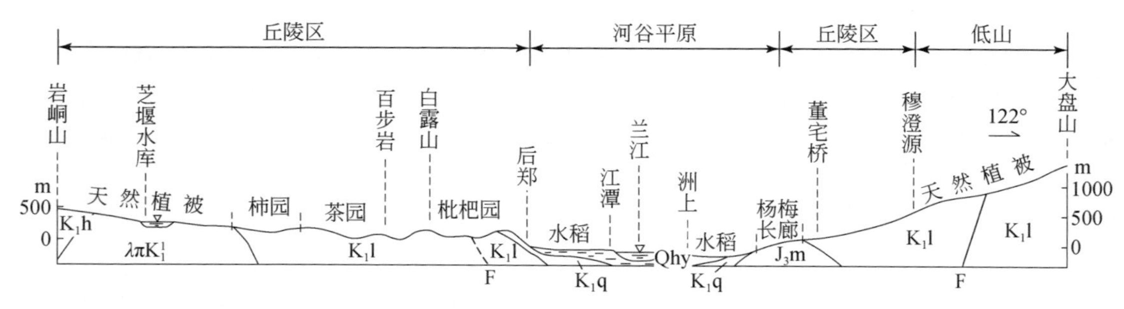

图 6-2　不同地貌类型与农业种植关系示意图

6. 1. 2　成土母质影响

成土母质不仅对土壤的矿物成分、化学组分的类型起到控制作用，而且也对土壤的理化性状、农业种植的适宜性起到制约和影响作用。

1. 成土母质对土壤理化性状的影响

对于硬度较大的刚性矿物如石英、正长石等组成的岩石，如花岗岩、流纹岩等，以及砂泥岩互层形成的沉积岩，由于岩石强度大，抗风化能力强，成土速度缓慢，加上地形坡度大，岩石陡峭嶙峋，虽然经历了一定的风化成土作用，但形成的土层厚度小，质地粗大，既不保水，也不保肥，化学成分简单，土壤肥力低，适种范围较窄，相反，由钙长石、角闪石、黑云母等组成的玄武岩，由于岩石成分均匀，节理发育，抗风化能力弱，遭受风化淋溶后矿物易发生分解，成土速度加快，可以很快形成厚度巨大的风化层，土壤质地为黏质壤土，保水保肥能力强，土壤肥力高，营养元素丰富，有利于农业耕种，适宜于种植多元化农作物，是一种优质土壤。

2. 对农业种植适宜性的影响

不同类型母质发育而成的土壤，适宜于不同的农业种植目的，主要与土壤地质地球化学特征密切相关。例如由寒武系泥灰岩风化发育形成的油红泥、灰泥土等，种植出来的山核桃树势强壮，挂果早，结果多，单个果实大，优果率高，果实品质好。但对于由白垩系流纹质晶屑玻屑凝灰岩风化发育形成的红壤、黄红壤来说，尤其适宜于种植香榧、杨梅、茶叶等农作物，但不适宜于大面积种植山核桃等。另外，由侏罗系碎屑砂岩、钙质粉砂岩夹凝灰岩母质发育而成的土壤，非常适宜于种植枇杷、水蜜桃，但种植出的茶叶品质不高等。因此，加强对土壤母质的研究，可以因地制宜，因土施种，提高农业种植的科学性和合理性。

6.1.3 土壤地球化学影响

生物地球化学认为，作物体中的元素组成主要取决于两个方面，一是地质环境能为作物提供的化学物质；二是作物本身对元素的吸收能力。

农作物生长需要的养分除C、N、O来自空气、水以外，其他所需营养元素主要来自土壤。土壤是地质环境与生物之间联系的桥梁，也是物质交换的场所，土壤元素的数量及丰度与作物的生长发育存在密切的生物学关联。由碳酸盐岩发育而成的土壤，富含Ca、Mg等元素，而缺少Si、K等成分。由酸性火山岩发育形成的土壤，则富含Si、K、Al等成分而少Ca、Mg，由基性岩、超基性岩发育的土壤则富含Fe、Co、Ni、P、Ca、Mg等而缺少Si、K，等等。据研究，山东肥桃优质高产的主要地质背景为钙质母岩和黄土母质共同发育的褐土，前者主要组分为P、Ca、Mg、Cu，后者为花岗岩类的主要组分K、Si、Al、Fe、Mn，这些元素与肥桃的品质密切相关，非常有利于肥桃的生长和优良品质的形成；重庆涪陵榨菜的菜头喜中性含钙的砂质壤土，红色砂泥岩层衍生发育的紫色粉砂质壤土为其优势地质背景，P、K、S、Mg与榨菜品质有着密切的正相关关系；茶叶喜Si、K而厌Ca、Mg，等等。众多研究表明，名特优农产品品质的形成均有其特定的地球化学背景。

地球表生带在长期地质历史演化中，产生了元素地球化学分异现象，这种分异，形成了不同的地球化学区，而地球化学的差异，对于特色农产品及品质的形成，具有关键作用。如陕西紫阳的紫阳毛尖茶和湖北恩施的大蒜，都是因产于富硒（Se）地球化学区，而成为具有保健功能的优质农产品；贵州天麻只有产在富铷（Rb）、锂（Li）、锰（Mn）的地球化学区才能具有独特的品质，而异地栽培则难以成为上品；广西沙田柚口感和养分俱佳，而优质的柚子只产在富钠（Na）的地球化学区中；茶叶喜钾（K）忌钙（Ca）、烟草喜钾（K）忌氯（Cl），等等（邵时雄等，1999），这都是地球化学工作者通过长期研究实践获得的科学认识。本研究的目的在于为特色农产品种植的科学布局和产业发展提供地质-地球化学依据。

6.2 金华茶品质的地球化学研究

金华是浙江主要茶区之一，种植历史悠久，范围广、规模大，为便于研究，选择了武义-婺城、磐安-东阳、浦江和义乌四个茶区。

6.2.1 地质地貌特点

1. 地形地貌

武义-婺城茶区位于金华市西南部，地跨武义、婺城、兰溪三县区，规模最大，地形海拔主体1000m左右，部分海拔较低，为100～200m；磐安-东阳茶区，位于金华市东北部，规模仅次于武义-婺城茶区，海拔100～300m均有分布；浦江茶区位于浦江县北部，分布范围较小，海拔400~500m；义乌茶区位于义乌南部山间盆地，分布范围小，海拔200~300m。茶区坡度为15°~25°，属缓坡地形。

2. 地层岩石

四个茶区出露的地层与岩石类型有一定差异，但总体上以中生代酸性火山碎屑岩为主。其中，武义-婺城茶区出露地层以中生界白垩系大爽组（K_1d）、高坞组（K_1g）流纹质晶屑玻屑熔结凝灰岩为主，磐安-东阳茶区出露地层以中生界白垩系高坞组、西山头组（K_1x）、九里坪组（K_1j）流纹质晶屑玻屑凝灰岩、流纹质晶屑玻屑熔结凝灰岩为主，浦江茶区出露地层以中生界白垩系黄尖组（K_1h）流纹质晶屑熔结凝灰岩为主，部分为寿昌组（J_3s）钙质砂岩、粉砂岩、粉砂质泥岩，义乌茶区出露地层为中元古界蓟县系陈蔡群下吴宅组（Jxxw）斜长角闪岩、角闪变粒岩、斜长变粒岩等。

大爽组、高坞组流纹质晶屑玻屑熔结凝灰岩，西山头组、九里坪组流纹质晶屑玻屑凝灰岩、流纹质晶屑玻屑熔结凝灰岩以及黄尖组流纹质晶屑熔结凝灰岩风化后形成的残坡积物，其矿物成分石英、长石、云母类经过淋溶后，Si、K、Al、Zn等元素逐渐析出和累积；而寿昌组钙质砂岩、粉砂岩、粉砂质泥岩与下吴宅组斜长角闪岩、角闪变粒岩、斜长变粒岩风化残坡积物除长石类、石英、云母类矿物外，还有一定的角闪石、磁铁矿、钙质、泥质等，遭受风化淋滤有利于Al、Si、K、Zn、Fe、Mn、Ca、Mg等元素的释放和累积，尤其是陈蔡群（Jxch）、嵊县组（N_2s）等含有较高的Ca、Mg、P、Fe、Mn、Cu、Co等元素，而K、Si含量相对较低（表6-1，表6-2）。

表6-1 金华茶种植区岩石地球化学特征 单位:%

地层	主要岩性	样数/件	SiO_2	Al_2O_3	Fe_2O_3	MgO	CaO	K_2O	Na_2O
嵊县组	玄武岩	18	50.80	13.03	10.55	6.33	7.33	1.54	2.73
寿昌组	砂岩粉砂岩泥岩	9	66.07	11.98	3.36	1.57	4.29	3.72	3.13
黄尖组	流纹质熔结凝灰岩	7	72.28	13.53	2.69	1.02	2.06	4.11	1.88
九里坪组	流纹斑岩	6	74.63	12.62	1.80	0.27	0.29	4.76	2.57
西山头组	流纹质晶屑玻屑凝灰岩	46	70.99	14.29	2.61	0.69	1.47	4.30	3.13
高坞组	流纹质晶屑熔结凝灰岩	38	72.57	13.57	2.17	0.44	0.95	4.82	2.59
大爽组	流纹质晶屑玻屑凝灰岩	28	73.63	13.50	3.60	0.66	1.81	3.51	2.09
陈蔡群	角闪质变质岩	18	43.27	7.17	6.58	7.28	20.85	1.46	1.11
全省丰度			66.51	12.91	3.46	1.31	3.96	3.58	2.21

表6-2 金华茶种植区岩石中微量元素地球化学特征 单位：mg/kg

地层	主要岩性	样数/件	Mn	P	Mo	Cu	Zn	B	Co
嵊县组	玄武岩	18	831	2326	1.95	93.3	156	3	44.5
寿昌组	砂岩粉砂岩泥岩	9	474	317	4.71	17.6	83.2	62	6.7
黄尖组	流纹质熔结凝灰岩	7	580	255	0.44	8.3	51.9	15	2.9
九里坪组	流纹斑岩	6	380	168	0.58	5.2	57.0	6	2.2

续表

地层	主要岩性	样数/件	Mn	P	Mo	Cu	Zn	B	Co
西山头组	流纹质晶屑玻屑凝灰岩	46	617	450	0.41	7.2	59.9	10	3.7
高坞组	流纹质晶屑熔结凝灰岩	38	351	359	1.76	9.8	60.4	5	3.5
大爽组	流纹质晶屑玻屑凝灰岩	28	383	511	0.50	7.9	62.4	5	4.8
陈蔡群	角闪质变质岩	18	616	516	0.38	30.6	69.3	10	20.6
全省丰度			540	468	1.05	16.0	66.4	20	8.5

3. 土壤

武义-婺城茶区、浦江茶区、磐安-东阳茶区南部土壤类型为侵蚀性黄壤亚类，棕黄色，有机质含量较丰富，腐殖质层较厚，土层较薄，0.2～0.8m，呈酸性反应，土壤质地为含砾粉砂质黏壤土，粉黏比高，土体剖面发生层为A_0-A-B-C型；磐安-东阳茶区北部以及义乌茶区土壤类型为黄红壤亚类，黄泥砂土，黄红色，一般酸性反应，质地为砾石质黏壤土，土层厚度大于0.5～1.2m，土体构型A_{00}-A_0-A-（B）-C型。土层深厚有利于茶树根系的发育和对土壤中元素的吸收，黏壤土对于保水、保肥和根系呼吸等具有良好作用。

金华市土壤pH总体在4.2～5.5。其中，武义-婺城茶区、浦江茶区与磐安-东阳茶区南部，土壤pH表土层、心土层分别为5.1、5.4；磐安-东阳茶区北部以及义乌茶区土壤pH自表土层、心土层、母质层分别为4.3、4.3、4.3。但从区域上土壤pH来看，磐安-东阳茶区北部土壤pH为4.8，在4个茶区中是最低的；浦江茶区土壤pH总体为5.2，是三茶区最高的；武义-婺城茶区土壤pH介于上述两者之间。研究区总体在4.8～5.2，为一强酸性环境。

6.2.2 土壤地球化学特征

1. 氧化物

从表6-3可以看出，与金华市土壤环境背景值相比，磐安-东阳茶区、武义-婺城茶区SiO_2、K_2O含量适宜、CaO、MgO含量最低，有利于优质名茶的形成。浦江茶区总体上CaO、MgO、K_2O含量与前两个茶区较为接近，尤其SiO_2高达72.6%，在金华地区茶园土壤中是最高的。义乌茶区土壤中Fe_2O_3含量较低，但CaO、MgO含量普遍较高，高出其他茶区达30%～50%。研究表明，茶园土壤CaO、MgO等成分过高，不利于茶树生长发育与茶叶品质的提升。

表6-3 不同茶区土壤中的氧化物含量 单位：%

研究区	参数	SiO_2	Fe_2O_3	MgO	CaO	K_2O
磐安-东阳茶区（N=28）	平均值	68.43	5.50	0.64	0.16	2.75
	最大值	81.87	17.79	1.83	0.52	3.96
	最小值	44.85	1.79	0.33	0.08	0.55

续表

研究区	参数	SiO_2	Fe_2O_3	MgO	CaO	K_2O
义乌茶区（N=8）	平均值	67.4	4.96	0.89	0.23	2.71
	最大值	79.4	6.41	1.49	0.50	3.36
	最小值	57.4	3.00	0.41	0.08	2.03
浦江茶区（N=5）	平均值	72.6	4.20	0.67	0.19	2.74
	最大值	77.6	5.96	1.07	0.37	4.37
	最小值	70.3	2.90	0.26	0.09	1.40
武义-婺城茶区（N=22）	平均值	68.32	5.22	0.65	0.17	2.39
	最大值	78.43	14.16	1.72	0.81	4.33
	最小值	47.38	2.49	0.38	0.07	0.69
金华土壤背景值（1790）		77.1	3.15	0.54	0.30	2.68

2. 中微量元素

磐安-东阳茶区、武义-婺城茶区微量元素P、Mn、Cu、Zn含量适中（表6-4），有利于优质名茶的形成。浦江茶区Fe、Mn、P、Zn含量最低，对茶品质有一定影响。义乌茶区Mn、P、Mo、Cu、Zn含量最为明显，高出其他茶区达30%～50%。尤其是Mn、P等成分过高，不利于茶树生长发育与茶叶品质的提升。

表6-4　不同茶区土壤中的微量元素含量　单位：mg/kg

研究区	参数	Mn	Co	P	Mo	Cu	Zn	B
磐安-东阳茶区（N=28）	平均值	682.7	15.9	603.6	1.31	18.6	81.1	27.8
	最大值	1530	92.7	2153	4.10	98.0	173.5	52.4
	最小值	225.2	4.2	131.5	0.31	4.5	34.0	10.6
义乌茶区（N=8）	平均值	723.0	12.2	648.7	2.19	26.8	241.0	29.3
	最大值	1208	17.9	2152	9.10	46.7	1181	46.1
	最小值	168.9	8.8	291.7	0.61	7.3	58.1	20.4
浦江茶区（N=5）	平均值	407.8	11.7	416.2	1.31	19.4	76.2	37.7
	最大值	674.8	22.9	534.6	2.76	44.4	86.6	56.1
	最小值	182.4	5.4	301.8	0.69	9.4	54.4	24.4
武义-婺城茶区（N=22）	平均值	589.5	11.6	542.4	1.53	14.6	97.4	40.3
	最大值	1252	31.2	1657	8	44.2	394.8	8
	最小值	166.1	5.3	173.6	8.00	4.6	43.0	65.2
金华土壤背景值（1790）		352	6.55	496	0.85	15.9	65.6	25.6

3. 重金属元素

除义乌茶区外，其他茶区土壤中重金属Cd、Hg、Pb、As、Cr、Cu、Zn含量均较低，均达到国家土壤环境质量二类标准和农业部无公害茶园土壤环境质量标准，有利于优质茶叶的生长（表 6-5）。义乌茶区 Cd、Zn、As、Cr 的含量相对较高，Cd、Zn 的平均含量超出土壤二级环境质量标准。

表 6-5　不同茶区土壤重金属含量

研究区	参数	Cd	Hg	Pb	As	Cr	Cu	Zn	pH
		μg/kg		mg/kg					
磐安-东阳茶区（N =28）	平均值	128	55	32.0	5.6	46.1	18.6	81.1	4.6
	最大值	389	95	60.8	12.1	252.2	98.0	173.5	5.2
	最小值	41	28	16.0	2.4	8.5	4.5	34.0	4.0
义乌茶区（N =8）	平均值	331	60	34.7	16.7	71.7	26.8	241.0	4.7
	最大值	1288	84	41.5	55.0	187.0	46.7	1181.0	5.4
	最小值	108	38	30.0	2.9	15.0	7.3	58.1	4.5
浦江茶区（N=5）	平均值	154	58	29.7	12.6	33.5	19.4	76.2	4.7
	最大值	232	81	35.8	21.9	56.7	44.4	86.6	5.1
	最小值	126	39	18.2	4.4	10.8	9.4	54.4	4.1
武义-婺城茶区（N =22）	平均值	117	66	28.2	5.1	38.2	14.5	77.8	4.6
	最大值	230	138	38.1	8.2	158.4	44.2	123.7	5.0
	最小值	42	47	14.0	1.7	6.1	4.6	43.0	4.0
土壤环境质量二级（≤）		300	300	250	30	250	150	200	5.0～6.5

6.2.3　元素与茶品质

1. 不同产区茶的品质

茶叶中的茶多酚、儿茶素、咖啡碱、氨基酸、水浸出物等是衡量茶品质的主要指标（梁月荣，2004）。本研究茶叶样品由中国茶科所农产品质量监测检验中心测定，磐安-东阳茶区茶叶中水浸出物达 39.2%～47.4%，茶多酚平均 13.4%～20.8%，游离氨基酸达 3.4%～7.4%，咖啡碱 2.5%～5.0%，酚氨比 1.99～5.44，在金华茶区表现尤为突出，尤其是磐安云峰茶中游离氨基酸达到 7.40% 的水平，远高于浙江同类地质背景名茶中游离氨基酸 5.0% 和全国名茶中游离氨基酸最高 6.5% 的水平（表 6-6），实属罕见。

表 6-6　不同成土母质区茶叶的品质差异

研究区	参数	茶叶检测结果/%					酚氨比	成土母质
		水分	水浸出物	茶多酚	游离氨基酸	咖啡碱		
武义-婺城茶区（N =16）	平均值	7.9	43.9	15.6	3.29	3.09	4.91	大爽组、高坞组风化物
	最大值	9.0	47.5	20.4	4.70	4.10	6.22	
	最小值	6.8	39.0	12.8	2.20	2.40	3.64	

续表

研究区	参数	茶叶检测结果/%					酚氨比	成土母质
		水分	水浸出物	茶多酚	游离氨基酸	咖啡碱		
磐安-东阳茶区（N=13）	平均值	7.8	45.3	17.2	4.94	3.61	3.67	西山头组、九里坪组风化物
	最大值	9.8	47.4	20.8	7.40	5.00	5.44	
	最小值	6.0	39.2	13.4	3.40	2.50	1.99	
义乌茶区（N=1）	含量值	7.0	48.2	15.4	3.50	3.80	4.40	陈蔡群风化物
浦江茶区（N=4）	平均值	8.3	45.5	20.6	4.28	4.58	4.99	黄尖组-寿昌组风化物
	最大值	9.2	47.0	22.4	5.40	4.90	6.05	
	最小值	6.8	43.8	16.8	3.70	4.20	3.11	
浙江茶区	平均值		42.8	28.6	3.76	2.15	7.61	
国优茶区	含量值	—	—	13.6~47.8	1.10~6.50	1.2~5.9	—	国家茶树优良种质评价数据库

注：N为统计样本量。

浦江茶区水浸出物平均45.53%，茶多酚20.6%，游离氨基酸4.28%，咖啡碱4.58%，酚氨比4.99，品质上接近于磐安-东阳茶区，但游离氨基酸含量较低；武义-婺城茶区浸出物平均43.90%，茶多酚15.58%，游离氨基酸达3.29%，咖啡碱3.09%，酚氨比4.91。义乌茶区水浸出物达48.20%，在金华地区达到最高，茶多酚平均15.40%，游离氨基酸3.50%，酚氨比4.40。两者与磐安-东阳茶区平均值相比明显有一定差距，不仅游离氨基酸含量较低，而且茶多酚也较低。

2. 不同产区茶中的矿质元素

武义-婺城茶区、磐安-东阳茶区、浦江三个茶区地处丘陵山地区，土壤母质主要为侏罗系酸性火山碎屑岩风化产物，土壤中微量元素含量比较接近，均为酸性-强酸性。由于土壤理化条件较为适宜，为茶树及其叶部对微量元素的吸收奠定了基础。

四个茶区茶叶中矿质元素含量也有较大的差别（表6-7）。对人体健康有益的元素K、Sr、Mn、Zn在磐安-东阳茶区、武义-婺城茶区含量较高，尤其是Sr在磐安-东阳茶区最大值可达41.4mg/kg，K、Mn、Zn在武义-婺城茶区最大值分别为22934mg/kg、1662mg/kg、75.76mg/kg。

表6-7　不同茶区茶叶中矿质元素含量特征　　单位：mg/kg

茶区	参数	Cu	Pb	Zn	P	Si	Sr	Mn	Fe	Al	F	Se	K
武义-婺城茶区（N=34）	平均值	17.04	1.25	52.67	5669	4092	11.1	813	142	421	89.0	0.09	20371
	最大值	29.99	1.89	75.76	6617	9575	28.8	1662	287	1213	388	0.16	22934
	最小值	11.61	0.59	40.11	3854	246	2.61	346	95.4	285	24.3	0.07	17678
磐安-东阳茶区（N=31）	平均值	14.6	0.98	55.3	6163	483	12.8	854	178	355	63.7	0.07	19291
	最大值	18.8	1.58	62.9	7303	1202	41.4	1473	531	617	161	0.10	22577
	最小值	12.0	0.36	44.3	5263	195	4.85	423	90.4	210	17.8	0.04	17448

续表

茶区	参数	Cu	Pb	Zn	P	Si	Sr	Mn	Fe	Al	F	Se	K
浦江茶区（N=10）	平均值	15.4	1.52	58.1	6118	559	8.80	725	201	333	73.3	0.08	18989
	最大值	17.1	3.30	69.1	7392	1214	12.7	1460	476	462	161	0.14	20248
	最小值	14.0	0.65	50.5	5310	230	3.84	305	94.4	158	20.6	0.05	17698
义乌茶区（N=12）	平均值	19.4	1.55	55.4	5294	523	13.1	996	161	488	111	0.10	20115
	最大值	30.9	3.27	61.0	6102	943	21.9	1353	275	758	227	0.15	22352
	最小值	11.0	0.82	47.8	4008	295	4.65	385	96.9	330	53.9	0.07	18996

注：N 为统计样本量。

3. 矿质元素与茶品质的关系

据研究，影响茶树生长发育和茶叶品质的元素多达 40 余种，这说明地球化学环境与茶的种植及品质存在生物地球化学联系（唐根年等，2001）。

通过对金华地区 37 件茶样中的营养成分与对应的矿质成分相关性分析，该地区茶叶中茶多酚与 Fe、Na、Zn、P、Ni、B 之间具有较好的正相关，游离氨基酸则与 P、Zn 具有较好的正相关，而与 Cr 则为负相关；咖啡碱与 Zn、Fe、Mn、Na、B 之间表现为极显著—明显正相关；而水浸出物则与 P、Mn 明显正相关，与 Cr 为负相关（图 6-3）。因此，土壤中适量的 Fe、Mn、Zn、P、Ni、B、Na 有利于茶叶营养成分的提高，形成优质名茶。

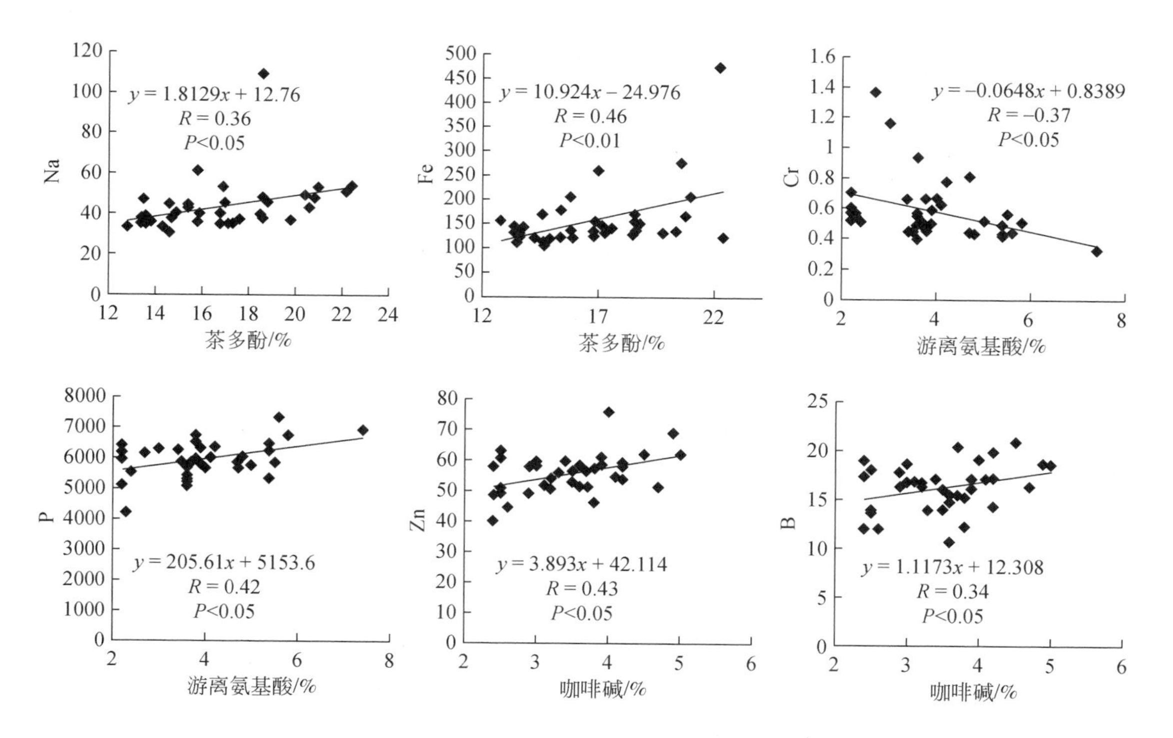

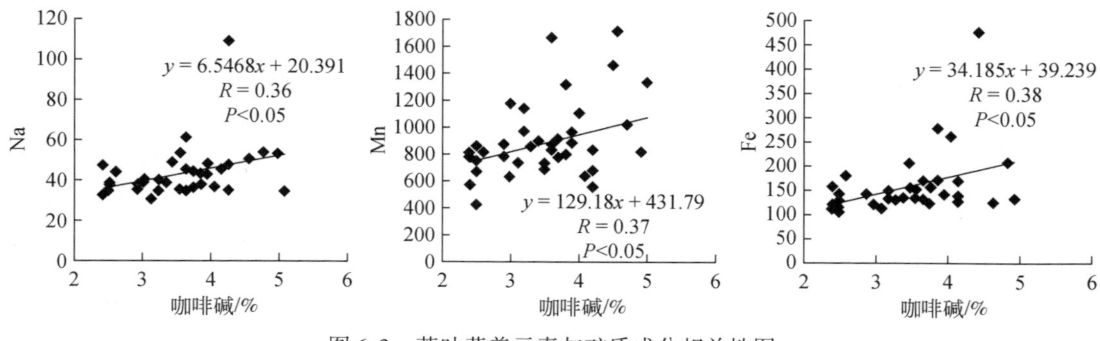

图 6-3 茶叶营养元素与矿质成分相关性图

6.3 兰溪枇杷的地球化学研究

枇杷是金华地区特色果品之一，种植面积2万余亩，其中65%集中于兰溪市的女埠镇、黄店镇、马涧乡一带，研究工作选择了穆坞、虹霓山、西垄、蒋坞和东湖5个种植区。

6.3.1 土壤地质

土壤母岩是形成其土壤的物质基础，土壤由母岩衍化而来。兰溪市枇杷种植区土壤母质主要由原地或搬运距离不远的母岩经风化和成土作用发育而成，它直接影响着土壤母质的理化性状和化学成分，对枇杷产量和品质起着重要的制约作用。本市枇杷种植区土壤母岩划分成四大类（表6-8）。

表6-8 兰溪主要枇杷种植区土壤地质背景

种植区名称	地质背景	主要岩石类型	母质类型	土壤类型	岩石化学特征
穆坞种植区	芳村组	泥质粉砂岩、砂岩夹不稳定的流纹质凝灰岩、流纹岩	石灰性紫泥岩类风化物	酸性紫泥土、黄泥土	高 K_2O、Na_2O、CaO、Mn、Mo、B、Zn，低 Fe_2O_3、MgO、Co、Cu
	英安闪长玢岩	英安闪长玢岩	中性岩类风化物	黄泥砂土	高 SiO_2、K_2O、B，低P、Fe_2O_3、MgO、CaO、Mn、Co、Mo、Cu、Zn
虹霓山种植区	芳村组	泥质粉砂岩、砂岩和少量砾岩、黄绿色砂岩、粉砂岩	石灰性紫泥岩类风化物	酸性紫泥土、黄泥砂土、石砂土	高 K_2O、Na_2O、CaO、Mn、Mo、B、Zn，低 Fe_2O_3、MgO、Co、Cu
西垄种植区	衢县组	中厚层、厚层至块状砂岩、粉砂岩、含砾砂岩、砂砾岩及砾岩	石灰性紫砂岩类风化物	黄筋泥田	高 SiO_2，低 CaO、MgO、K_2O、Na_2O、Mn、P、Zn

续表

种植区名称	地质背景	主要岩石类型	母质类型	土壤类型	岩石化学特征
蒋坞种植区	华严寺组	灰岩夹薄层泥质灰岩、含碳钙质泥岩、页岩及角砾岩、球粒状灰岩	泥质灰岩类风化物	黄泥砂土	高 Fe_2O_3、CaO、Na_2O、P，低 SiO_2、B
	横山组	富含钙质结核粉砂岩夹细砂岩	石灰性紫砂岩类风化物	酸性紫砂土	高 Fe_2O_3、MgO、K_2O、Mn、Co、Cu，低 SiO_2、Na_2O、CaO、Mo
东湖种植区	横山组	富含钙质结核粉砂岩夹细砂岩	石灰性紫砂岩类风化物	紫砂土	高 Fe_2O_3、MgO、K_2O、Mn、Co、Cu，低 SiO_2、Na_2O、CaO、Mo

1. 石灰性紫泥岩类

主要由白垩系劳村组石灰性泥质粉砂岩、砂岩夹不稳定流纹质凝灰岩、流纹岩组成，分布于女埠街道穆坞—虹霓山一带的低山丘陵区。由于母岩固结程度不高，易于遭受风化崩解，故土层一般较深厚，达 35 ~ 110cm，土壤多发育为酸性紫泥土，质地为壤质黏土至黏土，保肥保水性良好，是兰溪枇杷集中大面积种植区。

2. 石灰性紫砂岩类

主要由白垩系上统衢县组中厚层、厚层至块状砂岩、粉砂岩、含砾砂岩、砂砾岩及砾岩和白垩系下统横山组富含钙质结核细砂岩组成。衢县组主要分布于女埠街道西垄、下潘等地的侵蚀堆积岗地区，横山组则分布于马涧蒋坞和东湖水库一带的低山丘陵区。其中衢县组岩石易遭受风化和流水侵蚀，风化层相对浅薄，在丘陵顶部常因强烈侵蚀而基岩裸露，水土流失严重，质地较轻，以砂壤土为主，通透性好，耕作轻松，土体厚一般为 10 ~ 100cm，适于枇杷种植，但保蓄性差，有机质不易积累。横山组土壤多呈暗紫色或紫色，石英等矿物难以风化，黏粒矿物少，结持性差，易遭受旱灾。

3. 泥质灰岩类

分布于马涧镇西汤和蒋坞枇杷种植区，主要由寒武系上统华严寺组灰岩夹薄层泥质灰岩、含碳钙质泥岩、页岩及角砾岩、球粒状灰岩组成。岩石多呈生物屑—砂屑结构，孔隙—基底式胶结，矿物成分以方解石为主，少量白云石。土层浅薄，土壤难以分化，剖面层次不发育，多为 A-C 型。由于富含泥质夹层，遭受风化淋溶后，母岩与土层之间常夹有难以风化的透镜体，表现为含大量非石灰性岩石（泥页岩）碎块和碎片，砾石含量可达 25% 以上，但细土部分质地较黏重，多为黏土或壤质黏土。由于砾石含量较高，通透性好，保水性差，易被侵蚀。

4. 中性岩类

分布于女埠街道穆坞一带低山丘陵区，主要为白垩纪早期英安闪长玢岩，岩石细粒状结构，易风化，风化层较厚，土体多在70cm以上，厚者可达190cm，土壤发育较好，剖面分化明显，为A-（B）-C型。呈红棕色，质地较轻，以砂质壤土为主，心土层和母质层有大小不等的铁锰结核，呈微酸性—中性，保肥蓄水性较差，有机质含量较低。

土壤中化学元素及其含量，继承了母质的特点，而不同母质的地球化学特征又与岩石背景密切相关。对不同地层岩石的地球化学测量（表6-9）发现，SiO_2、Al_2O_3、Fe_2O_3、K_2O、Na_2O、Mn、P、Cu、Zn、B在华严寺组含量最低，而CaO、MgO含量却特高。横山组SiO_2、Na_2O、Cu、B含量最高，西山头组Al_2O_3、K_2O、Mn、P、Zn含量最高，相比之下，劳村组各成分均居中等水平，含量既协调平衡，又总体丰富，尤其是K_2O、Na_2O、CaO、MgO、Fe_2O_3、B、P、Cu、Zn含量均较高。

表6-9 种植区不同地层岩石地球化学特征[①]

化学成分		SiO_2	Al_2O_3	Fe_2O_3	MgO	CaO	K_2O	Na_2O	Mn	Co	P	Mo	Cu	Zn	B
样点	样品量	%							mg/kg						
横山组	4	74.07	11.97	2.49	0.56	1.18	3.29	3.44	373	4.5	230	0.24	17.7	19.5	30
劳村组	5	72.22	12.30	2.71	0.80	1.73	4.00	3.18	325	6.8	300	0.65	14.8	65.8	27
衢县组	14	65.32	11.16	4.38	0.93	6.62	2.50	1.36	542	13.8	262	1.22	17.2	46.3	20
华严寺组	4	8.65	3.08	0.64	2.65	46.88	0.20	0.23	88	6.3	94	0.39	5.6	6.0	5
闪长玢岩	6	63.57	15.68	5.04	1.44	2.44	3.76	3.52	639	9.0	1018	0.89	25.4	70.9	5
全省丰度		66.51	12.91	3.46	1.31	3.96	3.58	2.21	542	8.5	468	1.05	16.0	66.4	20

6.3.2 土壤地球化学

1. 元素含量

从表6-10中看出，华严寺组分布区由于从土壤母岩经过风化淋溶和成土作用，随着CaO、MgO的大量流失，其中CaO由母岩中46.88%下降为0.52%，MgO也从2.65%下降为0.55%，相应地，土壤中SiO_2、Al_2O_3、Fe_2O_3、K_2O等难风化组分得到了相对富集，分别由原来的8.65%、3.08%、0.64%、0.20%增加为77.6%、11.50%、3.07%、2.29%。同时，P以及微量元素含量也得到大幅度提升，可耕性和适种性都得到了提高；横山组分布区[①]土壤由于成土过程中K_2O、Na_2O、CaO、MgO等先行流失，SiO_2、Al_2O_3、Fe_2O_3等残留在土壤中，土壤板结、黏重，适耕性差；相比之下，劳村组分布区土壤保持了母岩中各成分含量的恰当比例，土壤质地适中，透水透气性以及保水保肥性能良好，大量、中量

① 浙江省地球物理地球化学勘查院，浙江省区域地质调查大队．1991．浙江省区域地层岩石地球物理地球化学参数研究报告

营养元素和微量元素含量丰富，为优质枇杷的形成提供了前提条件。

表6-10　种植区土壤地球化学特征

产区名称	样数	氧化物/%							元素/(mg/kg)					
		SiO_2	Al_2O_3	Fe_2O_3	MgO	CaO	Na_2O	K_2O	Cu	Zn	Mo	Mn	P	B
穆坞村（劳村组）	16	69.2	11.85	4.6	1.22	0.53	1.10	4.3	23	84	1.05	606	611	61
虹霓山村（劳村组）	8	74.1	11.85	4.0	0.97	0.55	0.79	3.1	17.7	65	0.9	473	349	62
西垄村（衢县组）	6	75.9	8.99	3.7	0.7	0.52	0.45	1.2	24.1	139	0.94	372	675	52
蒋坞村（华严寺组）	4	64.9	11.50	6.4	2.02	0.56	0.61	3.8	41.6	115	0.78	1106	693	55
蒋坞村（横山组）	2	65.8	12.02	5.5	1.90	0.69	0.69	4.2	22.8	92	0.57	962	515	45
浙中盆地		77.2	11.16	3.23	0.56	0.36	0.90	2.81	18.1	72	1.03	377	576	31

2. 元素有效态

枇杷种植区土壤呈弱酸性—酸性，部分达碱性，其中虹霓山土壤最高，pH可达8.2，最低为闪长玢岩风化土壤，pH为5.0左右。从不同种植区土壤中元素的有效态含量上看（表6-11），在劳村组分布区，土壤速效K、有效P、交换性Ca、Mg和有效B、有效Fe、有效Mn及有效Mo等含量均较高且较为均匀，明显优于其他四类土壤地质背景，比较有利于植物的吸收、生长与发育；土壤元素有效态以横山组分布区最低。

表6-11　不同种植区土壤元素有效态含量特征

产区名称	pH	速效K	有效P	有效B	有效Mo	有效Cu
	无量纲	mg/kg	mg/kg	mg/kg	mg/kg	mg/kg
虹霓山村（劳村组）	4.7~8.2	146.4	14.20	0.180	0.077	0.89
穆坞村（劳村组）	4.9~7.0	139.0	76.91	0.360	0.096	0.91
穆坞村（闪长玢岩）	4.7~5.5	148.0	7.61	0.177	0.129	0.82
蒋坞村（华严寺组）	6.4~7.6	154.2	8.98	0.270	0.085	1.79
蒋坞村（横山组）	6.9	80.4	8.16	0.170	0.126	1.68
西垄村（衢县组）	5.6~6.8	126.7	37.61	0.289	0.103	2.77
虹霓山村（劳村组）	1.22	19.76	50.17	28.6	1.94	0.43
穆坞村（劳村组）	4.32	58.53	56.41	14.8	11.52	0.69
穆坞村（闪长玢岩）	1.15	28.01	88.65	24.9	6.54	3.62

续表

产区名称	pH	速效 K	有效 P	有效 B	有效 Mo	有效 Cu
	无量纲	mg/kg	mg/kg	mg/kg	mg/kg	mg/kg
蒋坞村（华严寺组）	2.95	35.54	23.36	13.3	6.14	1.28
蒋坞村（横山组）	3.48	13.53	17.29	10.2	14.20	0.50
西垄村（衢县组）	24.10	70.60	31.64	26.1	10.76	1.64

6.3.3 元素与枇杷品质

1. 品质特征

各产区枇杷的品质分析列于表 6-12，对比可以看出，东湖一带所产枇杷可溶性固溶物、维生素 C、氨基酸总量以及糖酸比等含量最低，蒋坞、虹霓山一带所产枇杷品质总体较好，其中以虹霓山—穆坞一带以及西垄等地所产枇杷最好，不仅个体大、果形美观、口感香甜、肉多细腻，而且营养成分丰富，可溶性固形物、维生素 C、氨基酸总量、糖酸比分别为 15.59%，4.02mg/100g，0.39%。另外，对人体健康有益的矿质元素 K、Na、Ca、Mg、Fe、P、Mo、F 均高于蒋坞和东湖等种植区产出的枇杷。无疑，种植区土壤地质背景对枇杷品质的优劣具有重要的影响。

表 6-12　不同种植区枇杷品质分析对比

果园	样数	可溶性固形物/%	糖酸比	维生素 C/(mg/100g)	氨基酸总量/%	外观	口感	矿质元素	品质
虹霓山	5	17.29	39.5	4.02	0.39	偏黄，个大，果形好	甜香，口感好，肉多细腻	N、P、Ca、Mg、Mo 含量一般	优质
西垄	2	14.44	52.7	0.58	0.40	偏黄，个大，果形好	口感好，肉多细腻	N、P、Ca、Mg、Mo 含量一般	优良
蒋坞	2	12.28	12.9	3.86	0.35	偏黄，个小，果形好	酸，肉多，较粗	N、P、Ca、Mg、Mo 含量一般	中等
东湖	2	11.28	11.9	2.32	0.35	橙黄，个小，果形好	甜，肉多，较粗	B、P、Ca、Mg、Mo 含量丰富	差

2. 元素与枇杷品质相关性分析

枇杷营养成分与矿质元素相关分析表明，总糖、可溶性固形物与 N、P、K、Ca、Mg 正相关，与 Fe 负相关；总酸与 Fe、Mn 正相关；维生素 C 与 Ca、Mn、K、P、N 正相关，氨基酸总量与Mn、P、Cu、Ca、K、Mo正相关。因此，N、P、K、Ca、Mg、Mn、Mo等元素的含量高低直接关系到枇杷的生长发育及其果实的品质（表6-13）。

表6-13 白沙枇杷营养成分与矿质元素的相关性

指标	总糖	总酸	可溶性固形物	维生素C	氨基酸总量/%
N	0.894**	-0.347	0.945**	0.322	0.217
P	0.344	-0.055	0.575	0.383	0.471
K	0.320	0.051	0.569	0.406	0.340
Ca	0.387	-0.321	0.639*	0.457	0.417
Mg	0.389	-0.026	0.571	0.290	0.534
Fe	-0.410	0.462	-0.354	-0.302	-0.078
Mn	-0.047	0.428	0.089	0.447	0.578
Cu	0.183	-0.281	0.223	-0.234	0.417
Zn	0.111	0.092	0.248	0.037	0.339
B	0.189	0.092	0.215	0.268	-0.017
Mo	0.049	-0.052	0.282	0.232	0.316
Na	-0.025	0.333	0.066	0.280	-0.218
Se	-0.103	0.352	-0.093	-0.181	0.097

**显著相关；*明显相关。

6.3.4 土壤-枇杷的元素相关性

对土壤-枇杷元素的相关性进行研究，发现它们的地球化学联系，找到能表征地质地球化学对枇杷品质产生影响的特定化学元素或元素组合，这些元素被称为特征元素。

通过对枇杷与种植土体（包括表土层、心土层）化学元素组成关系的研究（表6-14），可以获得以下认识：

（1）果品的生化指标及矿质元素都与土壤元素存在不同程度的相关性，土壤地球化学是影响果品品质的重要地学因素之一。

（2）不同的元素或元素组合，与不同的品质指标相关联，也就是说，有相应的特征元素与之对应，表明在土壤-果品系统中，生物化学作用的差异性是存在的。

（3）纵观各指标的对应特征元素，Mo是出现频率最高的元素，Mo几乎与绝大部分品质指标都存在相关性，而Mn、Mg则极不相关，这种关系可以表达为Mo、B、Zn、S、K-（Mn、Mg）。

表 6-14 影响枇杷品质的特征元素分析

相关性		生化指标				矿质元素		
		总糖	糖酸比	氨基酸	维生素 C	K	Zn	Se
显著(极)相关	表土+心土		Mo	Mo			S△、Se△	Mo、Mn△、Mg△
	表土			Mo			Se、S△	Mo、Mn△、Mg△
一般相关	表土+心土	Mo、Si、B*、Zn*	Si、B、Zn△	Na、K△、S△	Mo、K、Na、Mn△	S△、K△	Zn△、Mo△	K△、Ca△、Mo△、B△
	表土	Mo、B、Si、P△、Zn△	Mo、P、Zn△、B	Mn△、S△、Na		Se、S△、K△	Si、Zn△、K△	K△、Mo△、Ca△、Na
显著(极)不相关	表土+心土		Mn、Mg		Mg、Zn			
	表土			Mg、P	Zn		Mg	
特征元素		Mo、B、Zn、Si	Mo、Zn、B-(Mn、Mg)	Mo、Na、S-(Mg、Mn)	Mo、K、Na、Mn-(Mg、P)	S、K	S、Se、Zn-(Mg)	Mo、K、Mn、Ca

* 为总量及有效态同时相关；△为有效态或交换态；( ) 为显著负相关。

综上，N、P、K、Ca、Mg、Mn、Mo 等元素是影响枇杷品质的关键因素。与前述的土壤全量及其有效态对比发现，出露在虹霓山、穆坞一带的侏罗系劳村组地层区的土壤母质能够最大限度地满足优质枇杷对土壤元素 N、P、K、Ca、Mg、Mn、Mo 等的需求，是该地区开展枇杷种植区域规划的首选地段。

6.4 浦江桃形李的种植适宜性

桃形李，蔷薇科李属，系金华市浦江县名特优新的珍稀果树，原产浙江浦江，与福建青柰相似，是似桃非桃的李子新品种。该果品含有人体所必需的多种氨基酸、维生素及多种微量元素、营养价值极其丰富，具有清热、利尿、消食、开胃健脾等功效。

桃形李于 1984 年，在浦阳街道西面一偏僻的砂质坡地上被发现，后经 20 多年的科学选育培植，在“李树上嫁接桃枝则为桃李”，成为当地一个特色李子品种。

6.4.1 种植区地质研究

1. 地层岩石

浦江桃形李主要种植在侏罗系黄尖组、寿昌组与第四系之江组、莲花组、鄞江桥组等地质背景区。其中黄尖组岩性为块状流纹斑岩与流纹质晶屑凝灰岩；寿昌组岩性为杂色中至厚层状石英细砂岩岩屑砂岩、钙质泥质砂岩、钙质泥质粉砂岩、钙质粉砂质泥岩夹流纹质凝灰岩、凝灰质砂岩等；总体上第四系地层中，之江组为棕红色亚黏土、亚砂土，具网纹构造；莲花组为浅黄色亚黏土、亚砂土和砾石层；鄞江桥组上部为粉砂质亚黏土，下部为含砂质砾石层。第四系地层岩性为松散沉积物，在矿物成分、化学成分上与母岩密切相关，受母岩成分控制。

2. 成土母质

土壤是在母质的基础上发育起来的，成土母质来源于母岩。成土母质是指岩石经风化、搬运、堆积等过程在地表形成的疏松物质层，该物质层也是最年轻的地质矿物质层，它是形成土壤的物质基础，是连接岩石与土壤的桥梁，因此母质对土壤的形成和土壤的理化性状均有深刻影响。

桃形李种植区出露的成土母质主要为酸性火山岩类、石灰性紫泥岩类、石灰性紫砂岩类风化物、洪冲积物和中、晚更新世红土风化物。其中洪冲积物和中、晚更新世红土风化物主要分布在浦江盆地区，物质来源较清楚，研究区表层土壤地球化学特征总体上承袭了源区岩石地球化学特点，见表 6-15。

表 6-15　不同成土母质类型特征

母质类型	成土特征	发育土壤类型
石灰性紫泥岩类	土体浅薄，易风化，成土黏，呈中性，不宜种茶	紫泥土、红紫泥田
酸性火山岩类	岩性坚硬，土体厚度中等，黏壤—壤黏，呈酸性	红泥土、黄泥土
晚更新世红土	土体较厚，砂质黏壤土，微酸性，缓坡，宜种性广	水稻土
中更新世红土	土体较厚，壤质黏土，酸性，平缓，适种性较广	水稻土

3. 土壤地球化学特征

土壤中的化学元素与母质、母岩的关系密切，土壤是在母质的基础上发育起来的，成土母质来源于母岩。土壤中化学元素的含量高低，不仅影响植物的生长、产品的品质，而且可能控制植物的分布（高业新等，2008）。在桃形李果树根系附近采集根系土，研究不同母质土壤中的元素含量特征，表 6-16 列出了浦江桃形李种植区不同成土母质中土壤元素含量均值。

表 6-16　浦江桃形李种植区不同成土母质土壤化学元素含量表

成土母质	氧化物/%						有益元素/（mg/kg）				
	Na_2O	MgO	SiO_2	K_2O	CaO	Fe_2O_3	P	B	Mo	Mn	Se
石灰性紫泥岩类	0. 37	0. 38	81. 06	2. 20	0. 25	2. 49	423	48. 30	4. 67	600	0. 30
酸性火山岩类	0. 77	0. 62	77. 53	2. 92	0. 32	2. 79	478	34. 35	0. 95	527	0. 34
晚更新世红土	0. 43	0. 86	73. 92	2. 63	0. 20	3. 45	702	54. 05	1. 67	641	0. 55
中更新世红土	0. 58	0. 46	78. 63	1. 89	0. 26	3. 23	590	50. 83	1. 56	640	0. 32
平均值	0. 54	0. 56	77. 95	2. 30	0. 25	3. 04	557	47. 67	2. 09	610	0. 37

续表

成土母质	重金属/（mg/kg）								酸碱度	有益元素	
	Cd	Hg	As	Pb	Cr	Ni	Cu	Zn	pH	Co	F
石灰性紫泥岩类	0.19	0.13	43.94	26.95	32.00	8.95	11.95	53.15	5.7	7.38	521
酸性火山岩类	0.17	0.08	9.32	28.65	24.05	8.85	16.70	69.45	5.2	7.70	529
晚更新世红土	0.11	0.16	11.83	28.75	38.95	13.75	19.50	74.90	4.4	9.32	474
中更新世红土	0.16	0.18	13.36	33.25	42.63	13.40	19.70	70.08	5.0	8.59	377
平均值	0.16	0.14	18.36	30.17	36.05	11.67	17.51	67.53	5.1	8.31	455

（1）晚更新世红土风化物根系土壤中的Zn、TFe_2O_3、MgO、Mn、P、B和Co具有最大值；Mo、Si在石灰性紫泥岩类风化物根系土壤中含量具有最大值，而Cu则在中更新世红土风化物根系土壤中含量具有最大值。

（2）根系土中元素含量的最小值在各成土母质均有出现，其中以石灰性紫泥岩类风化物根系土中Cu、Zn、TFe_2O_3、MgO、P和Co元素含量最低，而其上生长的果实元素含量却较高，说明该类成土母质中的矿质元素容易被桃形李果实所吸收，元素的可利用性较高，相反晚更新世红土中元素则被桃形李果实吸收的程度较低。

（3）在土壤重金属元素中，石灰性紫泥岩类风化物中As和Cd含量最高，其中As比酸性火山岩类风化物高4.71倍，其他重金属元素在各成土母质中含量相差不大。

（4）在土壤酸碱度方面，各成土母质区相差不是太大，均为弱酸性，其中石灰性紫泥岩类风化物pH最高为5.7，晚更新世红土pH最低为4.4。

6.4.2 桃形李矿质元素特征

对产于不同母质区的桃形李矿质元素含量对比分析表明（表6-17）：

表6-17 不同成土母质中桃形李矿质元素含量 单位：mg/kg

成土母质	As	Hg	Pb	Cd	Cr	Cu	Zn	Se	Mo	B
石灰性紫泥岩类风化物	0.0066	0.0012	0.013	0.0038	0.047	0.49	1.23	0.0036	0.019	2.27
酸性火山岩类风化物	0.0043	0.0014	0.031	0.0028	0.044	0.41	0.74	0.0039	0.017	1.80
晚更新世红土风化物	0.0041	0.0013	0.017	0.0039	0.042	0.40	0.99	0.0043	0.026	3.17
中更新世红土风化物	0.0050	0.0013	0.023	0.0029	0.042	0.54	1.01	0.0048	0.028	4.26
平均值	0.0050	0.0013	0.021	0.0033	0.043	0.48	1.00	0.0044	0.024	3.33
成土母质	Fe	K	Ca	Mg	Mn	P	Si	Co	F	
石灰性紫泥岩类风化物	2.89	1794	36.42	77.03	1.15	185	7.83	0.012	0.027	
酸性火山岩类风化物	3.15	1662	35.31	66.34	1.14	147	7.73	0.004	0.028	
晚更新世红土风化物	3.75	1704	30.49	76.08	1.49	157	6.77	0.013	0.027	
中更新世红土风化物	4.39	1642	35.63	76.53	1.41	181	7.59	0.007	0.028	
平均值	3.82	1682	34.62	74.91	1.35	172	7.48	0.009	0.027	

（1）产于中更新世红土风化物上的桃形李的Cu、Fe、B和Mo等矿质元素含量较高，分别为0.54mg/kg、4.39mg/kg、4.26mg/kg和0.028mg/kg。

（2）Mn和Co矿质元素在晚更新世红土风化物上的桃形李中含量较高，分别为1.49mg/kg和0.013mg/kg，其他元素含量相对略低于中更新世红土风化物。

（3）产于石灰性紫泥岩类风化物上的桃形李Zn、K、Ca、Mg、P和Si等矿质元素含量较高，分别为1.23mg/kg、0.18mg/kg、36.42mg/kg、77.03mg/kg、184.8mg/kg和7.83mg/kg，但是Fe、Mn、Mo、B含量则相对较低。

（4）产于酸性火山岩类风化物上桃形李中Cu、Zn、Mg、Mn、P、B、Mo和Co的含量在各母质区的桃形李果实中最低。

6.4.3　桃形李品质特征

可溶性总糖是桃形李品质标准划分的重要指标之一，主要由还原糖、多糖和糖醛酸组成，该指标反映的是果品的甜度；可溶性固形物，主要是可溶性糖类物质或其他可溶性物质，如糖、酸、维生素或矿物质等，可溶性固形物含量的多少决定了桃形李中主要营养物质含量的多少，为桃形李品质特征中反映主要营养物质的重要指标；维生素C，是一种水溶性维生素，能够参与多种人体反应，促进骨胶原的生物合成；总酸，是影响桃形李口感的一个重要指标，总酸含量的多少直接影响桃形李的口感舒适度；糖酸比（可溶性总糖/总酸），直接反映桃形李口感，是评价果实品质的重要指标。

通过对野外采集的桃形李果实样品测试数据的分析，得出了不同母质区桃形李的品质特征（表6-18）。

表6-18　不同母质区桃形李品质指标分析结果

成土母质	单果重/g	纵径/mm	横径/mm	固形物/%	维生素C/(mg/100g)	总糖/%	总酸/10^{-3}	糖酸比
石灰性紫泥岩类	78.14	54.60	53.14	12.00	3.38	7.59	5.72	13.38
酸性火山岩类	60.78	47.24	49.02	12.64	3.63	8.34	6.42	13.26
晚更新世红土	81.07	56.87	53.74	11.58	3.75	7.74	5.73	13.53
中更新世红土	75.36	52.37	51.61	12.30	4.40	7.88	5.50	14.38
平均值	75.49	53.33	52.14	12.09	3.92	7.84	5.73	13.80

分析单位：国土资源部合肥矿产资源监督检测中心，2012。

在调查研究过程中发现，生长在坡麓地带的桃形李外观果型端正，呈青黄色，肉质细腻、汁多，口感脆，味道酸甜可口，单果重一般在75g以上，可食率90%以上，外表光洁，无锈斑，果面附有白色蜡层，无裂果现象；而在丘陵地带或谷地的桃形李果型尚可，但个头稍小，单果重在60g左右，颜色呈青色，味道偏酸，有少量的果锈和裂果现象。

在单果重、纵径、横径等品质指标里，晚更新世红土类风化物中最好；在维生素C和糖酸比品质指标里，中更新世红土风化物则最好。而生长于酸性火山岩类风化物的桃形李，固形物的含量最高，但是果实的单果重、横径、纵径和维生素 C 明显小于其他母质风化物，反映果品口味的主要指标——糖酸比方面，其值也相对最小。

可见，生长在中晚更新世红土类风化物的桃形李品质指标最好，其中在晚更新世红土风化物中外观指标最好，而中更新世红土风化物中内在指标最好。石灰性紫泥岩类风化物次之，酸性火山岩类风化物最差。

6.4.4 桃形李品质与矿质元素的关系

对桃形李果实样品测试数据研究发现（图 6-4 ~ 图 6-7），桃形李果实中可溶性总糖与矿质元素 Ca 显著正相关，与矿质元素 B 明显正相关；维生素 C 与矿质元素 Zn 元素相关性显著，总酸与矿质元素 Si 显著正相关。

桃形李的品质与矿质元素 Ca、B、Zn、Si 密切相关，相应地，土壤中对应的 Ca、B、Zn、Si 等元素的含量高低就成为问题的关键。桃形李园区土壤中上述元素含量丰富，对于促进桃形李植株的生长发育，提升桃形李果实的品质和产量，将起到重要作用。

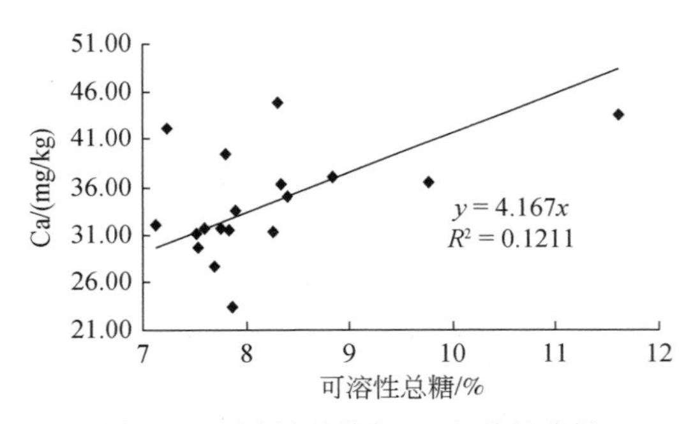

图 6-4　可溶性总糖与 Cu 相关性分析

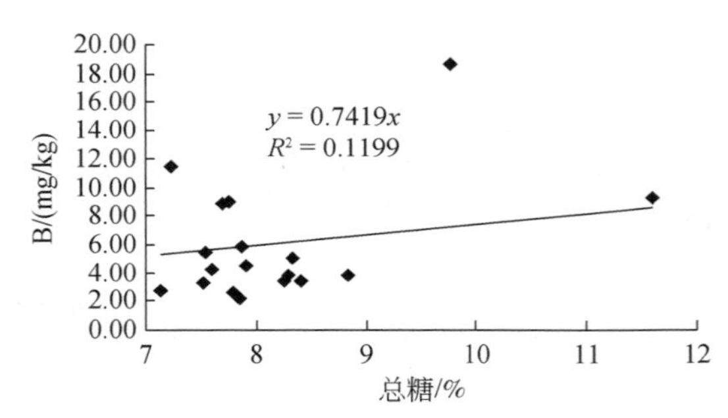

图 6-5　可溶性总糖与 B 相关性分析

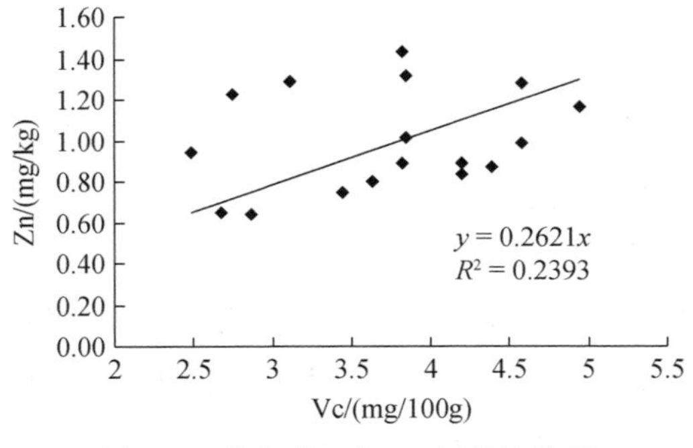

图 6-6　维生素 C 与 Zn 相关性分析

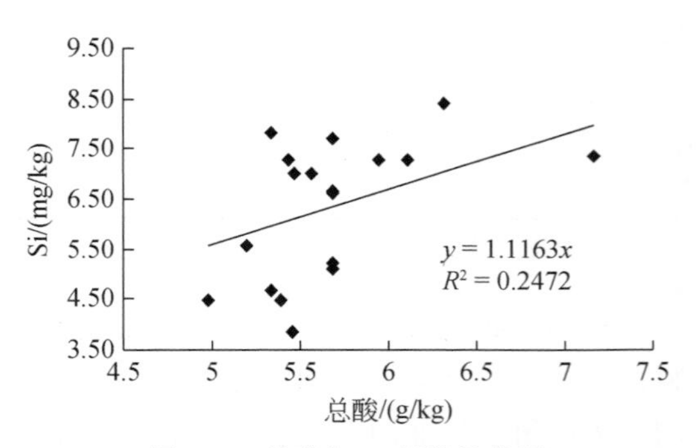

图 6-7　总酸与 Si 相关性分析

6.4.5 小结

（1）桃形李对P的吸收富集能力最强，对其他元素的吸收富集性从大到小依次排列为K、B、Mg、Mo、Ca和Se等，这些元素的富集系数均值都超过了1%，表明桃形李对土壤中该类元素具有较强的吸收富集性，这与桃形李果品中的矿质元素含量特征相一致。

（2）研究区内中晚更新世红土和石灰性紫泥岩类风化物的物质来源为寿昌组，酸性火山岩类风化物物质来源为黄尖组，寿昌组中主要矿质元素成分较黄尖组更为丰富；桃形李根系土中的化学元素含量方面，晚更新世红土风化物根系土壤中的Zn、TFe_2O_3、MgO、Mn、P、B和Co含量相对较高。

（3）桃形李的品质与矿质元素密切相关，其中与Ca、B、Zn呈正相关，与Si呈负相关。酸性火山岩类风化物中，Zn、B含量最低，Si相对较高，说明桃形李品质最差；石灰性紫泥岩类风化物中，Zn、Ca、Si含量最高，B较低，说明桃形李品质中等；中更新世红土风化物中，B含量最高，Zn、Ca、Si较高，说明桃形李品质较好；晚更新世红土风化物中，Ca、B、Zn含量最高，同时Si最低，表明了桃形李品质最好。综合桃形李的果型外观、维生素C、糖酸比以及矿质元素等指标来看，晚更新世红土风化物中桃形李品质最好，中更新世红土风化物较好，石灰性紫泥岩类风化物一般，而酸性火山岩类风化物中桃形李品质最差。

6.5 武义蜜梨品质与土壤地质的关系

翠冠梨是武义蜜梨的代表品种，1998年由浙江省农科院园艺所育成并定名。该品种成熟期早，果型较大，果汁多，味甜，口感松脆，人称“六月雪”，是浙江省十大名梨之一。桐琴-泉溪、白洋-履坦、王宅-大田是翠冠梨的三大产区（图6-8）。

6.5.1 种植区地质背景

各种植区的地质背景有所不同：桐琴-泉溪区主要出露朝川组（K_1c）地层，部分为西山头组（K_1x）；白洋-履坦区主要为方岩组（K_1f）；王宅-大田区主要为朝川组，部分出露方岩组地层。

朝川组为红色中层—中厚层状砂岩、泥岩互层，夹含砾粗砂岩、砂砾岩和较多的玻屑凝灰岩，由富铝硅酸盐组成；方岩组的岩性为灰紫、紫红色厚层块状砂砾岩、砾岩，顶部有时有紫红色、灰色粉砂岩及粉砂质泥岩，为一套富铝硅酸盐组成的沉积碎屑岩，碎屑的胶结物多为沸石、方解石；西山头组岩性为英安质、流纹质晶屑玻屑凝灰岩、熔结凝灰岩，由钙碱质酸性火山岩组合而成，碱指数略高。

蜜梨种植区成土母质主要为石灰性紫泥岩类、石灰性紫砂岩类、酸性火山碎屑岩类风化物。表层土壤地球化学特征总体上承袭了源区岩石地球化学特点。不同成土母质的成土特征有一定的差异。以朝川组石灰性紫泥岩类风化物为母质的土壤，夹有较多的玻屑凝灰

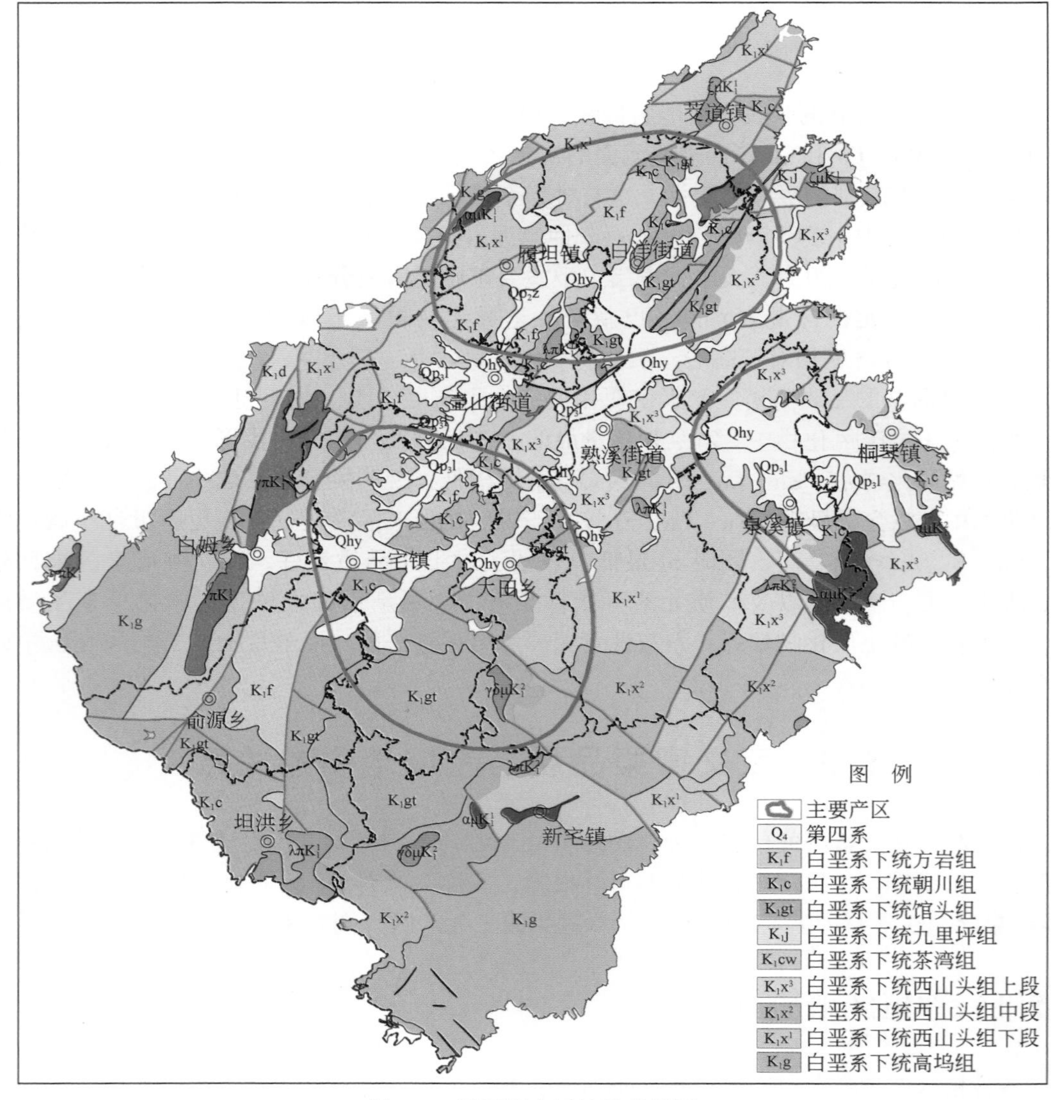

图 6-8　翠冠梨产区地质背景图

质成分，不仅有沉积碎屑岩的成分，也有火山碎屑岩成分，所以砂泥质成分配比得当，质地适中，土层深厚，酸碱度适中，保水保肥能力较强，而且营养成分丰富协调，有利于农业开发；以方岩组石灰性紫砂岩类风化物为母质的土壤，由于母质成分相对简单，质地粗，保水保肥能力较差，土壤弱酸性，营养成分较朝川组母质区土壤贫乏；西山头组酸性火山碎屑岩类风化物成分单一，所形成的土壤以红壤为主，Si、K 含量高，钙质等营养成分较少，酸性强，元素组合不协调，而且地势较高，土层厚度不均一，不利于营养高耗型农业开发。

6.5.2　地球化学特征

1. 岩石地球化学

在采集的12件翠冠蜜梨样品中，有7件（占58.3%）来自于以朝川组（一段）风化物为母质的土壤，25%来自于西山头组母质的土壤，16.7%来自于方岩组母质的土壤（表6-19）。其中，方岩组的岩性为灰紫、紫红色厚层块状砂砾岩、砾岩，顶部有时有紫红色、灰色粉砂岩及粉砂质泥岩，为富铝硅酸盐组成的沉积碎屑岩，碎屑的胶结物多为沸石、方解石，SiO_2、K_2O略高，Al_2O_3与省丰度相近，其他组分偏低；朝川组为红色中层—中厚层状砂岩、泥岩互层，夹含砾粗砂岩、砂砾岩和凝灰岩，为富铝硅酸盐组成，Al_2O_3、Fe_2O_3含量较高，其余组分偏低；微量元素中Sr、P、F含量较高，其他大部分元素与省丰度相近；西山头组由钙碱质酸性火山岩组合而成，碱指数略高，Al_2O_3、Na_2O较高，微量元素相对低贫。

表6-19　武义翠冠梨种植区主要地层岩石地球化学特征

地层	Al_2O_3	SiO_2	K_2O	Na_2O	CaO	MgO	Fe_2O_3	P	Mn	Zn
方岩组	12.89	69.63	4.05	2.04	3.44	0.80	2.96	600	470	62.5
朝川组	14.01	65.24	3.15	2.16	2.88	0.86	3.89	774	654	65.7
西山头组	14.29	70.99	4.30	3.13	1.47	0.69	2.61	450	617	59.9
全省丰度	12.91	66.51	3.58	2.21	3.96	1.31	3.46	468	542	66.4
地层	B	Mo	Cu	Pb	Hg	As	Cr	Ni	F	
方岩组	8	0.59	11.0	23.0	0.01	5.15	12.5	8.2	525	
朝川组	14	1.39	12.0	26.6	0.02	4.31	28.0	10.6	872	
西山头组	10	0.41	7.2	22.0	0.03	2.48	16.7	5.4	801	
全省丰度	20	1.05	16.0	22.7	0.03	4.73	37.5	18.7	586	

注：氧化物单位为%，其余元素为mg/kg。

2. 土壤地球化学

表6-20列出了武义县西山头组、朝川组、方岩组出露区表层土壤主要氧化物和元素的含量，可以看出西山头组的Al、K、P、Mn、Zn、Mo均高于金华市土壤背景值，朝川组的Al、Ca、Mg、Fe、P、Mn、Zn、Cu、Ni均高于金华市，而方岩组的Al、Mg、Fe、Mn、B均高于金华市。

表6-20　武义翠冠梨种植区不同母质来源的土壤地球化学特征

地层	Al_2O_3	SiO_2	K_2O	Na_2O	CaO	MgO	Fe_2O_3	P	Mn	Zn	Se
西山头组	12.68	74.33	3.22	0.57	0.25	0.52	3.2	588	555	70.4	0.25
朝川组	13.38	70.53	2.58	0.67	0.48	0.93	4.74	647	508	77.7	0.23

续表

地层	Al_2O_3	SiO_2	K_2O	Na_2O	CaO	MgO	Fe_2O_3	P	Mn	Zn	Se
方岩组	13	73.62	2.68	0.53	0.27	0.69	3.96	410	419	61.7	0.21
金华市	11.49	77.08	2.68	0.69	0.30	0.54	3.15	496	352	65.6	0.24
地层	B	Mo	Cu	Pb	Hg	As	Cr	Ni	F	Cd	OrgC
西山头组	23.22	0.93	10.1	33	0.06	4.67	19.7	5.3	442	0.16	1.34
朝川组	24.47	0.84	16.6	27.5	0.06	4.05	35.2	10.4	442	0.16	1.38
方岩组	30.74	0.84	14.5	27.9	0.06	4.63	28.1	7.2	405	0.13	1.06
金华市	25.6	0.85	15.9	31.9	0.06	6.24	33.0	9.36	438	0.17	

注：氧化物和有机碳单位为%，其余元素为 mg/kg。

从表6-21中可以看出，翠冠梨根系土表土层的P、Mo、Cu、Zn、Mn和CaO的全量和有效态相关性显著，而心土层中仅CaO的全量和有效态显著性相关。

表6-21　表土层和心土层中全量和有效态的相关性

	K_2O	P	B	Mo	Cu	Zn	TFe_2O_3	Mn	CaO	MgO
表土层	-0.398	0.932**	-0.193	0.706*	0.874**	0.719**	0.048	0.830**	0.822**	0.248
心土层	-0.380	0.389	-0.061	0.201	-0.006	0.500	-0.295	0.527	0.757**	0.132

**代表 在0.01水平（双侧）上显著相关；*代表 在0.05水平（双侧）上显著相关。

6.5.3　翠冠梨品质与土壤元素的地学关联

1. 翠冠梨品质分析

翠冠梨是武义蜜梨的主要品种，从品质的分析结果（表6-22）可以看出，桐琴-泉溪产区4个样本的可溶性固形物最高达到了10%以上，总糖最高的2个样本全部分布在桐琴-泉溪产区；维生素C含量最高的3个样本中有2个分布在桐琴-泉溪产区，1个位于白洋-履坦产区；糖酸比最高的2个样本中有1个落在桐琴-泉溪产区，1个落在大田-王宅产区。总体来讲，桐琴-泉溪产区所产翠冠梨中可溶性固形物、总糖、维生素C和糖酸比都比较高，是三个产区中最好的，其次为白洋-履坦产区和大田-王宅产区。

表6-22　不同产区武义翠冠梨内在品质特征

产区	种植基地	样号	可溶性固形物/%	总糖/(g/kg)	维生素C/(mg/100g)	总酸/(g/kg)	糖酸比
桐琴-泉溪	桐琴果园	WYML10	10.36	6.57	8.06	0.77	8.53
	桐琴镇新屋村	WYML11	10.36	8.11	8.06	0.76	10.67
	桐琴镇石苍岩村	WYML12	9.26	5.41	7.46	0.70	7.73
	泉溪镇丁塘背村	WYML13	9.16	6.95	6.77	0.91	7.64

续表

产区	种植基地	样号	可溶性固形物/%	总糖/(g/kg)	维生素 C/(mg/100g)	总酸/(g/kg)	糖酸比
白洋-履坦	白洋街道葵塘村	WYML19	10.36	4.25	8.08	0.70	6.07
	白洋街道湖塘沿村	WYML20	10.56	6.18	7.53	0.77	8.03
	履坦镇蒋村	WYML21	7.55	5.41	6.44	0.98	5.52
大田-王宅	大田乡代石村	WYML15	8.56	6.57	7.11	0.63	10.43
	王宅镇马府下村	WYML16	7.55	6.18	6.98	0.70	8.83
	王宅镇林头村	WYML17	8.86	5.79	6.94	0.91	6.36
	王宅镇岩宅村	WYML18	9.56	5.02	7.99	0.84	5.98

2. 表土层元素与翠冠梨品质的关系

翠冠梨的可溶性固形物和表土层土壤的交换性 Ca、Mg、有效 Zn 及 CaO 呈正相关，维生素 C 和有效 Fe 呈正相关，总酸和 MgO 呈负相关，而与 B 呈正相关。总糖与糖酸比与各种元素均不相关（表 6-23）。

表 6-23　翠冠内在品质和表土层微量元素的相关性

分析项目	有效 Zn	有效 Fe	交换性 Ca	交换性 Mg	MgO	CaO	B
可溶性固形物/%	0.669*	0.242	0.749**	0.845**	0.270	0.714**	-0.117
总糖/(g/kg)	0.174	-0.122	-0.030	0.071	-0.212	-0.066	0.076
维生素 C/(mg/100g)	0.214	0.719**	0.311	0.470	0.123	0.435	-0.023
总酸/(g/kg)	-0.072	-0.451	-0.019	-0.084	-0.604*	-0.081	0.668*
糖酸比	0.112	0.154	-0.088	0.031	0.182	-0.071	-0.309

**代表在 0.01 水平（双侧）上显著相关；*代表在 0.05 水平（双侧）上显著相关。

3. 心土层元素与翠冠梨品质的关系

翠冠梨的可溶性固形物和心土层土壤的交换性 Ca、Mg 呈正相关，维生素 C 与土壤的速效 K、有效 Mo 呈负相关，而与交换性 Ca、Mg 和 CaO、TFe_2O_3呈正相关，总酸和有效 Mo 和 SiO_2呈正相关，而与 MgO 呈负相关。总糖与糖酸比与各种元素均不相关（表 6-24）。

表 6-24　翠冠内在品质和心土层微量元素的相关性

分析项目	速效 K	有效 Mo	交换性 Ca	交换性 Mg	MgO	SiO_2	CaO	TFe_2O_3
可溶性固形物	-0.137	-0.393	0.636*	0.583*	0.272	-0.375	0.493	0.529
总糖	0.453	0.186	0.184	0.354	-0.259	0.044	0.192	-0.043
维生素 C	-0.620*	-0.616*	0.771**	0.680*	0.487	-0.522	0.579*	0.604*
总酸	0.454	0.763**	-0.058	-0.028	-0.767**	0.589*	-0.052	-0.367
糖酸比	0.086	-0.254	0.133	0.259	0.206	-0.271	0.147	0.138

**代表在 0.01 水平（双侧）上显著相关；*代表在 0.05 水平（双侧）上显著相关。

6.5.4　翠冠梨品质的地学评价

（1）土壤中交换性 Ca、Mg 与翠冠梨可溶性固形物、维生素 C 和总酸都有一定的正相关关系；有效 Zn 与可溶性固形物正相关，有效 Mo 和总酸显著正相关，Mo、Fe 对翠冠梨的维生素 C 也有一定的影响。因此，优质翠冠梨要求土壤中含有较高的 Ca、Mg、Zn、Fe 等元素。

（2）在朝川组、方岩组和西山头组三类母质区中，Ca、Mg、Zn、Fe 总体含量较高的首推朝川组，其次为方岩组，西山头组相对较低。

（3）将可溶性固形物、维生素 C、总酸作为评判翠冠品质的主要指标，通过专家打分法，将 12 件样品的三个指标分别排序并按照顺序评分，然后分别计算每件样品的总分，结果可以看出，朝川组 7 件样品均分达到 22. 1 分，方岩组 2 件样品均分为 20 分，西山头组 3 件样品均分为 9 分。

（4）在桐琴-泉溪、白洋-履坦、王宅-大田翠冠梨三大产区中，桐琴-泉溪产区朝川组及其风化物形成的第四系面积最大，基本覆盖桐琴镇的绝大部分，具有较好的发展潜力。其次为王宅-大田产区，白洋-履坦产区朝川组分布面积最小。

6. 6　药材中的重金属及其控制

中药材是金华传统的优势产业，磐安、东阳是集中种植区，其中“浙八味”中的白术、元胡、浙贝母、玄参、白芍道地药材生产于磐安，俗称“磐五味”。2001 年，我国颁布了《药用植物及制剂进口绿色标准》，对中药材中的重金属含量作出了限制，磐安中药材重金属研究受到了重视。本次工作选择玉山、新渥和大盘三个集中种植区作为研究区（图 6-9）。

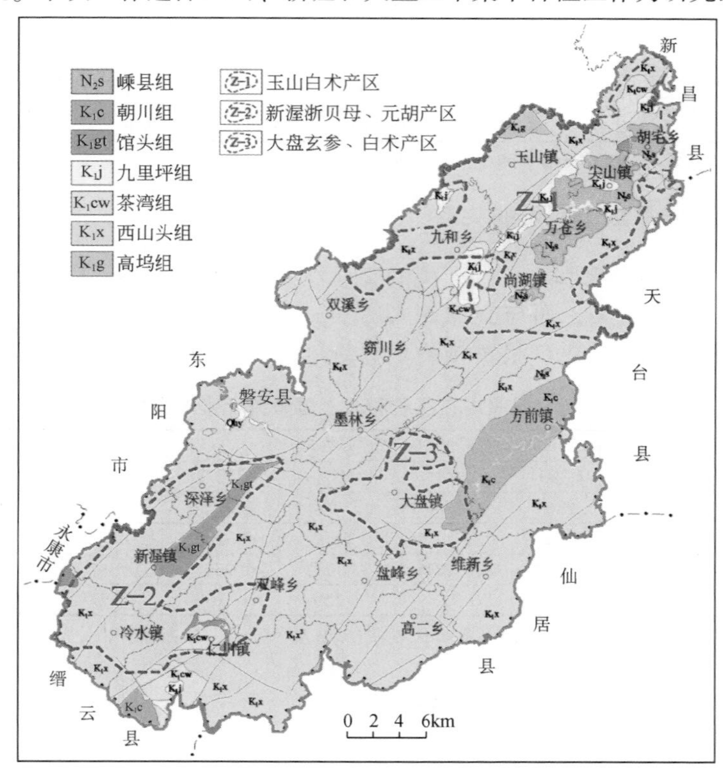

图 6-9　磐安中药材种植区地质背景图

6.6.1　药材中的重金属

1. 药材中重金属的含量

本研究集中在磐安的 3 个主要种植区。各地中药材重金属含量列于表 6-25。

表 6-25　中药材重金属元素的含量特征　　单位：mg/kg

品种	种植区	样品数	As	Cd	Hg	Pb	Cu	Zn	Cr	Ni	重金属总量*
白术	Z-1	15	0.10	0.39	0.0050	1.40	27.4	46.3	0.35	2.88	29.3
	Z-2	5	0.11	0.32	0.0056	0.89	15.2	51.9	0.24	2.48	16.5
	Z-3	5	0.11	0.36	0.0050	1.00	16.1	53.0	0.21	1.91	17.6
	磐安县	28	0.10	0.36	0.0052	1.18	22.1	48.6	0.30	2.61	23.7
玄参	Z-2	3	0.17	0.30	0.0070	1.61	19.6	48.7	0.44	3.11	21.7
	Z-3	3	0.14	0.17	0.0060	0.81	14.7	32.5	0.40	1.01	15.8
	磐安县	10	0.17	0.26	0.0075	1.40	15.7	40.6	0.54	1.99	17.5
浙贝母	磐安县	29	0.07	0.31	0.0075	0.32	2.4	44.8	0.19	1.17	3.1
	东阳市	7	0.05	0.30	0.0071	0.72	2.1	24.8	0.22	1.69	3.2
	宁波地区	2	0.06	0.15	0.0098	0.25	3.3	30.5	0.22	0.55	3.8
元胡	磐安县	21	0.08	0.13	0.0064	0.47	7.0	32.7	0.32	2.13	7.7
	东阳市	13	0.11	0.13	0.0082	0.53	12.1	38.0	0.60	2.50	12.9

* 指《药用植物及制剂外经贸绿色行业标准》所指的 As、Cd、Hg、Pb、Cu 5 个元素的总量。

与其他中药材相比，白术中 Cd 的含量最高，磐安县平均值达到 0.36mg/kg，是元胡的 3 倍；其次是 Cu，白术中的 Cu 含量显著高于其他药材，其平均含量是浙贝母的近 10 倍、元胡的 3 倍，玄参的 1.4 倍；Ni、Zn 的含量也略高于其他药材。玉山种植区（Z-1）白术中的 Cd、Cu、Pb、Cr、Ni 和重金属总量含量最高，新渥种植区（Z-2）含量最低。

玄参中的重金属含量以 As、Hg、Pb 偏高为特征，其中 As 最为明显，玄参中的 As 是浙贝母的 2.5 倍，元胡的 2 倍，其含量排序为玄参>白术>元胡>浙贝母；玄参中的 Hg 明显高于白术；Pb 的含量则是浙贝母的 4.3 倍；Cr 在几种中药材中的含量，以玄参最高。新渥种植区（Z-2）玄参中的 As、Cd、Hg、Pb、Cu、Zn、Cr、Ni 含量和重金属总量高于大盘种植区（Z-3），特别是 Cd、Pb、Ni 分别达到大盘种植区的 1.7 倍、2.0 倍和 3.1 倍。

重金属在元胡中的含量并无明显的特点。只是 Cr、Ni 略偏高，从元胡重金属总量看也是最低的。东阳市元胡中 As、Hg、Pb、Cu、Zn、Cr、Ni 含量高于磐安县。

浙贝母中的重金属含量特点是 Cu、As、Pb、Cr、Ni 都明显低于其他药材，只是 Cd 的含量偏高。

2. 药材重金属评价

对研究区玄参、浙贝母、元胡和白术四种中药材测试数据统计发现，四种中药材中部分重金属超标明显，超标主要集中在 Cd、Cu 两个元素。其中，浙贝母、白术中的 Cd 超标最为显著，分别为 48.3%、64.3%，元胡无超标现象（图 6-10）。

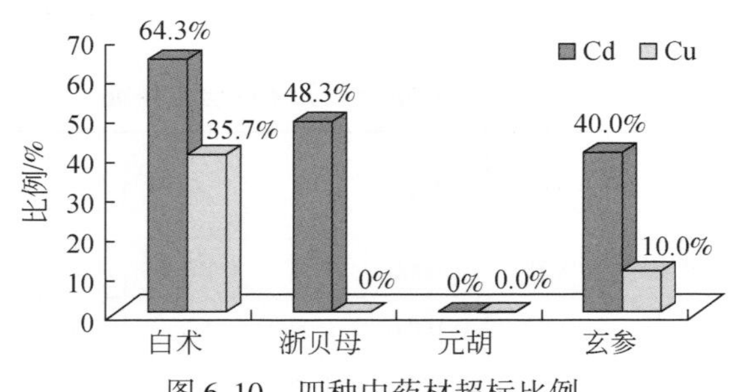

图 6-10　四种中药材超标比例

对不同种植区中药材的重金属含量评价发现，超标问题最突出的是白术，在 Z-1 产区，白术不仅存在高的 Cd 超标（超标率 66.7%），同时也存在 Cu 的超标（53.3%）和重金属总量超标（73.3%），Z-2 产区的超标情况低于 Z-1 区；在 Z-3 产区，白术 Cd 超标最严重，达 80.0%；Z-1 产区的 25 件样品中有 13 件样品 Cd 超标，Cu 和重金属总量不超标；在 Z-2 产区的 3 件玄参样品有 2 件 Cd 超标，Z-3 产区未检出玄参超标样品；20 件元胡样品均未发现超标情况。

6.6.2　药材重金属累积的地学分析

1. 地形地貌与气候特点

磐安属中低山区，地形切割强烈，亚热带季风气候造成降雨充沛、气候湿润，昼夜温差大，为岩石的剥蚀、风化提供了自然条件，尤其是出露于北部的玄武岩，抗风化淋溶能力弱，重金属元素的本底值高，Ca、Mg 流失严重，更容易造成土壤酸化，从而提高重金属的活性。

2. 生物富集作用

富集系数是指某种物质或元素在生物体的浓度与生物生长环境中该物质或元素的浓度之比（即植物中元素含量/土壤中元素含量），它反映的是生物对环境中物质或元素的吸收能力的大小。因此可以用中药材对重金属的吸收系数来反映各种药材吸收土壤重金属的状况，富集系数越大表明该药材越容易从土壤中吸收该元素，也表明该元素迁移转化的能力越强（张俊清等，2002）。中药材中重金属的富集系数统计表见表 6-26。

表 6-26　中药材重金属的富集系数统计表　　单位:%

品　种	As	Cd	Hg	Pb	Cu
白　术	3.1	270.5	8.3	3.6	107.6
浙贝母	1.3	177.3	11.2	1.2	12.8
元　胡	2.0	83.1	11.7	1.5	56.5
玄　参	4.9	148.5	10.2	4.1	86.1

从表6-26可以看出：

（1）各元素间的富集系数差异较大，最大的是Cd，达到83.05%～270.52%，其次是Cu，各元素富集系数大小排序为：Cd>Cu>Hg>As（Pb）。

（2）白术对Cd元素的富集系数最高达到270.5%，浙贝母对Cd的富集系数为177.3%，而元胡只有83.1%，所以Cd超标最严重的是白术，其次是浙贝母，而元胡未见超标。Cu在四种中药材中的富集系数差别最明显，白术达到107.6%，玄参也达到86.1%，而浙贝母只达到12.8%。不同种中药材对重金属吸收的差异性为中药材种植规划，避免中药材重金属超标提供了科学依据。

3. 地质背景对药材重金属的影响

土壤是在母质的基础上发育起来的，成土母质来源于母岩，从中药材在不同地层风化土壤的含量（表6-27）可以看出：

表 6-27　不同地质背景下中药材重金属含量及超标率

元素	品种	参数	嵊县组	朝川组	馆头组	九里坪组	茶湾组	西山头组三段	西山头组一段	高坞组	安山玢岩
Cd	浙贝母	含量/(mg/kg)	—	0.48	0.41	—	0.32	0.28	—	—	0.35
		超标率/%		100	60		100	37			100
	元胡	含量/(mg/kg)	—	0.11	0.18	—	0.09	0.13	—	—	0.12
	玄参	含量/(mg/kg)	—	—	0.31	—	—	0.27	—	—	0.13
		超标率/%	—	—	100	—	—	38	—	—	0
	白术	含量/(mg/kg)	0.30	—	0.31	0.26	0.23	0.36	0.57	0.33	0.34
		超标率/%	67	—	100	0	0	56	100	100	100
Cu	浙贝母	含量/(mg/kg)	—	3.24	2.48	—	2.79	2.21	—	—	3.31
	元胡	含量/(mg/kg)	—	8.57	8.71	—	11.59	8.29	—	—	18.65
	玄参	含量/(mg/kg)	—	—	12.35	—	—	15.89	—	—	17.98
		超标率/%	—	—	0	—	—	13	—	—	0
	白术	含量/(mg/kg)	19.86	—	17.03	19.01	13.01	24.58	18.88	21.51	18.48
		超标率/%	0	—	0	50	0	6	0	100	0

（1）浙贝母主要超标元素Cd在朝川组的含量最高，其次为馆头组，西山头三段和茶湾组富集系数最低。

（2）白术 Cd 的含量西山头组一段最高，其次为西山头组三段、安山玢岩、高坞组、嵊县组、馆头组、九里坪组，茶湾组最低；白术 Cu 的含量在西山头组三段最高，高坞组次之，嵊县组、九里坪组、西山头组一段、安山玢岩接近，茶湾组最低。

（3）玄参 Cd 元素的含量馆头组最高，安山玢岩最低；Cu 的含量为安山玢岩最高，馆头组最低。

4. 土壤 pH 的影响

磐安中药材种植区为一强酸环境，土壤 pH 多在 4.0～5.0。在强酸环境下，重金属元素的活性及迁移能力都会显著增强。研究发现，磐安、东阳浙贝母 Cd 均超标，宁波浙贝母 Cd 不超标，而宁波浙贝母的根系土壤中的 Cd，其含量均高于磐安、东阳根系土壤中的 Cd 含量。宁波土壤 pH 6.5，为中性，磐安、东阳 pH 均值分别为 4.8 和 5.3，为强酸性。无疑，pH 对重金属元素的迁移富集具有重要影响。换言之，改造土壤的 pH 环境，可以控制重金属的活性，进而减少重金属在作物中的累积。

进一步研究发现，在强酸环境中，土壤 Cd 的活性部分（水溶态+离子结合态）的比例显著高于 Cu，Cd 在土壤中的活性态比例为 26.1%，稳定的残渣态仅为 21.3%，而 Cu 的活性态只占总量的 2.3%，而残渣态则占到 62.6%，Cd 对药材的安全威胁远大于 Cu。

6.6.3 药材重金属控制试验

以大麦坞村、溪下村、大王村和黄岩前村 4 个种植基地为研究区，开展提高土壤 pH，降低中药材重金属积累的试验。试验工作时间为 2011～2013 年。

1. 试验方法

这 4 个村各选一块试验田，以 $10m^2$ 为单位，分别进行施石灰、有机肥实验以及施石灰+有机肥实验。根据种植习惯和中药材分布特点，新渥镇大麦坞村、双峰乡溪下村试验田种植浙贝母，尚湖镇大王村、黄岩前村试验田种植白术。

1）施石灰实验

施石灰的试验设 7 个处理：以不加石灰为对照，加石灰 2kg、3kg、4kg、5kg、6kg、7kg。

2）施有机肥实验

有机肥实验设 5 个处理：有机肥（干重）2.5kg、5kg、7.5kg、10kg。

3）有机肥和石灰同时施用试验

试验设 5 个处理：施石灰 7kg，有机肥（干重）10kg；施石灰 5kg，有机肥（干重）7.5kg；施石灰 4kg，有机肥（干重）5kg；施石灰 3kg，有机肥（干重）3kg；施石灰 2kg，有机肥（干重）1.5kg。

4）样品采集及测试分析

施加改良剂之前、施加后3个月、6个月，收获时每一垄各采集一个土壤样品，共256件土壤样品，监测土壤pH及土壤重金属含量和Cd、Cu的形态变化。

5月初采集浙贝母样品，11月初采集白术样品，每垄地的所有中药材收集在一起混匀称重，并做产量和产品外观的记录。每一垄采集一件中药材样品（500g），共72件。

浙贝母和白术样品分析Cd、Cu、As、Pb、Hg、Cr、Ni、Zn、Se。

土壤样品全量分析：pH、有机碳、Cd、As、Hg、Pb、Cu、Zn；形态分析：Cd、Cu（包括：水溶态、离子交换态、碳酸盐态、腐殖酸态、铁锰氧化态、强有机态、残渣态）。

2. 浙贝母种植试验

表6-28列出了通过不同试验处理方法，试用不同改良剂之前、3个月、6个月和8个月后土壤中Cd的活度（即有效态含量/全量）。

表6-28 不同试验处理方法不同老化时间后土壤Cd活度的变化情况

处理方法 \ 时间	添加前	添加3个月后	添加6个月后	添加8个月后
空白	0.42	0.40	0.35	0.36
石灰2kg	0.46	0.29	0.20	0.33
石灰3kg	0.39	0.17	0.18	0.17
石灰4kg	0.39	0.25	0.09	0.21
石灰5kg	0.55	0.23	0.11	0.24
石灰6kg	0.53	0.19	0.09	0.16
石灰7kg	0.48	0.24	0.11	0.16
有机肥2.5kg	0.52	0.33	0.29	0.53
有机肥5kg	0.50	0.48	0.26	0.32
有机肥7.5kg	0.49	0.35	0.22	0.33
有机肥10kg	0.60	0.43	0.22	0.41
石灰2kg+有机肥1.5kg	0.27	0.49	0.27	0.39
石灰3kg+有机肥3kg	0.51	0.25	0.18	0.42
石灰4kg+有机肥5kg	0.50	0.30	0.19	0.28
石灰5kg+有机肥7.5kg	0.33	0.32	0.17	0.29
石灰7kg+有机肥10kg	0.55	0.29	0.18	0.36

1）施加石灰，土壤 Cd 的活性降低

土壤 Cd 的活度由未施之前的 0.39～0.55，施加后 3 个月，降低到 0.17～0.40，前 3 个月降低最快；6 个月后达到最低，为 0.09～0.35；浙贝母收获时即 8 个月后又有所升高，为 0.16～0.33。土壤 Cd 的活性并非随石灰的施加量增加而一直降低，大约在添加5～6kg/10m^{2}时 Cd 的活性降到最低。

2）施加有机肥，土壤 Cd 的活性降低

土壤 Cd 的活度由未施之前的 0.49～0.60，3 个月时降低到 0.33～0.43，前 3 个月 Cd 的活性降低最快，之后土壤 Cd 活性降低速度变缓，6 个月时土壤 Cd 活度达到最低，为 0.22～0.29，收获时有所升高为 0.32～0.53。从表 6-28 还可以看出，施加量大约在 7.5kg/10m^{2}时，Cd 的活性达到最低值，效果最好。施加有机肥降低土壤 Cd 活性的效果较添加石灰略差。

3）石灰、有机肥同施用土壤 Cd 活性降低

土壤 Cd 的活性态与总量的比值由未施之前的 0.49～0.55，3 个月时降低到 0.25～0.32，前 3 个月 Cd 的活性降低最快，之后土壤 Cd 活性降低速度变缓，6 个月时达到最低，为 0.17～0.27，收获时有所升高为 0.28～0.42，施加量大约石灰 5kg+有机肥 7.5kg 时，Cd 的活性降低效果最好。

石灰与有机肥同施对土壤 Cd 活性的降低效果与单施石灰效果差别不大，优于单施有机肥。但是，我们野外调查时发现，单施石灰的试验地块，土壤板结，影响浙贝母的外观质量和产量，所以建议改良土壤时石灰和有机肥同施，使用量大约为每 10m^{2}施石灰 5kg、有机肥 7.5kg。

4）改良剂的施加对浙贝母中重金属含量的影响

浙贝母中重金属 Cd、Hg、As、Pb、Cr、Ni、Cu、Zn 均有检出，对照组的浙贝母 Cd 元素超标严重。从表 6-29、表 6-30 以及图 6-11、图 6-12 中可以看出：浙贝母中 Cd 的含量随着石灰和有机肥添加量的增加而逐渐减少。

表 6-29　不同石灰添加量对浙贝母中重金属含量的影响　　单位：mg/kg

试验田	施用量（kg）	Cd	Hg	As	Pb	Cr	Ni	Cu	Zn	Se
双峰试验田	7	0.64	0.016	0.16	0.47	1.90	2.91	5.76	66.16	0.098
	5	0.55	0.017	0.15	0.45	1.11	4.92	7.77	65.96	0.112
	4	0.61	0.012	0.11	0.44	0.91	5.16	7.96	72.87	0.092
	3	0.64	0.011	0.11	0.20	0.36	4.24	4.29	65.91	0.078
	2	0.86	0.016	0.09	0.31	0.63	8.58	6.33	86.80	0.083
	0	0.77	0.005	0.19	0.44	0.99	14.03	7.58	83.90	0.088

续表

试验田	施用量（kg）	Cd	Hg	As	Pb	Cr	Ni	Cu	Zn	Se
大麦坞试验田	7	0. 28	0. 012	0. 18	0. 16	0. 26	1. 16	2. 95	43. 8	0. 105
	6	0. 31	0. 008	0. 17	0. 25	0. 51	1. 46	3. 74	50. 5	0. 123
	5	0. 33	0. 010	0. 18	0. 30	0. 32	1. 87	4. 12	54. 7	0. 122
	4	0. 38	0. 015	0. 17	0. 38	0. 43	1. 87	5. 31	61. 5	0. 116
	3	0. 37	0. 015	0. 21	0. 37	0. 44	3. 11	6. 62	63. 7	0. 105
	2	0. 43	0. 016	0. 17	0. 44	0. 51	1. 72	4. 88	63. 1	0. 091
	0	0. 50	0. 012	0. 16	0. 25	0. 31	1. 73	6. 40	60. 9	0. 070

表 6-30　不同有机肥添加量对浙贝母中重金属含量的影响　单位：mg/kg

试验田	施用量/kg	Cd	Hg	As	Pb	Cr	Ni	Cu	Zn	Se
双峰试验田	10. 0	0. 64	0. 016	0. 16	0. 47	1. 90	2. 91	5. 76	66. 2	0. 098
	7. 5	0. 55	0. 017	0. 15	0. 45	1. 11	4. 92	7. 77	66. 0	0. 112
	5. 0	0. 61	0. 012	0. 11	0. 44	0. 91	5. 16	7. 96	72. 9	0. 092
	3. 0	0. 64	0. 011	0. 11	0. 20	0. 36	4. 24	4. 29	65. 9	0. 078
	1. 5	0. 86	0. 016	0. 09	0. 31	0. 63	8. 58	6. 33	86. 8	0. 083
	0	0. 77	0. 005	0. 19	0. 44	0. 99	14. 03	7. 58	83. 9	0. 088
大麦坞试验田	10. 0	0. 38	0. 011	0. 18	0. 17	0. 26	1. 03	3. 58	50. 1	0. 086
	7. 5	0. 53	0. 013	0. 17	0. 31	0. 37	2. 92	5. 86	67. 3	0. 099
	5. 0	0. 39	0. 011	0. 11	0. 23	0. 43	2. 41	3. 54	58. 6	0. 094
	3. 0	0. 58	0. 010	0. 19	0. 27	0. 31	2. 91	5. 49	70. 4	0. 096
	1. 5	0. 43	0. 008	0. 14	0. 28	0. 32	1. 83	4. 69	64. 7	0. 089
	0	0. 50	0. 012	0. 16	0. 25	0. 31	1. 73	6. 40	60. 9	0. 070

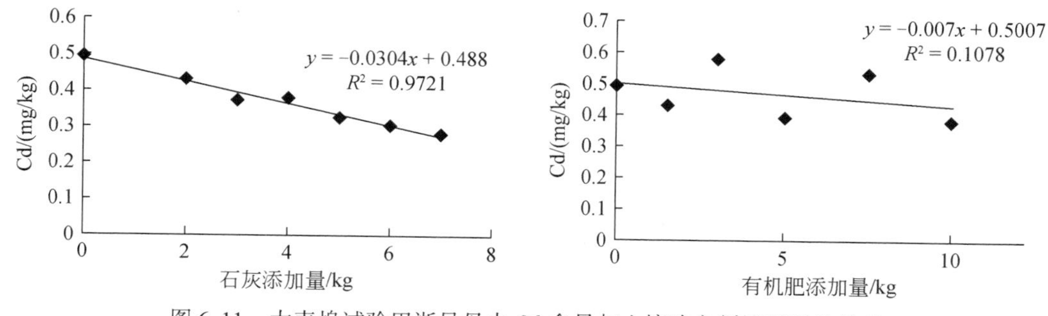

图 6-11　大麦坞试验田浙贝母中 Cd 含量与土壤改良剂施用量的关系

大麦坞试验田浙贝母 Cd 含量与石灰添加量成显著负相关，相关系数达到−0. 965，双峰试验田相关系数也达到−0. 675。说明通过施用石灰的方法降低浙贝母中的 Cd 含量效果明显，根据试验结果，馆头组紫红色粉砂岩风化土壤种植浙贝母每亩需施加 412kg 石灰能让浙贝母的 Cd 含量降低到标准以下（0. 3mg/kg）；而西山头组流纹质凝灰岩风化土壤种

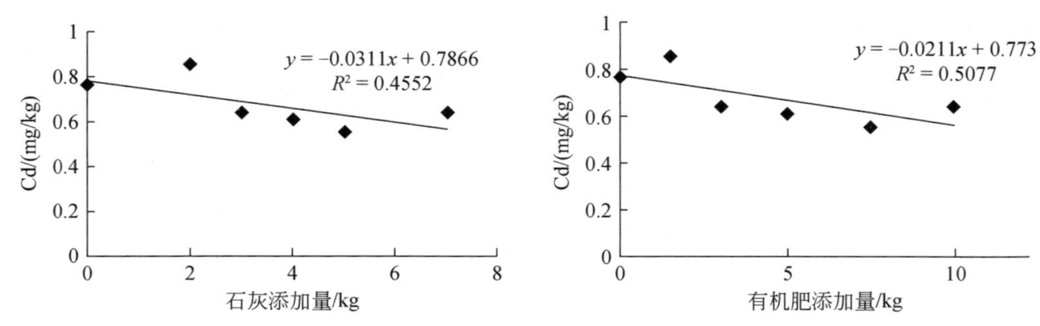

图 6-12　双峰试验田浙贝母中 Cd 含量与土壤改良剂施用量的关系

植浙贝母每亩则需施加 1043kg 石灰。

通过施石灰，浙贝母中 Ni、Cu、Zn 等降低也较明显，双峰试验田石灰添加量与 Ni、Cu、Zn 的相关系数达到-0. 887、-0. 136、-0. 777，大麦坞试验田达到-0. 38、-0. 846、-0. 823。随着石灰的施用量增加，浙贝母中 Se 含量在逐渐增加，两块试验田石灰添加量与 Se 含量相关系数分别达到 0. 579 和 0. 809。

两块试验田有机肥添加量与浙贝母中 Cd 含量呈负相关关系，相关系数分别达到-0. 713和-0. 318，即有机肥的施加抑制了浙贝母对土壤 Cd 的吸收。有机肥的施加还有效地降低了浙贝母中 Ni、Cu、Zn 等重金属的含量，升高了 Se 元素的含量。

5）施加改良剂对浙贝母产量的影响

添加改良剂可有效地升高土壤的 pH，降低土壤中重金属的有效度，从而降低浙贝母中重金属的含量，但是如果改良剂会明显地降低浙贝母的产量，那么试验结果将很难在全县范围内推广，试验也就失去了它的实际意义。

表 6-31、图 6-13 为大麦坞试验田浙贝母施加不用改良剂下的产量，可以看出空白试验垄，产量最低，可能与空白试验垄在试验田的田埂边有关，肥力易随雨水、灌溉水流失，导致产量偏低。施石灰的 6 垄，随着石灰施加量的增加浙贝母产量逐渐降低，但产量总体变化不大（10. 9 ~ 12. 4kg/10m^2），平均产量 11. 5kg/10m^2。施有机肥的 4 垄产量较高，而且随着有机肥的施加量增加，浙贝母的产量也直线上升，说明有机肥有力地提高了浙贝母的产量。施石灰加有机肥的 5 垄，产量最高，平均产量为 13. 6kg/10m^2。比较三类不同的添加方法可知：与空白试验对比，施石灰对浙贝母的产量影响不明显；添加有机肥有力地提高了浙贝母的产量。

表 6-31　大麦坞试验田各垄产量

改良剂	无	石灰						石灰+有机肥					有机肥			
施加量/kg	空白	2	3	4	5	6	7	2+1. 5	3+3	4+5	5+7. 5	7+10	2. 5	5	7. 5	10
产量/(kg/10m^2)	10. 38	12	12. 4	11. 5	10. 95	10. 90	11. 5	13. 6	13	13. 6	14	12. 5	12. 2	12. 7	13. 3	14. 2

3. 白术种植试验

表 6-32 列出了大王村试验田白术重金属含量，并对白术中 Cd、Cu 的含量和改良剂施

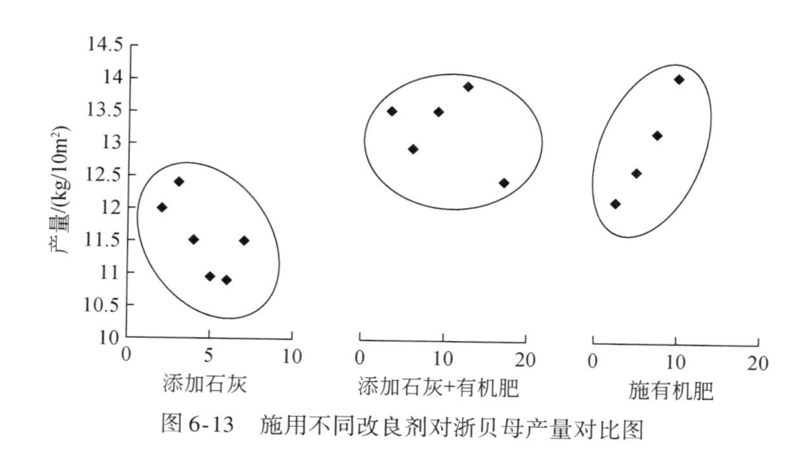

图6-13 施用不同改良剂对浙贝母产量对比图

加量的关系做了分析（图6-14）。结果显示，中药材中Cd随石灰量的增加在降低，由未施加石灰时的0.55mg/kg降低到施加8kg石灰时的0.27mg/kg，低于药用植物及制剂外经贸绿色行业标准规定的0.3mg/kg，达到了本次试验的目的和要求。随着石灰量的增加Hg、Pb、Cr、Ni等重金属也随之下降，效果明显。

有机肥的施用对白术中Cd含量影响不明显，对Cu影响较大，随着施用量的增加，白术中Cu含量呈直线下降，由施加2.5kg时的30.7mg/kg降到施加7.5kg时的13.5mg/kg，低于药用植物及制剂外经贸绿色行业标准规定的20mg/kg。随着有机肥施用量的增加Hg、Pb、Cr等重金属也随之下降，效果明显。

表6-32 大王村试验田白术中重金属含量 单位：mg/kg

试剂	施用量/kg	原样号	Cd	Cu	Hg	Pb	Cr	Ni
石灰	0	BZSY05	0.55	16.1	0.0057	1.123	0.361	8.384
	2	BZSY02	0.52	18.4	0.0014	0.897	0.332	6.941
	4	BZSY01	0.45	15.6	0.0012	0.619	0.287	5.863
	6	BZSY04	0.40	16.7	0.0039	0.731	0.358	5.921
	8	BZSY03	0.27	13.8	0.0022	0.657	0.266	3.789
有机肥	2.5	BZSY07	0.51	30.7	0.0099	1.085	0.359	6.810
	5	BZSY06	0.45	19.8	0.0067	0.973	0.360	7.003
	7.5	BZSY08	0.52	13.5	0.0065	0.723	0.286	6.828

4. 小结

综上所述，通过添加改良剂，土壤重金属活性明显降低，浙贝母和白术中重金属的含量也明显降低，均达到药用植物及制剂外经贸绿色行业标准要求，解决了当地中药材出口瓶颈问题。但是在施用改良剂时应注意以下几点：

（1）为了防止土壤板结，提高中药材的质量和产量，建议同时施加石灰和有机肥。

（2）改良剂的施加量依种植的药材品种而异，因本课题试验条件所限，种植时的实际

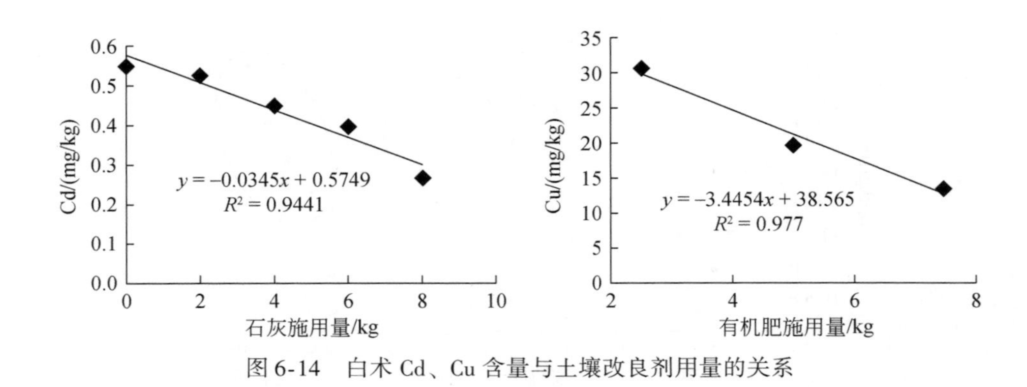

图 6-14　白术 Cd、Cu 含量与土壤改良剂用量的关系

添加量应根据大田种植实际情况确定。

第 7 章　土地质量地球化学评价

土地质量是土地复杂的综合属性，土地质量评价是土地利用规划编制和土地管理的主要依据。土地质量评价由土壤的质量来确定，其指标是能够反映土壤利用功能并可测量的属性。由于对土地质量概念理解的差异及不同部门需求的差异，现有的土地质量调查评价存在局限性和不彻底性。土地质量地球化学评价，是依据土壤有益、有毒有害元素和污染物含量水平等地球化学指标因素，以及其对土地基本功能的影响程度而进行的土地质量级别评定。

7.1　评 价 方 法

土地质量评价参照中国地质调查局《土地质量地球化学评价技术要求（试行）》（DD 2008-06），依据土壤养分元素、有毒有害元素等调查分析成果，对金华市调查区土地地球化学质量进行评价，评价仅针对土壤质量进行，包含土壤养分质量、土壤环境质量、土壤健康质量等。

7.1.1　评价单元

评价单元是土地质量地球化学评价的最小空间单位，本次评价以土地利用图斑为基础，根据土壤类型、地质背景和地理要素将土地利用图斑进行归并和分割，这是实现评价成果落地的最佳方案。

7.1.2　评价指标

土地质量地球化学评价指标分为养分指标、环境健康指标两类，其中养分指标层由有机质、必需大量元素指标层和必需微量元素指标层组成，环境健康指标层则由有毒有害指标层和健康指标层组成。在系统研究影响土地质量地球化学因素的基础上，依据主导性原则、独立性原则、稳定性原则和区域性原则确定评价指标，金华市土地质量地球化学评价指标列于表 7-1。

表 7-1　土地质量地球化学评价指标

养分评价指标		环境健康评价指标	
有机质、大量元素指标	微量元素指标	环境指标	健康指标
有机质、N、有效 P、速效 K	有效 Fe、有效 B、有效 Mn、有效 Mo、有效 Cu、有效 Zn	As、Cr、Pb、Tl、Cd、Zn、Cu、Hg	Se

7.1.3 权重赋值

土壤质量影响程度相同或类似的一组指标划为一个层次，每个层次权重之和为1。土壤质量评价指标层由养分指标层、环境健康指标层组成，养分指标进一步划分为有机质指标层、必需大量元素指标层和必需微量元素指标层；环境健康指标层进一步划分为环境元素指标层和健康元素指标层。根据技术方案，环境元素指标采用一票否决制进行环境综合等别划分，因此该层各指标不需要进行权重赋值。

评价指标权重值的大小，是该项指标对土壤质量影响程度的大小。考虑研究区表层土壤的元素地球化学行为特征及空间变异性，结合研究区土壤元素的丰缺情况，对土壤质量具有相同重要性的评价指标进行影响程度的两两比较，获得权重值。采用层次分析法对各指标进行权重赋值。

不同类型的评价指标权重赋值原则如下：

（1）评价指标为土壤养分指标时，样品中各单指标含量丰富和适宜比例越小，说明缺乏越严重，权重应越大。反之，权重越小。

（2）评价指标含量特征相近时，变异系数越大，权重赋值越大。

土地质量评价指标权重值见表7-2。

表7-2 土地质量地球化学评价养分指标权重

指标层		指标权重						
养分指标	必需大量元素和有机质	有机质	总N	有效P	速效K			0.8333
		0.3512	0.3512	0.1887	0.1089			
	必需微量元素	有效Fe	有效Mn	有效Cu	有效Zn	有效B	有效Mo	0.1667
		0.0820	0.0864	0.0451	0.0305	0.5135	0.2425	

7.1.4 土地质量地球化学等别划分

1. 土壤养分地球化学综合等

根据土壤养分指标的分级标准，给出评价区单指标土壤养分地球化学等别，将丰富、较丰富、中等、较缺乏和缺乏分别定为1等、2等、3等、4等和5等。在土壤养分单指标地球化学等基础上，结合权重，计算综合得分$f_{养综}$，给出5个等别的土壤养分地球化学综合等，综合得分计算公式如下：

$$f_{养综} = \sum_{i=1} k_i f_i \tag{7-1}$$

式中，$f_{养综}$为土壤养分指标评价总得分，$1 \leqslant f_{养综} \leqslant 5$；$k_i$为各养分指标权重系数；$f_i$分别为土壤养分指标单指标等别得分（五等、四等、三等、二等、一等所对应的f_i得分分别为1、2、3、4、5分）。

2. 土壤环境地球化学综合等

以污染指数作为有毒有害指标分级标准，给出评价区单指标土壤有毒有害指标地球化学等别，将清洁、轻微污染、轻度污染、中度污染和重度污染分别定为一等、二等、三等、四等和五等。在土壤有毒有害单指标地球化学等基础上，采用一票否决制进行有毒有害指标综合等的划分。

3. 土地质量地球化学综合等

土地质量地球化学综合等由评价单元的土壤养分地球化学综合等与土壤环境地球化学综合等叠加产生，叠加方法、各等别代表含义如表 7-3 所示。

表 7-3 土地质量地球化学综合等表达图示与含义

<table>
<tr><th>环境
养分</th><th>一等</th><th>二等</th><th>三等</th><th>四等</th><th>五等</th><th>含义</th></tr>
<tr><td>一等</td><td rowspan="3">1 等</td><td rowspan="4">2 等</td><td rowspan="4">3 等</td><td rowspan="4">4 等</td><td rowspan="4">5 等</td><td rowspan="5">1 等为优质：土壤环境清洁至轻微污染，土壤养分丰富至中等；
2 等为良好：土壤环境清洁至轻微污染、土壤养分较缺乏或土壤环境清洁、土壤养分缺乏；
3 等为中等：土壤环境轻度污染，土壤养分丰富至较缺乏或土壤环境轻微污染、土壤养分缺乏；
4 等为差等：土壤环境中度污染、土壤养分丰富至较缺乏或土壤环境轻度污染、土壤养分缺乏；
5 等为劣等：土壤环境重度污染、土壤养分丰富至缺乏或土壤环境中度污染、土壤养分缺乏</td></tr>
<tr><td>二等</td></tr>
<tr><td>三等</td></tr>
<tr><td>四等</td><td rowspan="2">2 等</td></tr>
<tr><td>五等</td><td>3 等</td><td>4 等</td><td colspan="2">5 等</td></tr>
</table>

7.2 金华市土地质量地球化学评价

7.2.1 土壤养分地球化学综合评价

土壤养分地球化学评价结果显示（图 7-1），调查区土壤肥力（养分）较好，以二等为主，占总评价区面积的 66.3%，分布全区；其次为三等，主要分布于兰溪、金东和义乌等区市，占总评价区面积的 30.8%；一等主要分布于婺城区，占总评价面积的 1.1%；四等则零星分布于兰溪、金东、义乌、永康等地区，占总评价区面积的 1.8%。

7.2.2 土壤环境地球化学综合评价

土壤环境地球化学评价结果显示（图 7-2），金华市调查区土壤环境质量较好，以二等为主，占总评价区面积的 72.3%，分布全区；其次为一等，主要呈北东向分布于东阳—永康一带和义乌—金东—婺城一带，占总评价区面积的 16.9%；三等主要分布于兰溪市和浦江县，占总评价面积的 6.7%；四等则零星分布于兰溪、金东、义乌、永康和武义等市县，占总评价区面积的 1.7%；五等则主要分布于兰溪、浦江、义乌、武义、永康和磐安

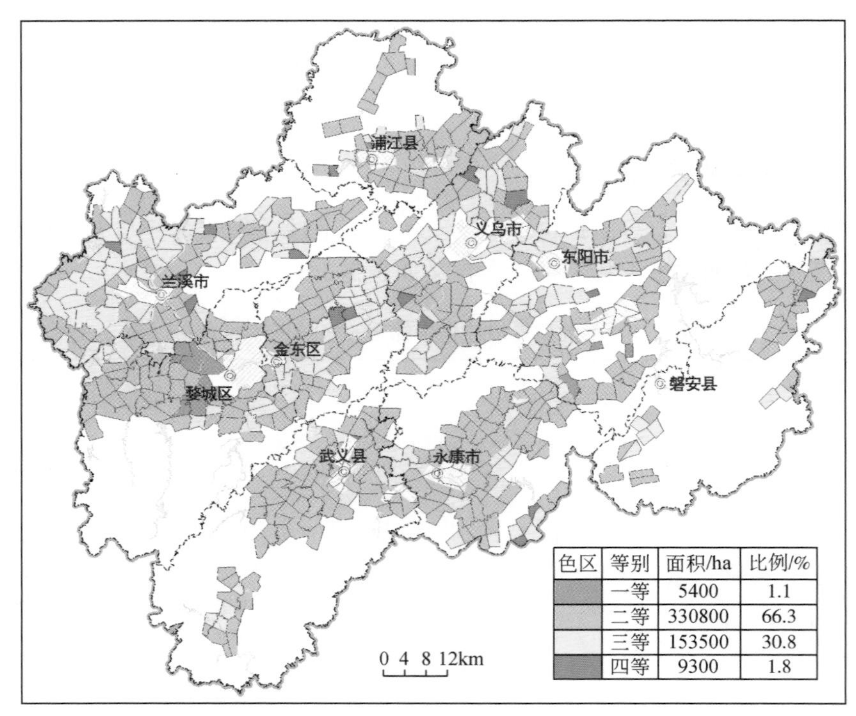

图 7-1　土壤养分地球化学综合等分布图

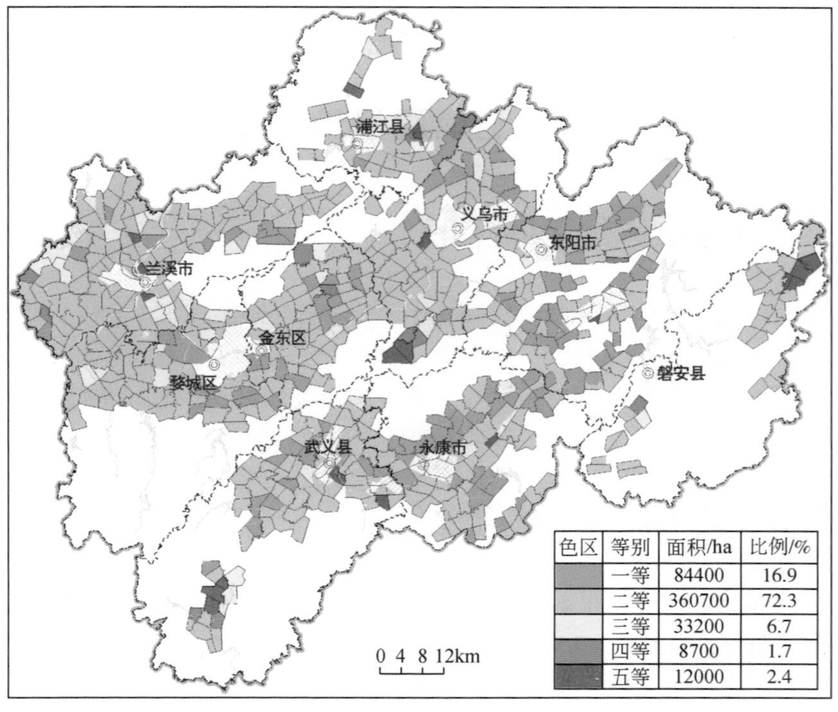

图 7-2　土壤环境地球化学综合等分布图

等市县，占总评价区面积的 2.4%。

7.2.3　土地质量地球化学综合评价

土地质量地球化学综合评价显示，调查区土壤质量以良好（2 等）为主，占总评价区

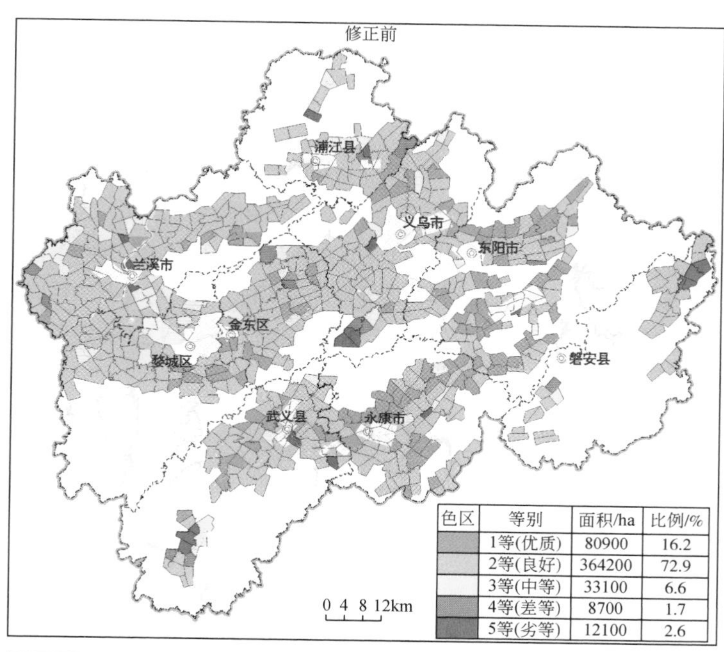

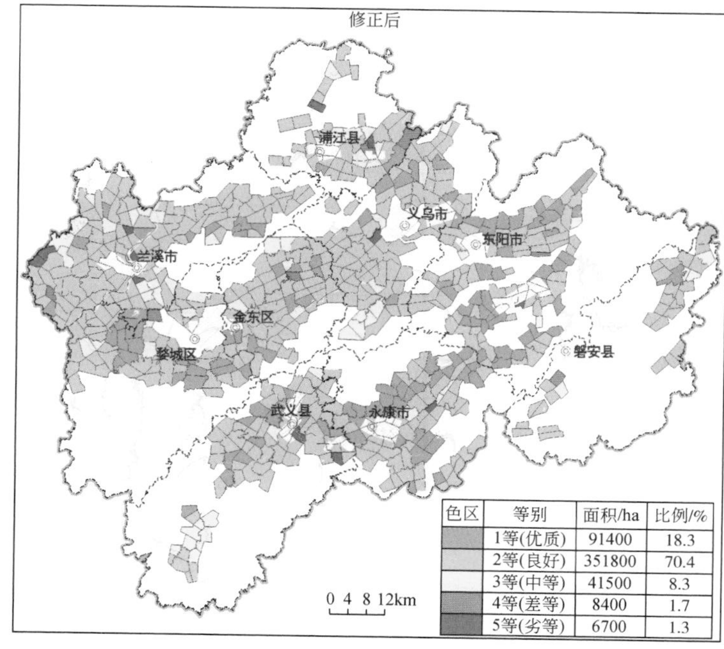

图 7-3　土地质量地球化学综合等修正前、后对比图

面积的72.9%，分布全区；其次为优质（1等），主要分布于婺城、东阳和义乌等区市，占总评价区面积的16.2%；中等、差等和劣等散布于兰溪、婺城、浦江、武义、义乌、永康等市县，分别占总评价区面积的6.6%、1.7%和2.6%。对差等和劣等土壤分布区解析发现，土壤重金属差等别是土壤综合质量等别变差的主要因素，研究发现，这些差等和劣等土壤重金属高异常有些是由地质高背景引起，有的则与人为活动密切相关。这是尚未经验证与修正的土地质量地球化学分等结果（图7-3）。

7.2.4 结果验证与修正

土地质量地球化学评价是反映土地内在质量的重要途径和方法，要求评价过程科学严谨，因而，对评价结果进行验证是评价工作的内在要求和重要环节。为保证评价结果的准确性，必须对评价结果进行检验和证实，修正其错误和不合理的成分，使修正后的评价结果更加科学和符合实际。验证工作坚持室内与野外相结合的原则、原地与异地相结合的原则、自然与人为相结合的原则和主导因素与辅助因素相结合验证原则。本次工作所建的验证流程见图7-4。

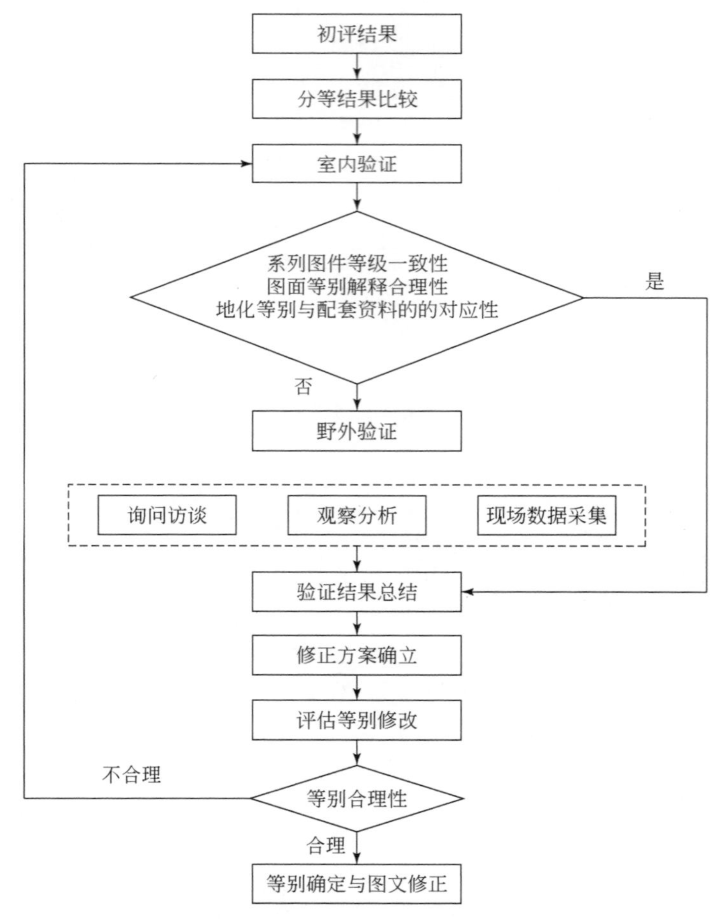

图7-4 土地质量地球化学评价验证工作流程图

1. 室内与实地验证

1）室内验证

（1）系列图件等级的一致性

首先分析地球化学最终分等图，观察对比各单元（区块）的评价结果，尤其注重等别最高的（或最低的）区块或同一区域内评价结果差异明显的区块；再查找养分、环境等级图中相对应的区块，确定养分、环境因素导致等别高低的原因；然后再研究相应的单因素的分布规律，确定主要土地质量影响因子（一个或多个）。

（2）图面等别的合理性

结合已有文字和图件资料对图面等别差异进行合理解释。如对照地质图、地形图、地貌图等，分析造成图面差异的可能的特殊地质原因；对照各类野外记录卡片，对比采样点周围环境、有无污染源记录、农作物适生情况等，分析造成图面差异的可能人为原因。

（3）地球化学等别与已有资料的对应性

在室内，还需充分结合各类成果资料，进行相互佐证。在进行土壤养分验证时，结合地方测土配方的成果，对地球化学评价结果相差较大的地块，重点验证，有的放矢。

在金华市农业地质环境调查过程中，不仅进行土壤地球化学调查，而且开展了土地自然性状调查以及灌溉水质量、大气环境质量、农产品质量等重要的单要素调查及遥感解译，这些调查资料是检验评价成果的有力证据。如查证等级较差地块与大气环境质量、灌溉水质量较差区域有无良好对应性，查证等级较差地块是否有农产品重金属超标现象，查证等级较好地块农产品是否富硒等。

2）实地验证

针对室内验证发现的问题，主要对点、线、面对应性、吻合性和合理性进行验证。点是指评价单元或个别评价点位，线是指两个土壤质量地球化学等级图斑间的界线；面是指不同土壤质量等别的区域。点线面的对应性是指土壤质量影响因子（地形地貌、作物长势、污染源等）与资料上等级的实际对应性；点线面的吻合性是指土壤质量影响因子与评价等别在空间位置上的吻合性；点线面的合理性是指对造成土壤等级高低、跳等、局部特高特低等的主要原因进行科学的解释。选取以下几种方式对评价结果进行科学验证和解释。

（1）异常成因追踪

对评价中发现的地球化学异常现象，进行调查研究，进一步查明引起异常的原因，科学表述土地质量的内涵。

地质异常。由地质体（岩体、矿体）在表生条件，使赋存其中的化学成分释放出来并进入土壤中形成的异常。如义乌市赤岸镇高镉土壤，就是在陈蔡群黑云斜长片麻岩、斜长角闪岩等风化残坡积物的基础上发育而成的，土壤镉与母岩有深刻的成因联系，具有空间对应性。

人为异常。由人类的生产活动而造成的土壤污染，如永康市芝英镇周边土壤中铜、镉、汞污染主要由五金企业排放的废水污灌造成。

（2）询问访谈

对农作物种植习惯、适生状况、亩产、质量状况、管理、变迁以及污染源情况等进行现场询访，并分析可能造成土壤质量变化较大的原因。

（3）观察分析

观察待验证区块在地形地貌、岩石类型、地层、岩相古地理、风化条件等方面与其他区块的差异，并分析地球化学评价结果与此差异有无必然联系。观察区块内的地势变化、水流方向及污染源排污状况，分析元素的迁移路线。农作物的长势及适生情况，在一定程度上反映了土壤的质量，对比观察不同等级区块的作物长势及其适生情况，有利于验证评价等别的划分。

（4）现场数据采集

对于经室内验证认为存在异常的而经过野外验证又不能获得明确解释的个别采样点，需在原地重新取样分析，以检验评价结果的重现性。

2. 等别修正

（1）修正依据

室内验证、实地验证结束后，及时总结验证结果，列表统计验证单元数量及比例、各单元等别状况及跳等情况、土壤质量的主要影响因子、土壤污染情况、土壤富硒情况、农作物有害元素超标情况、农作物富硒情况、外部因素佐证情况、土壤自然性状差异、异常成因追踪结果及实地验证与室内验证的相符情况等。这些验证结果将作为等别修整的主要依据。

（2）修正规则

根据验证结果，确定等别修正方案。如需修正的单元未超过验证单元总数的30%，则只需对存在问题的单元进行调整，经富硒土壤和污染土壤等定性因子验证后进行调整。按照表7-4进行调整。

表7-4 局部地块等别修正规则

调整原因	调整依据	等别调整
农产品安全	1～3等地：农作物重金属超标，对长势和产量无明显影响	降低1等
	1～3等地：农作物重金属超标，严重影响长势和产量	降至5等
地质背景	由地质高背景造成的4～5等地，若农产品安全，且长势优良	升至3等
	由地质高背景造成的4～5等地，若农产品轻微超标，且长势优良	升至4等
	由地质高背景造成的4～5等地，若农产品超标严重，且长势差	等别不变
土壤富硒	Ⅰ级、Ⅱ级富硒土壤（土壤硒全量>0.45mg/kg，粮食作物硒含量高）	升至1等
	Ⅲ级富硒土壤（土壤硒全量>0.35mg/kg，蔬菜硒含量高）	升高1等
	粮食作物达富硒标准	升至1等

续表

调整原因	调整依据	等别调整
局部“跳等”地块	经室内验证，未查明异常主因	调至与周边区块等别相同
	异常主因与系统资料无良好对应性	
	经异常追索，未发现异常成因	
	经询问访谈、观察分析和对比数据采集，认为“跳等”地块与周边区块无明显差异	
地方病	经实地调查、访问和资料证实，土壤地质原因造成地方病多发	降至5等
土壤缺素	经实地调查、询问和资料证实，土壤缺乏必需微量元素，造成作物长势明显较差或出现“花而不实”、产量显著偏低	降低1等
其他	经实地调查和寻访发现，遭受人为破坏严重的地块	降低2等

如需修正的单元超过30%，则需对评价的指标、权重等进行修正，重做评价。评价结果调整后，相应的文字部分及相关图表等也应及时更正。一般地，对于调整后的评价结果还需进行验证，直至符合实际情况。

7.2.5　修正结果

通过验证，土地质量地球化学等别发生了变化（图7-3），这种变化使评价的结果更趋合理、更加符合实际情况、更有利于实现土地质量差别化管理和土地利用规划的修编。

统计表明，修正后1等地所占比例由16.2%提高到18.3%，2等地则下降了2.5%，3等地提高了1.7%，4等地无变化，5等地下降了1.3%。这个结果反映了金华市土地质量（养分情况、环境质量情况）的现状，也为土地质量地球化学评价与农用地分等成果的整合提供了基础。

7.3　典型农业生产功能区土地质量评价

7.3.1　汤溪现代农业综合园区

汤溪现代农业综合园区总面积29058亩。综合区内主要包括粮油、蔬菜、果园、茶园和养殖等农业种植。汤溪现代农业综合园区土地质量评价，主要针对园区内耕地范围，评价单元在园区布局图斑的基础上，结合土壤类型、地形等将布局图斑进行细化，划分为26个单元（地块）。

1. 土壤养分评价

依据土壤养分分级评价标准进行单指标评价，结果（表7-5）表明园区内土地利用方式不同，土壤养分水平存在明显差异：在大宗粮油作物种植区块土壤有机质、氮素处于适中和丰富水平，但磷、钾不均衡；各类园地土壤有机质、氮、磷、钾素均显不足；菜地土壤除硼、钼、锰缺乏外，其他养分水平较高。经综合，园区土壤养分丰缺状况表达于图7-5。

表7-5　汤溪现代农业综合园区养分单指标分级评价结果

编号	规划功能	面积/亩	全氮	有机质	有效磷	速效钾	有效铁	有效锰	有效铜	有效锌	有效钼	有效硼
1	李水碓粮油区	1336	丰富	适中	适中	适中	丰富	丰富	丰富	丰富	缺乏	缺乏
2	上徐粮油区	1685	适中	适中	适中	适中	丰富	丰富	丰富	丰富	适中	缺乏
3	瀛洲蔬菜地	756	适中	适中	适中	适中	丰富	丰富	丰富	丰富	适中	缺乏
4	胡碓粮油区	2514	丰富	适中	丰富	缺乏	丰富	缺乏	丰富	丰富	缺乏	缺乏
5	油麻车粮油区	603	适中	缺乏	丰富	缺乏	丰富	缺乏	丰富	丰富	缺乏	缺乏
6	上境粮油区	3615	丰富	适中	缺乏	适中	丰富	丰富	丰富	丰富	丰富	缺乏
7	丁家橘园	1118	适中	缺乏	缺乏	适中	适中	丰富	适中	丰富	丰富	缺乏
8	丁家牧草地	849	丰富	丰富	丰富	丰富	丰富	丰富	丰富	丰富	适中	缺乏
9	丁家牧草地	720	缺乏	适中	缺乏	适中	丰富	适中	丰富	丰富	缺乏	缺乏
10	区九峰山茶园	1474	缺乏	缺乏	缺乏	适中	适中	丰富	适中	丰富	丰富	缺乏
11	宅村山坡地	899	适中	适中	适中	缺乏	丰富	适中	丰富	丰富	缺乏	缺乏
12	东夏茶园	690	缺乏	缺乏	缺乏	适中	适中	丰富	适中	丰富	丰富	缺乏
13	西夏茶园	212	缺乏	缺乏	缺乏	缺乏	丰富	丰富	丰富	丰富	缺乏	缺乏
14	区九峰山茶园	2090	缺乏	缺乏	缺乏	缺乏	适中	丰富	适中	丰富	缺乏	缺乏
15	区九峰山茶园	335	丰富	丰富	丰富	丰富	丰富	丰富	丰富	丰富	缺乏	缺乏
16	下叶垄橘园	869	缺乏	缺乏	丰富	丰富	丰富	丰富	丰富	丰富	丰富	缺乏
17	节义粮油区	608	缺乏	缺乏	丰富	丰富	丰富	丰富	丰富	丰富	丰富	缺乏
18	寺平观光园	571	适中	适中	缺乏	适中	丰富	丰富	丰富	丰富	缺乏	缺乏
19	节义粮油区	606	适中	适中	适中	适中	丰富	适中	丰富	丰富	适中	缺乏
20	中戴耕地	359	缺乏	缺乏	适中	缺乏	丰富	丰富	丰富	丰富	缺乏	缺乏
21	寺平粮油区	811	适中	适中	丰富	适中	丰富	丰富	丰富	丰富	缺乏	缺乏
22	横路粮油区	478	适中	缺乏	适中	缺乏	丰富	丰富	丰富	丰富	缺乏	缺乏
23	上叶蔬菜地	1041	适中	适中	适中	适中	丰富	丰富	丰富	丰富	缺乏	缺乏
24	瀛头殿耕地	248	适中	适中	丰富	适中	丰富	缺乏	丰富	丰富	适中	缺乏
25	中戴蔬菜地	927	丰富	适中	丰富	适中	丰富	缺乏	丰富	丰富	缺乏	缺乏
26	堰头稻菜轮作区	730	丰富	适中	丰富	适中	丰富	缺乏	丰富	丰富	缺乏	缺乏

2. 土壤环境质量评价

依据《土壤环境质量标准》（GB 15618－1995）进行评价，结果显示，该现代农业综合园区内土壤环境质量优良，以Ⅰ、Ⅱ类土壤为主。其中Ⅱ类土壤占整个现代农业综合园区的66.1%，主要分布于粮油区（2、4、5、6、17、19、21、22号地块）、蔬菜区（3、25号地块）、稻菜轮作区（26号地块）和九峰山茶园（14号地块）；Ⅰ类土壤占28.8%，集中分布于园区中部牧草地（8、9号地块）、橘园（7、16号地块）、茶园（10、12、15号地块）、山坡地（11、13号地块）和耕地区（20号地块）；Ⅲ类土壤5.1%，分布于李水碓粮油区（1号地块），该区紧邻汤溪镇镇区所在地，可能与人类活动有关（图7-6）。

3. 土地质量建档

在对汤溪现代农业综合园区土地质量进行评价的基础上，对每个区块进行登记建档，

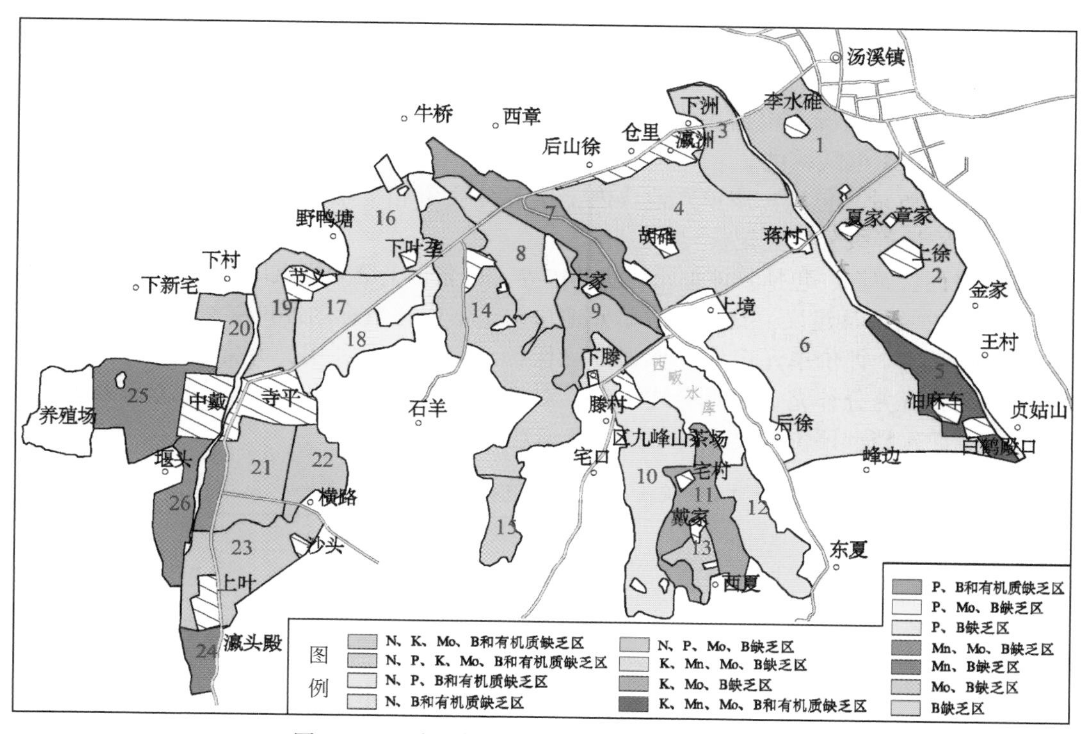

图 7-5　汤溪现代农业综合园区土壤养分评价图

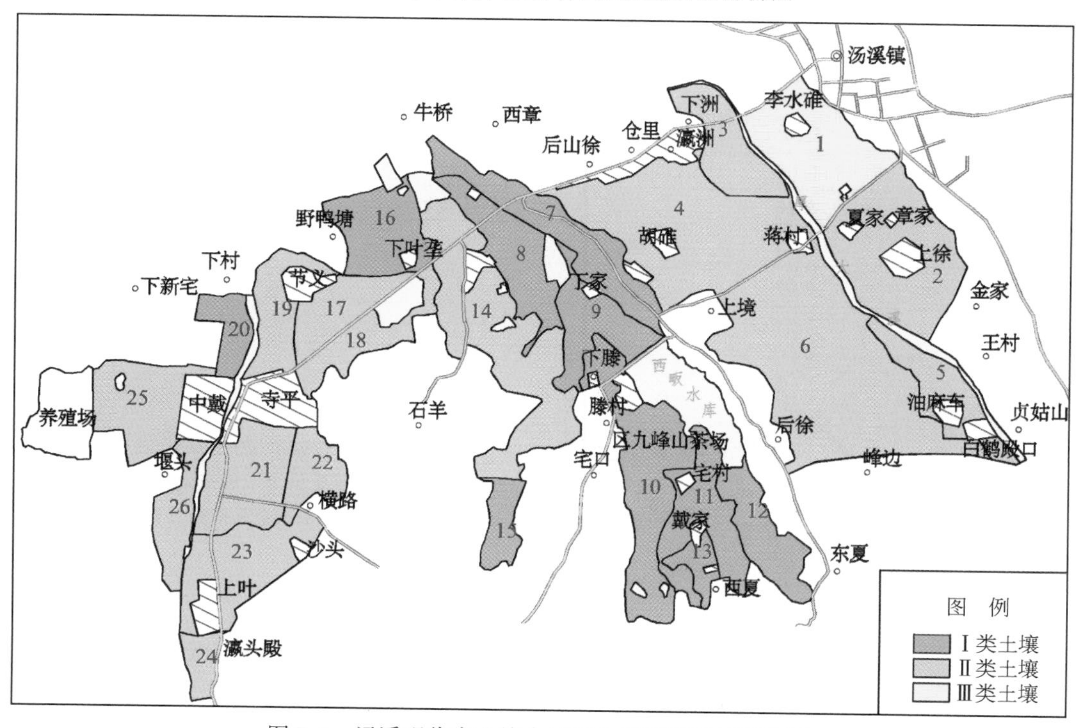

图 7-6　汤溪现代农业综合园区土壤环境质量评价图

在进行土地质量建档的同时，也对每一地块提供了有针对性的利用和管护方面的建议。登记卡主要包含以下四个方面的内容。

（1）评价地块概况，包括：单元地块名称、地块编号、面积、土地利用方式、土壤类型、地理位置和土壤酸碱度。

（2）土地质量，包括：该单元地块内土壤养分质量和土壤环境质量。分别以平均值、含量水平和质量等级分类登记。

（3）平面位置图，包括：该单元地块的边界、地名、土壤采样点以及地理位置等要素。

（4）评价结果及建议，充分考虑单元地块内土壤中各指标的评价结果，提出适当的施肥建议。建议各个评价单元田块，加强环境保护，合理开发利用，并完善农业设施建设，有针对性地进行养分补充。按照上述方法，对汤溪现代农业综合园区 26 处单元田块土地质量进行登记建档，评价单元区块的档案卡示意见表 7-6。

表 7-6　现代农业综合园区土地质量登记卡

地块名称	李水碓粮油区	地块编号	1	地块面积/亩	1336
土地利用	水田	土壤类型	水稻土	pH	4.5 ~7.7
地理位置	婺城区汤溪镇李水碓村				
土壤养分质量			土壤环境质量		
指标	平均含量	含量水平	指标	平均含量	质量等级
全氮/(mg/kg)	2074	丰富	镉/(mg/kg)	0.248	二级
有机质/%	3.14	适中	汞/(mg/kg)	0.457	三级
速效钾/(mg/kg)	86.55	适中	铅/(mg/kg)	58.7	二级
有效磷/(mg/kg)	11.9	适中	砷/(mg/kg)	5.86	一级
有效铁/(mg/kg)	127.6	丰富	铜/(mg/kg)	20.76	一级
有效锰/(mg/kg)	52.15	丰富	锌/(mg/kg)	97.26	一级
有效铜/(mg/kg)	6.05	丰富	铬/(mg/kg)	54.84	一级
有效锌/(mg/kg)	5.26	丰富	镍/(mg/kg)	16.58	一级
有效钼/(mg/kg)	0.13	缺乏			
有效硼/(mg/kg)	0.09	缺乏			

平面位置图	结论与建议
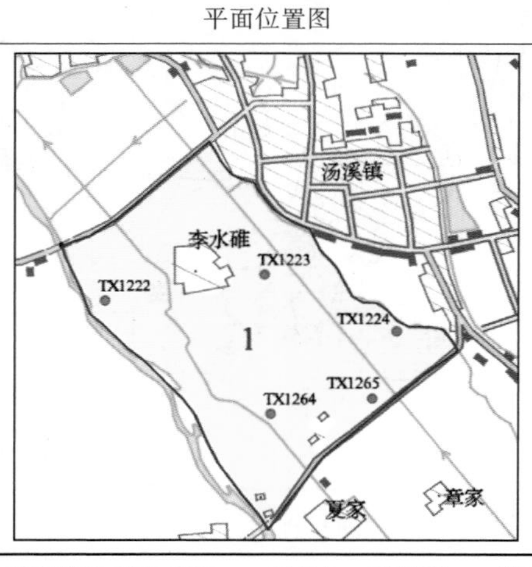	结论 1. 土壤中有效钼和有效硼缺乏。 2. 土壤环境质量为三级，满足Ⅲ类土壤条件。处于三级水平的重金属指标为汞。 建议： 1. 适当补充钼肥和硼肥。 2. 减少或停止含重金属镉的肥料和化肥的施用，严控含汞污染物的排放等。

填制单位：浙江省地质调查院　填卡人：魏迎春　审核人：黄春雷　填卡日期：2013 年 06 月 25 日

7.3.2 兰江粮食生产功能区

兰江粮食生产功能区位于兰溪市西南部，共 16 个单元。

1. 土壤养分评价

土壤养分单指标分级评价结果见表 7-7。评价结果显示：

表 7-7　游埠-赤溪-兰江粮食生产功能区养分单指标分级评价结果

序号	名称	面积/亩	全氮	有机质	有效磷	速效钾	有效铁	有效锰	有效铜	有效锌	有效钼	有效硼
1	赤溪街道王铁店畈	2000	适中	缺乏	缺乏	丰富	丰富	丰富	丰富	丰富	适中	缺乏
2	赤溪街道杨塘畈	3000	适中	缺乏	适中	丰富	丰富	丰富	丰富	丰富	缺乏	缺乏
3	赤溪街道下畈	2000	适中	缺乏	适中	丰富	丰富	丰富	丰富	丰富	适中	缺乏
4	赤溪街道汪庄畈	1000	适中	适中	适中	丰富	丰富	丰富	丰富	丰富	适中	缺乏
5	兰江街道塔山片	1000	缺乏	缺乏	丰富	适中	丰富	丰富	丰富	丰富	丰富	缺乏
6	赤溪街道吴塘畈	3000	适中	缺乏	丰富	缺乏	丰富	丰富	丰富	丰富	缺乏	缺乏
7	赤溪街道横村畈	4300	适中	缺乏	适中	适中	丰富	丰富	丰富	丰富	丰富	缺乏
8	游埠镇下章畈	2000	适中	缺乏	丰富	适中	丰富	丰富	丰富	丰富	丰富	缺乏
9	赤溪街道朱梨畈	700	适中	缺乏	丰富	丰富	丰富	丰富	丰富	丰富	丰富	缺乏
10	游埠镇黎家畈	1000	适中	适中	丰富	丰富	丰富	丰富	丰富	丰富	丰富	缺乏
11	游埠镇杨埠溪畈	6100	适中	缺乏	适中	适中	丰富	丰富	丰富	丰富	适中	缺乏
12	游埠镇吨粮田	2110	适中	适中	丰富	丰富	丰富	丰富	丰富	丰富	适中	缺乏
13	游埠镇邵家畈	4300	适中	适中	适中	适中	丰富	丰富	丰富	丰富	适中	缺乏
14	游埠镇梅屏畈	1900	适中	适中	丰富	适中	丰富	丰富	丰富	丰富	丰富	缺乏
15	游埠镇裘家畈	3290	缺乏	缺乏	丰富	适中	丰富	丰富	丰富	丰富	丰富	缺乏
16	游埠镇洋港片	1300	缺乏	缺乏	丰富	适中	丰富	丰富	丰富	丰富	丰富	缺乏

（1）有效铁、有效锰、有效铜和有效锌等微量元素不存在缺乏状况。

（2）全氮、有机质和有效硼为适中—缺乏级。其中全氮以适中为主，缺乏级仅分布于兰溪塔山片、游埠裘家畈和游埠洋港片，面积 5590 亩，占 14.3%；有机质缺乏分布面积有 28690 亩，占 73.6%；有效硼在全区均表现为缺乏水平。

（3）速效钾以适中级别为主，所占比例为 62.0%，其次为丰富级，占比例 30.3%，缺乏级仅占 7.7%。

（4）有效磷、有效钼各含量水平所占比例趋势一致，以适中为主，其次为丰富，缺乏则占比例最小。

经综合评价，功能区土壤养分丰缺状况表达于图 7-7。

2. 土壤环境质量评价

土壤环境质量评价结果显示该粮食功能区土壤环境质量良好，以Ⅱ类为主，占整个粮食功能区的 97.4%；Ⅰ类土壤占 2.6%，分布于赤溪街道汪庄畈单元（图 7-8）。

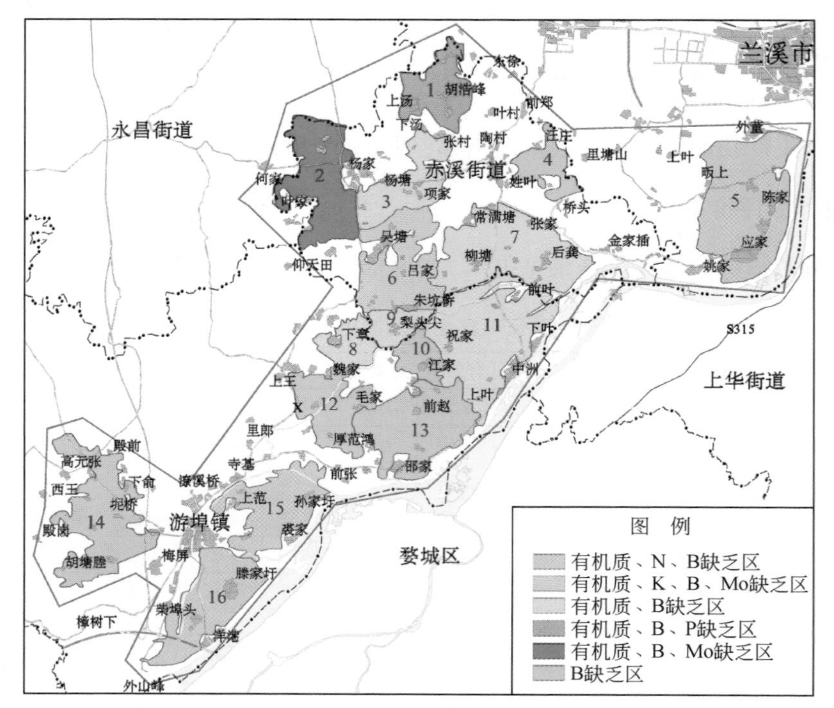

图 7-7　游埠-赤溪-兰江粮食生产功能区土壤综合养分评价图

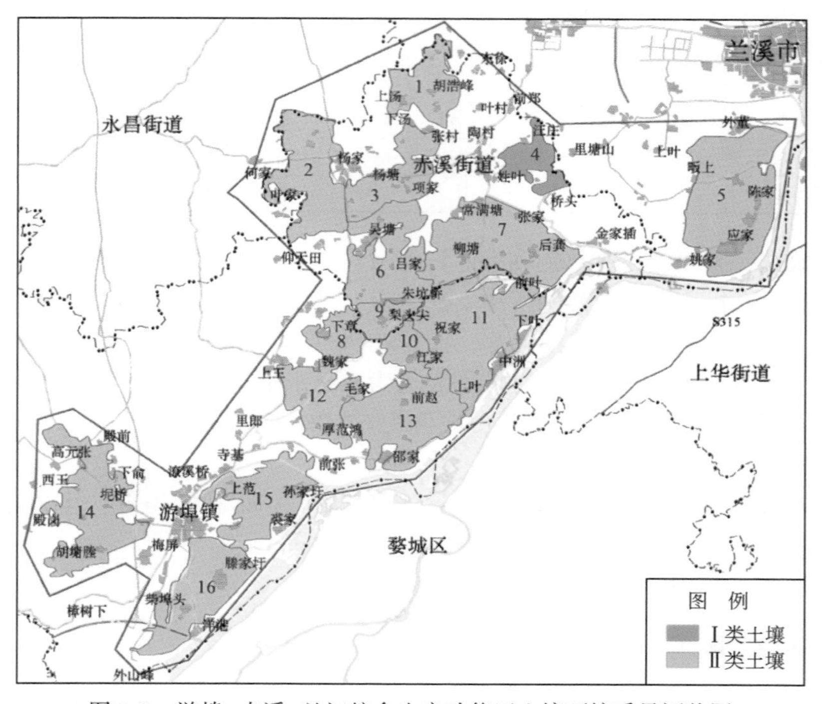

图 7-8　游埠-赤溪-兰江粮食生产功能区土壤环境质量评价图

7.3.3 塘雅葡萄种植区

塘雅–孝顺葡萄种植区分布于金东区塘雅镇中东部和孝顺镇中部，总面积7.1万亩，结合土壤类型、地形等将土地利用现状图斑进行细化，细化后共37个单元。

1. 土壤养分评价

土壤养分单指标分级评价结果见表7-8。评价结果显示：

表7-8 塘雅–孝顺葡萄种植区养分单指标分级评价结果

编号	名称	面积/亩	全氮	有机质	有效磷	速效钾	有效铁	有效锰	有效铜	有效锌	有效钼	有效硼
1	横山	1445	适中	适中	丰富	丰富	丰富	丰富	丰富	丰富	适中	缺乏
2	古里	2314	适中	缺乏	丰富	丰富	丰富	丰富	丰富	丰富	缺乏	缺乏
3	寺前	935	适中	适中	丰富	丰富	丰富	丰富	丰富	丰富	缺乏	缺乏
4	横山	1244	适中	适中	丰富	适中	丰富	丰富	丰富	丰富	缺乏	缺乏
5	莲塘	1860	适中	适中	丰富	丰富	丰富	丰富	丰富	丰富	缺乏	缺乏
6	破塘	1472	适中	适中	丰富	丰富	丰富	丰富	适中	丰富	缺乏	缺乏
7	项塘	2393	适中	适中	丰富	丰富	丰富	丰富	适中	丰富	缺乏	缺乏
8	徐村	895	适中	适中	丰富	丰富	丰富	丰富	丰富	丰富	缺乏	适中
9	黄泥头	1122	适中	适中	丰富	丰富	丰富	丰富	丰富	丰富	缺乏	缺乏
10	杨桥头	1608	适中	适中	丰富	丰富	丰富	丰富	适中	丰富	缺乏	缺乏
11	下仓	1242	适中	适中	适中	适中	丰富	丰富	丰富	丰富	适中	缺乏
12	金尚塘	1204	适中	缺乏	丰富	适中	丰富	丰富	适中	丰富	缺乏	缺乏
13	龙沅	669	适中	适中	丰富	适中	丰富	丰富	丰富	丰富	缺乏	缺乏
14	前蒋	1269	适中	缺乏	适中	适中	丰富	丰富	丰富	丰富	缺乏	缺乏
15	溪干	1313	适中	缺乏	丰富	适中	丰富	丰富	丰富	丰富	缺乏	缺乏
16	后陈	521	适中	适中	丰富	丰富	丰富	丰富	丰富	丰富	缺乏	缺乏
17	余山	2304	适中	适中	适中	适中	丰富	丰富	丰富	丰富	缺乏	缺乏
18	村里	1963	适中	适中	丰富	丰富	丰富	丰富	适中	丰富	丰富	缺乏
19	官塘	631	适中	缺乏	丰富	适中	丰富	丰富	丰富	丰富	缺乏	缺乏
20	金八宅	405	适中	缺乏	丰富	适中	缺乏	缺乏	适中	适中	缺乏	缺乏
21	大路范	971	适中	适中	丰富	适中	丰富	丰富	丰富	丰富	丰富	缺乏
22	金八宅	2117	适中	缺乏	适中	丰富	丰富	丰富	丰富	丰富	缺乏	缺乏
23	孔宅	2054	适中	适中	丰富	适中	丰富	丰富	丰富	丰富	丰富	缺乏

续表

编号	名称	面积/亩	全氮	有机质	有效磷	速效钾	有效铁	有效锰	有效铜	有效锌	有效钼	有效硼
24	方村	901	适中	适中	缺乏	丰富	丰富	丰富	丰富	丰富	缺乏	缺乏
25	严店	1989	适中	缺乏	丰富	适中	丰富	丰富	丰富	丰富	缺乏	缺乏
26	徐店	1032	适中	缺乏	丰富	丰富	丰富	丰富	丰富	丰富	丰富	缺乏
27	上徐	1656	适中	缺乏	丰富	适中	丰富	丰富	丰富	丰富	丰富	缺乏
28	下范	1694	适中	适中	丰富	丰富	丰富	丰富	丰富	丰富	丰富	缺乏
29	金江沿	1446	缺乏	缺乏	丰富	适中	丰富	丰富	丰富	丰富	丰富	缺乏
30	后俞	1207	适中	适中	丰富	适中	丰富	丰富	丰富	丰富	适中	缺乏
31	下叶	1253	适中	适中	丰富	丰富	丰富	丰富	丰富	丰富	适中	适中
32	夏宅	1289	缺乏	缺乏	丰富	适中	丰富	丰富	适中	丰富	缺乏	缺乏
33	前俞	928	适中	缺乏	缺乏	适中	丰富	丰富	丰富	丰富	丰富	缺乏
34	月潭	1920	适中	适中	丰富	适中	丰富	丰富	丰富	丰富	丰富	缺乏
35	傅皮村	2292	适中	缺乏	丰富	丰富	丰富	丰富	丰富	丰富	丰富	缺乏
36	邵宅	3323	适中	缺乏	丰富	适中	丰富	丰富	丰富	丰富	适中	缺乏
37	范村	1950	适中	适中	丰富	适中	丰富	丰富	丰富	丰富	丰富	缺乏

（1）种植区中速效钾、有效铜和有效锌等微量元素不存在缺乏状况，其中速效钾丰富和适中比例相当；有效铜以丰富为主，适中比例仅占 18.9%，主要分布于破塘、项塘、杨桥和金沿塘种植区内；有效锌除在官塘种植区呈适中水平外，其余均呈丰富水平。

（2）种植区中氮呈适中水平，适中比例高达 95.0%，缺乏比例仅占 5.0%，缺乏区主要分布于金江沿和夏宅种植区内；有效硼与氮相反，缺乏比例达 96.1%，适中比例则只占 3.9%。

（3）种植区中有效磷以丰富级为主，丰富级所占比例为 84.0%，其次为缺乏级，占比例 12.6%，缺乏级占 3.3%。

（4）种植区中有效钼以缺乏级为主，缺乏级所占比例为 51.9%，其次为丰富级，占比例 32.7%，适中级占 15.5%。

将各评价单元田块土壤的各项单指标评价结果进行叠加，得出综合养分现状和综合养分评价结果，见表 7-9 和图 7-9。该区内土壤养分亏缺元素组合特征不一，缺乏面积最大的元素组合为 B、Mo-B 和有机质-B、有机质-Mo-B 四类，其中以 B 缺乏区面积最大，约 14446 亩，占评价区总面积的 26.35%，主要分布于横山（1）、下仓（11）、村里（18）、大路范（21）、孔宅（23）、下范（28）、后俞（30）、月潭（34）和范村（37）区块；其次为 Mo、B 缺乏区，缺乏面积 14128 亩，占 25.77%，分布于寺前（3）、横山（4）、莲塘（5）、破塘（6）、项塘（7）、黄泥头（9）、杨桥头（10）、龙沅（13）、后陈（16）和余山（17）区块；有机质、B 缺乏区面积 10618 亩，占 19.36%，分布于古里（2）、徐店（26）、上徐（27）、傅皮村（35）和邵宅（36）等区块；有机质、Mo、B 缺乏区面积 8522 亩，占 15.51%，分布于金尚塘（12）、前蒋（14）、溪干（15）、官塘（19）、金八宅（22）和严店（25）等区块。

表 7-9　塘雅-孝顺葡萄种植区综合养分评价结果一览表

缺乏区	面积/亩	比例/%	分布区块及编号
B 缺乏区	14446	26.4	横山（1）、下仓（11）、村里（18）、大路范（21）、孔宅（23）、下范（28）、后俞（30）、月潭（34）、范村（37）
Mo、B 缺乏区	14128	25.8	寺前（3）、横山（4）、莲塘（5）、破塘（6）、项塘（7）、黄泥头（9）、杨桥头（10）、龙沅（13）、后陈（16）、余山（17）
Mo 缺乏区	895	1.6	徐村（8）
N、有机质、B 缺乏区	1446	2.6	金江沿（29）
N、有机质、P、B 缺乏区	1289	2.4	夏宅（32）
P、Mo、B 缺乏区	901	1.6	方村（24）
有机质、B 缺乏区	10618	19.4	古里（2）、徐店（26）、上徐（27）、傅皮村（35）、邵宅（36）
有机质、Mo、B 缺乏区	8522	15.5	金尚塘（12）、前蒋（14）、溪干（15）、官塘（19）、金八宅（22）、严店（25）
有机质、P、B 缺乏区	928	1.7	前俞（33）
有机质、Fe、Mn、Mo、B 缺乏区	405	0.74	官塘（20）
不缺乏区	1253	2.3	下叶（31）

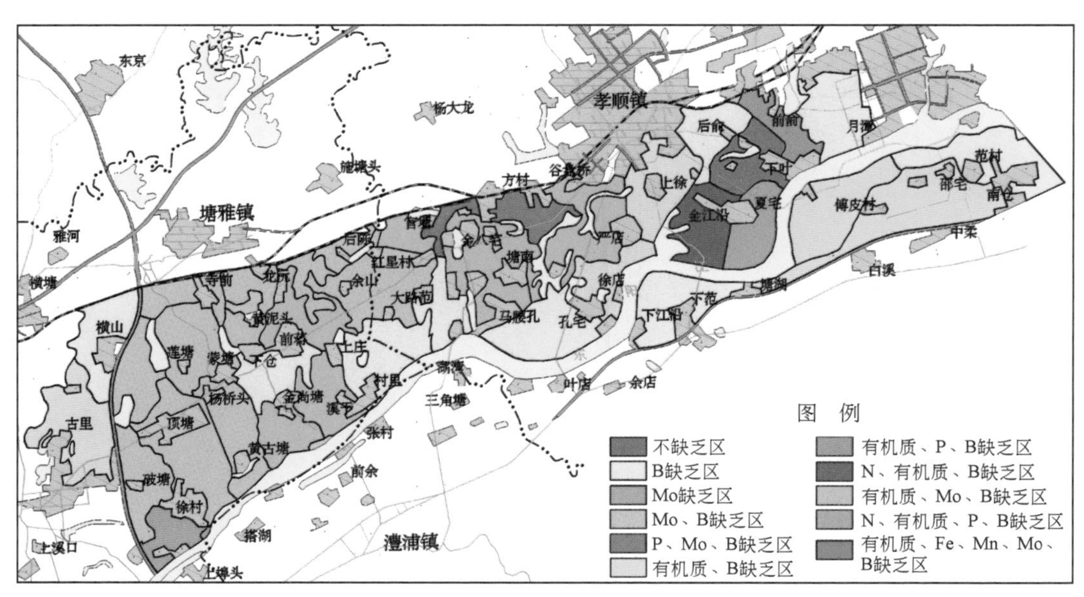

图 7-9　塘雅-孝顺葡萄种植区土壤综合养分评价图

2. 土壤环境质量评价

土壤环境质量评价结果显示（图 7-10），该农业综合园区内土壤环境质量优良，以Ⅰ、Ⅱ类土壤为主。其中Ⅰ类土壤占整个葡萄种植区的46.5%，主要集中分布于种植区中部塘雅莲塘、寺前、下仓、余山和孝顺大路范、塘南、孔宅、金江尚、夏宅、月潭等地；Ⅱ类土壤占44.7%，集中分布于种植区西部塘雅古里、项塘、杨桥头、金尚塘、溪干和孝顺严店、上徐、后俞、下范、傅皮、范村等地；Ⅲ类土壤8.7%，分布于塘雅横山和孝顺邵宅等地。

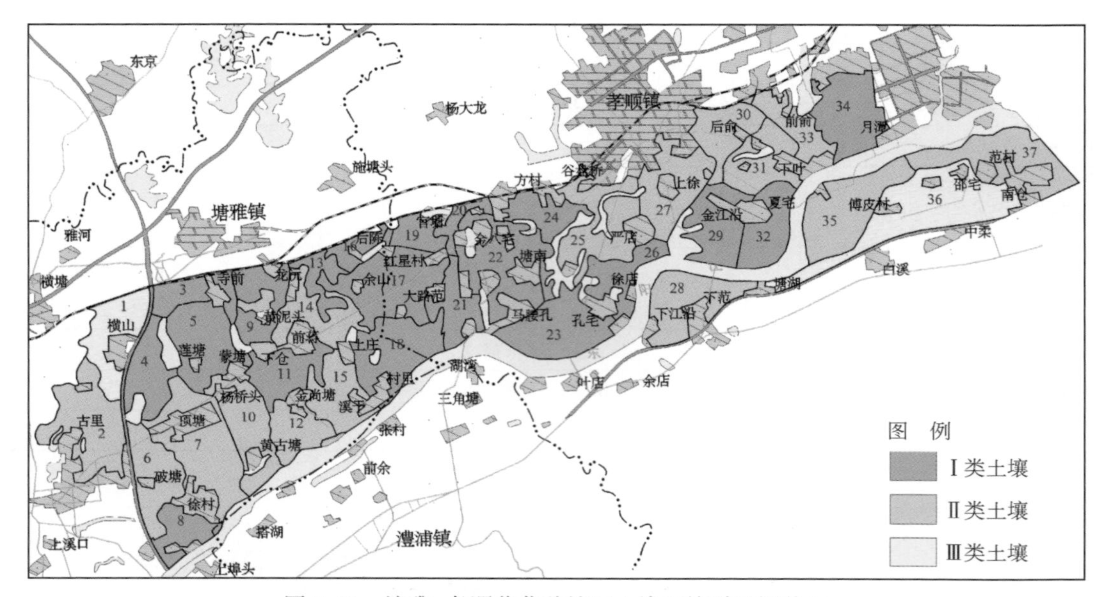

图 7-10 塘雅-孝顺葡萄种植区土壤环境质量评价图

第 8 章　农业地质区划

农业地质区划，是在已有农业区划的基础上，以地质理论为指导，依据农业地质环境调查成果，对农业生产空间的规律性、差异性、适宜性的研究，具有鲜明的地学特色，既是对传统农业区划的基础支撑，也是实现农业决策科学化的重要依据。

8.1　农业地质区划

8.1.1　区划的原则

1. 科学性与实用性相结合原则

农业地质区划的目的是为农业区划服务。开展农业地质调查，查明地质背景对农业控制作用，科学指导种植结构调整，实现科学性与实用性的结合。以往的农业区划，更多考虑的是土壤类型、灌溉条件、气候条件、农业种植现状等因素，而忽视了地质背景对农业的影响。农业地质综合区划，就是要为农业区划、特色农品种植规划、富硒农产品规划等提供基础资料，科学指导农业结构调整，因地制宜指导农业生产。

2. 土地利用规划和农业生产现状协调一致的原则

农业地质区划的目的是为农业区划服务，而不是要否定以往的规划，更不能漠视农业生产的现状，归根结底，是要为农业生产提供科学的地质背景资料，促进地质工作更好地服务于农业生产。查明土壤环境质量现状、特色农产品的地质背景控制因素、安全优质土地资源的分布，充分发挥地质与地球化学手段的重要作用，补足以往农业生产与区划中的“地质背景短板”，提高区划的科学性。

3. 主导性与差异性相结合原则

以地质环境要素与农业生产关联性为切入点，以金华农业的区划布局为基础，突出影响和制约农业生产的地质环境问题，为优化农业种植布局、农业生产环境保护以及农业特色产业发展服务。同时，基于金华地区农业多宜性、多样性和综合性的特点，在种植的适宜性和限制性上，突出其内在的差异性。

4. 综合性原则

保持同一区内的各地质要素的特征及指标的统一性。农业地质景观是与农业生产密切相关的地形、地貌、岩石、地层、土壤、水体、生物等地质环境要素（因子）的综合体。区划要体现各要素的综合作用。

8.1.2 区划的依据

区划主要依据农业地质环境调查评价和研究系列成果：

（1）农业地质背景调查成果（地形地貌、地层岩石、成土母质、土壤地球化学）；

（2）农业地质环境评价成果（土壤养分评价、土壤环境质量评价、水环境质量评价、大气环境质量评价）；

（3）特色农产品种植地学研究成果（适种性研究、品质研究、质量安全研究）；

（4）富硒土壤资源调查研究成果（富硒土壤、富硒农产品、富硒土地开发试验）；

（5）农产品安全性评价及风险预测成果；

（6）土地质量评价成果；

（7）土壤重金属污染风险评估及预测预警成果；

（8）土壤环境改良试验成果。

8.1.3 区划的主要内容及思路方法

区划以地域为客体，以构成农业区域分异的各种要素的结构、体系及规律，研究农业生产条件、特点及发展方向，并进行区域差异性划分。区划拟采用背景比较分析法，研究不同农业背景条件对作物生长的影响，着重从农业地质环境研究的角度，分析金华市各区域自然资源条件和主要影响因子，评价土壤环境功能和种植潜力。以此为基础，结合当前农业产业布局特点、土地利用和农业环境保护现状及已有资料，按不同目的和不同服务对象进行农业地质区划，并编制相应区划图件。

按区划目的及服务对象的差异，在金华市开展了三个类别的农业地质区划研究，分别是农业地质景观分区、特色农产品种植优化布局、农业资源环境保护区划。农业地质景观分区主要是基于地质环境因子间相互联系相互制约的关系，而建立的与农业生产布局相协调的景观分区模式；特色农产品种植优化布局主要针对茶叶、枇杷、桃形李、蜜梨等地学研究成果，从地质适宜性角度对其种植布局进行优化；农业资源环境保护区划则是在耕地质量（尤其是永久基本农田质量）、富硒土壤、土壤养分、土壤酸化、元素地球化学异常、土壤重金属污染及风险评估以及农产品安全相关研究成果基础上进行的区划，其意义在于土地资源的保护及农业可持续发展。

8.2 农业地质景观及分区

8.2.1 农业地质景观

农业地质景观是指地表一定区域范围内，由地形、地貌、岩石、地层、土壤、水体、生物等构成的，与农业生产密切相关的各类地质环境要素（因子）的综合体。景观内各要素之间既相互联系又相互制约，它们有机结合，构成具有内部一致性的系统，并与相邻景观相区别。联系景观中各因子最重要的纽带是地球化学。

地质景观对农作物的种植及其品质有着适宜性和限制性作用，也是农业生产布局与农业地质背景协调、适应的综合反映。地形（包括海拔、坡度、坡向等）、地貌通过对区域小气候环境的控制，影响作物的生长；地层、岩石，既控制土壤结构、构造，也从根本上决定土壤的矿物和元素组成与含量，从而影响农产品的品质；水是生物体的重要组成部分，水体（地表水、地下水、大气降水）是作物生长的重要环境条件，作物通过对水的代谢，从土壤中汲取矿物质；同一景观内的各种生物组成生物群落，通过生态系统的作用影响影响农业地质景观。

不同的地质环境，由于地球化学背景不同，其为作物提供的化学元素的种类和数量也不相同。通过农业地质环境调查，查明作物与地质环境的“地质—地球化学—生物”联系，找出控制作物品质的特征化学元素（或组合），这是地学为农业区划和农业生产所做的贡献。

8.2.2　农业地质景观分区

1. 农业地质景观区划的层次结构

为简明扼要地表达农业地质景观区划成果，农业地质景观区划采用两级结构：以地形地貌作为一级分区的主要依据，在一级分区基础上，以岩石地层单元为二级分区依据，突出岩性、特殊地质体或地球化学异常的独特作用。

地形地貌是地质作用的产物，是岩石在构造作用下，遭受风化剥蚀作用与堆积成壤作用的结果，也是五大成土因素之一。由于地形地貌单元覆盖范围较大，结构简单，作为一级分区依据便于操作。

地层岩石是土壤形成的物质基础。母质特征直接影响土壤的矿物组成和土壤颗粒组成，并在很大程度上支配着土壤的物理、化学性质以及土壤生产力的高低。例如，花岗岩、砂岩等的风化物含石英多，质地粗，透水性好，除花岗岩因含长石较多而钾含量较高外，一般都缺乏矿质养分。玄武岩、页岩等的风化物含石英颗粒少，黏细物质含量较高，且富含铁、镁的基性矿物，透水性较差，矿质养分含量较丰富。石灰岩及其他含碳酸钙岩石的风化物质地比较黏重，碳酸钙含量不等，矿质养分也较丰富。

由于地质图上的岩石地层单元特别强调岩石形成的地质年代，相同的岩性由于形成年代的差别被划分为不同的地层单元，不同岩性的岩石由于形成时代相同，是同一地质作用的产物，又被归为同一地层单位。农业地质背景关注更多的是母质的岩性、矿物的结构构造、元素地球化学丰度及形态等。本次农业地质背景分区以综合岩石地层单元为二级分区依据，即地质图上相邻的地层单元，当其岩石组合特征一致时，归并为一个综合地层单位；相同的区块，岩石类型较多，岩性分布较杂乱时，以主要岩石地层作为区块综合地层单位。地级分区跨越不同的一级分区时，以一级分区界线为界，划为两个不同的二级单元。调查区内共划分为火山岩、陆源碎屑岩、第四系松散沉积物、酸性侵入岩、变质岩、碳酸盐岩六类二级单元。

突出特殊岩性或特殊地质体对农业地质背景的作用。比如，调查区内玄武岩分布区，因岩石富含铁、镁的基性矿物，风化后黏土物质含量较高，透水性较差，矿质养分含量较丰富，但重金属元素含量较高。调查区内碳质页岩分布区，风化后所成土壤富硒，但重金属元素含量也较高；萤石矿集中开采区，氟含量较高，在地质背景分区图上均应突出表示。

2. 农业地质景观分区图制作

农业地质景观分区图的编制是农业地质景观分区的最重要内容，分区图是分区成果最重要、最直观的表现形式。

根据农业地质调查成果，农业地质景观一级分区采用地貌图作为底图，将海拔低于200m，相对高差小于2m，坡度小于10°的低丘缓坡与山间盆地区称为Ⅰ类区，除此之外的低山丘陵侵蚀剥蚀地貌区为Ⅱ类区，二者之间的界线根据地势图通过圆化处理后勾绘。

全市范围内共划分为2个Ⅰ类区：Ⅰ-1以金衢盆地东段为主体，连通墩头盆地、东阳盆地、南马盆地和浦江盆地；Ⅰ-2以永康盆地、武义盆地为主体。大致呈北东—南西走向，由盆周向盆地中心呈现出中山、低山、丘陵岗地、河谷平原阶梯式层状分布的特点。盆地内浅丘起伏，盆地底部是宽窄不一的冲积平原，地势低平，是境内重要的农业种植区。

全市范围内共划分为4个Ⅱ类区，各区之间由Ⅰ类区分割或由行政边界约束：Ⅱ-1区面积较小，位于兰溪芝堰、朱家一带，主要为流纹斑岩与石英闪长玢岩分布区。Ⅱ-2区位于金华山至浦江仙华山一带，以火山岩与火山沉积岩为主。Ⅱ-3区位于金华市南西的石牛山、牛头山至义乌的大岩头、东阳的歌山镇一带，以酸性火山岩侵蚀地貌为主。Ⅱ-4主体位于金华南东的磐安一带，地貌主体为酸性火山岩构造侵蚀山地丘陵地貌。

农业地质景观二级分区（亚区）在一级分区的基础上进行。将一级分区界线套合到地形地质图上，在各一级分区内，根据地形地貌、地质背景、成壤类型、水文地质特征、地球化学特征、农业种植现状等综合因素确定亚区的界线。相同的地质单元，由于地貌及高程的不同，若被一级分区界线分割，则划为不同的亚区。由于地质图上的地质单元是以地质年代和岩石特征为主要划分依据，地质单元结构十分复杂。为使图面尽可能简洁、直观、明了，本次区划不考虑地质体的年代地质特征，而是以岩性和地球化学特征作为划分的主要依据，岩性相同的区域尽可能归并。对于分散、零星的特殊地质体采用圆化的包络线进行圈定，以突出其特殊的农业地质景观特征；对于同一区域岩石地层单位众多，岩性分布零散杂乱的，以主要岩性替代。亚区界线的划定不一定严格依据地质图上的地质界线，而是以地质界线为主，考虑到风化产物和地表潜水向下坡迁移的特点，位于海拔较高处的亚区的界线适当向下坡方向迁移100～500m确定。

根据区域地质背景特征，亚区类型以其主要岩性的英文名称的首字母表示，亚区代号由“一级分区代号——级分区序号—亚区类型代号—亚区序号”表示。亚区以沉积岩为主的，类型号为S；火山岩为主的，类型号为I；次火山岩为主的，类型号为V；变质岩为主的，类型号为M；花岗岩类为主的，类型号为G；玄武岩类为主的，类型号为B；火山沉积岩为主的，类型号为P；第四纪松散沉积物为主的，类型号为Q。

8.2.3　农业地质景观特征

根据上述分区结果，金华农业地质景观区划共划分出一级分区2类6个；二级分区（亚区）共划分为8类，28个亚区，各亚区特征见表8-1、图8-1。

表8-1　金华市农业地质景观区特征一览表

景观区编号	亚区编号	面积/km²	地理分布	地质地貌特征	农业景观
Ⅰ-1	Ⅰ-1-Q-1	159	浦江盆地中部	冲洪积平原，主体由之江组网纹红土与河流相沉积组成，土壤结构好，灌溉条件优越，是本区重要的大宗农产品种植区	果、菜、粮种植区
	Ⅰ-1-P-1	124	浦江以南	低丘或高丘，主体由寿昌组、横山组、方岩组组成，岩性为火山沉积岩，富含钙镁质	桃形李、梨等
	Ⅰ-1-I-1	130	浦江东南	高丘或低山，主体由中酸性大爽组火山岩组成，次为高坞组晶屑熔结凝灰岩，矿质较丰富	松、杉、茶等植被
	Ⅰ-1-S-1	171	兰溪马涧盆地	低丘岗地，同山群砂砾岩、砂岩为母质，土壤透气性较好，矿质元素含量较低	杨梅、柑橘、枇杷等
	Ⅰ-1-S-2	406	兰溪市以西	低丘岗地，主要由衢江群金华组泥岩与衢江组砾岩组成，土体浅薄，质地偏轻；富Si、Al，贫K、Na、Fe、Zn、P、B、Cu、Mo、Mn、Pb、U，宜为旱地或果园	梨、柑橘、番薯等
	Ⅰ-1-S-3	666	东阳江以北	低丘岗地，以衢江群金华组泥岩、粉砂岩与衢江组砾岩为母质，分布于盆地的第三阶地上，土壤类型主要有紫砂土、钙质紫泥田、紫泥砂田等	梨、柑橘、番薯、水稻、油菜等
	Ⅰ-1-S-4	338	婺城区以南	低丘岗地，以中载组砾岩、砂岩，金华组粉砂岩、泥岩为母质，土体浅薄，质地偏轻	柑橘、梨、桃等
	Ⅰ-1-Q-2	1101	东阳至金华盆地沿江两岸	冲积平原为主，主体由第四纪松散沉积物组成，大部为水稻土，土壤结构好，灌溉条件优越，是本区最主要的大宗农产品种植区	果、菜、粮种植区
Ⅰ-2	Ⅰ-2-P-1	895	武义盆地北东段	低丘或高丘，以方岩组砾岩、朝川组粉砂岩和馆头组砂泥岩为母质，以局部高氟为特征	茶、梨、橘等
	Ⅰ-2-P-2	199	永康盆地	低丘岗地，以朝川组砂泥岩、馆头组砂砾岩、方岩组砾岩为母岩，风化后土壤透水与透气性较好，富含钙、镁	茶、梨、橘等
	Ⅰ-2-I-1	158	武义与永康交界	高丘或低山，主体由磨石山群酸性火山岩组成，微量元素丰富，萤石矿区及地下水中富含氟	茶、松、杉等

续表

景观区编号	亚区编号	面积/km²	地理分布	地质地貌特征	农业景观
Ⅱ-1	Ⅱ-1-V-1	134	兰溪芝堰	低山丘陵区，土壤主要由流纹斑岩、石英闪长斑岩风化而成，次为火山碎屑岩或火山沉积岩	松、杉、茶等植被
Ⅱ-2	Ⅱ-2-I-1	384	浦江北西	中低山区，由黄尖组中酸性晶屑熔结凝灰岩风化而成，次为寿昌组火岩沉积岩	松、杉等自然植被，少量桃形李树
	Ⅱ-2-S-1	160	浦江北东	低山丘陵区，主体由海相沉积岩组成，较易风化，矿质元素相对丰富	茶、梨等
	Ⅱ-2-P-1	661	兰溪市以西	低山丘陵区，主体由劳村组与横山组陆相红盆火山沉积岩组成，土壤中富含钙镁等矿质	枇杷、梨、桃等
	Ⅱ-2-G-1	70	婺城区罗店以北	中低山区，主体由晋宁期花岗质岩石组成，岩石较难风化，山体陡峻，成壤薄	松、杉、茶等植被
Ⅱ-3	Ⅱ-3-I-1	1109	沿婺城区以南至东阳一带呈北东展布	中低山区，主体由磨石山群酸性火山岩组成，微量元素丰富，岩石风化后土壤黏度适中，多为黄壤	茶、杨梅、梨等
	Ⅱ-3-M-1	74	义乌尚阳一带	低山丘陵区，以陈蔡群变质岩为母岩，岩石较易风化，发育红壤、黄壤，铜、铅、锌等重金属含量较高	柑橘、梨、桃、茶等
	Ⅱ-3-G-1	427	婺城区以南山区	中低山区，主体以花岗斑岩、二长花岗斑岩为母岩，岩石风化后呈砂状，以铊异常为特征	茶、番薯、油菜等
	Ⅱ-3-I-2	796	婺城区与武义县交界处	中低山区，主体由磨石山群酸性火山岩组成，微量元素丰富，岩石风化后土壤黏度适中，多为黄壤	茶、松、杉等
	Ⅱ-3-P-1	300	武义盆地南西段	低山丘陵区，以朝川组粉砂岩和馆头组砂泥岩为母质，以高氟为特征	梨、茶等
	Ⅱ-3-V-1	60	永康市以南	中低山区，分布局限，以安山玢岩为母质，较易风化，富含多种微量元素	柿、茶等
Ⅱ-4	Ⅱ-4-I-1	182	义乌北东	中低山区，以高坞组和西山头组酸性火山岩为母质，微量元素丰富	茶、松、杉等
	Ⅱ-4-I-2	232	东阳市北东	中低山区，以大爽组中酸性火山岩为母质，山体陡峻，土层较薄，不利重植	松、杉等
	Ⅱ-4-I-3	1818	磐安大部东阳南部	中低山区，主体由磨石山群酸性火山岩组成，微量元素丰富，岩石风化后土壤黏度适中，多为黄壤	中药材、茶、松、杉等
	Ⅱ-4-B-1	53	东阳东部	分布局限，以玄武岩夹泥岩、粉砂岩、砂砾岩、硅藻土为母岩，岩石较易风化，发育为红壤，土质黏重，富含铁、铜、铅、锌、硒等元素	中药材、茶、榧、松、杉等

续表

景观区编号	亚区编号	面积/km²	地理分布	地质地貌特征	农业景观
Ⅱ-4	Ⅱ-4-B-2	80	磐安北东	呈火山台地地貌，以嵊县组玄武岩夹泥岩、粉砂岩、砂砾岩、硅藻土为母岩，岩石较易风化，发育为红壤，土质黏重，富含铁、铜、铅、锌、硒等元素。是重要中药材种植区	中药材、茶、梨、花生、水稻、蔬菜、竹笋等
	Ⅱ-4-P-1	58	磐安南东	中低山区，以方岩组砾岩、砂砾岩为母岩，不易风化，土层薄，富钙镁	松、杉等

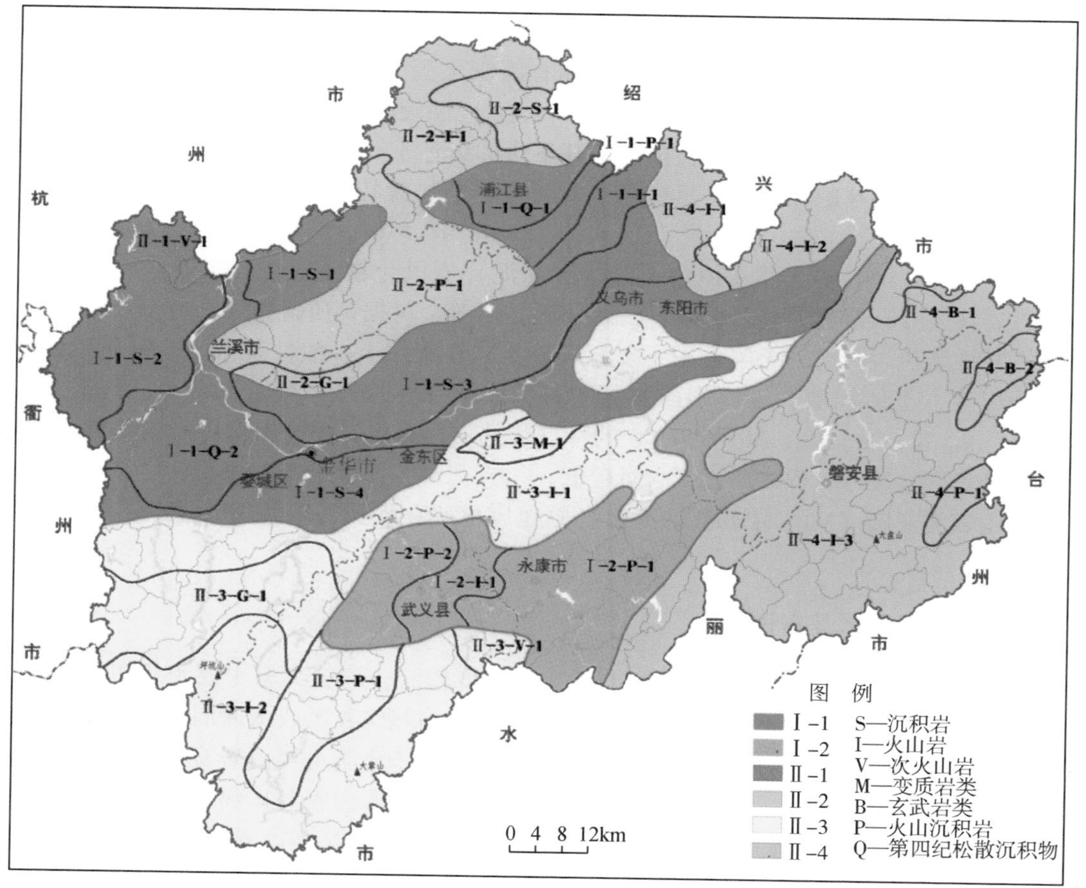

图8-1　金华区域农业地质景观分区图

1. Ⅰ类区各类亚区基本特征

本区海拔一般低于200m，相对高差小于20m，坡度小于10°，地貌类型为低丘缓坡或山间盆地堆积地貌，供水水文地质条件较好，土壤覆盖厚度较大，各类营养元素与矿物质较丰富。本区沉积物主要由更新世红土、白垩纪紫砂（泥）岩和河漫滩相粉砂、火山岩等组成。

第四纪松散沉积物分布亚区（Q）之一，主要分布于盆地中部的河流谷地两岸，沉积物主要由河漫滩相粉砂组成，分选性好，孔隙度也较好，粒度自河床向外渐细；垂向上粗、细粉砂交互成层，顶部可出现淤泥层。主要土壤类型有潮土、渗育水稻土、潴育水稻土，与沉积物的横向分带性相应，其发育的土壤类型由河床向两侧基岸呈清水砂—培泥砂田—泥质田—烂泥田规律性递变。土体深厚，质地均一、黏细，微酸性至中性，盐基饱和；质地适中，土体疏松，通透性、耕性好，渗透较快，具较好的保肥能力，是商品粮主产区。

第四纪松散沉积物分布亚区（Q）之二，发育更新世红土，主要分布于盆地内部的一、二级阶地上，常覆盖在紫色砂（泥）岩之上。一般属山溪性河流冲积类型，在山前或沟口为坡洪积或洪积类型。发育的土壤类型有黄筋泥、黄泥骨、亚黄筋泥、黄筋泥田、老黄筋泥田等，红壤与水稻土常交叉分布，凡有灌溉水源、地形较平缓处，大部已垦为水田，发育成水稻土；灌溉水源不足，或坡陡土浅，侵蚀较严重地区，多为薄层黄筋泥或黄泥骨，甚至古红土被侵蚀殆尽，直接出露其下伏的紫色土。土壤以土体深厚，质地黏重，酸性至强酸性，盐基饱和度低，具“酸、黏、瘦、旱”为特点；除 SiO_2、B 含量较高外，大部分元素较贫乏。

沉积岩类亚区（S），主要由白垩纪紫砂（泥）岩风化物组成，分布于盆地的第三阶地上，岩性主要有紫色泥岩、粉砂岩、砂（砾）岩等，可据钙质含量划分为石灰性紫色岩和非石灰性紫色岩两类。土壤类型主要有紫砂土、红紫砂土、酸性紫砂土、钙质紫泥田、紫泥砂田等，土体浅薄，土壤剖面发育不好，质地总体偏轻；具富 Si、Al，贫 K、Na、Fe、Zn、P、B、Cu、Mo、Mn、Pb、U 的特点。另一类沉积岩为同山群砂砾岩、砂岩，风化后土壤透气性较好，但矿质元素含量较低。

火山岩类亚区（V），主要酸性火山岩原地风化残积而成，以黄壤为主，矿物与元素含量丰富。

2. Ⅱ类区各亚区基本特征

本区海拔一般大于200m，相对高差较大，坡度较陡，地貌类型主要为构造侵蚀山地丘陵地貌，地下水主要为基岩裂隙水和地表潜水，除山麓沟谷区或水库周边灌溉条件相对较好外，其他地区供水条件差，土壤覆盖厚度较小，由于土壤主要由岩石地层原地风化后残积而成，易风化溶解的元素多已流失，因而土壤各类营养元素与矿物质较单一。一般不宜进行农业种植，仅在坡度较缓的山麓地带适宜种植特色果树、茶叶、中草药等经济作物。

以沉积岩类为主的亚区（S），可分为两类：一类由青白口系骆家门组、南华系休宁组以及少量早古生代海相地层风化而成，岩石已轻微变质，以砂岩、粉砂岩、泥岩为主，较易风化，其中骆家门组因富含火山物质风化后矿质元素较丰富；另一类以衢江群为主，砾岩、砂砾岩、粉砂岩、泥岩风化而成，火山岩成分较少，富含黏土，土壤多为红壤，黏性较重，透水透气性相对较差。

以火山岩为主的亚区（I），本区分布最为广泛，其中以磨石山群中酸性火山岩为主，其中大爽组火山岩更偏中性。该类岩石中以凝灰岩、角砾凝灰岩较易风化，熔结凝灰岩、流纹岩较难风化，特别是九里坪组流纹岩，一般多分布于山顶，地形陡峻，风化产物不易保存，常有裸岩出露，不宜农作物种植。火山岩区一般各类微量元素丰富，岩石风化后土壤黏度适中，多为黄壤，有利于茶、竹、果树生长。

以次火山岩类为主的亚区（V），本区主要有两类，面积均较小，一类为流纹斑岩分布区，另一类为安山玢岩区。前者与酸性火山岩特征相似，但较难风化，一般地形地貌较险峻，不宜种植。后者相对较易风化，矿物质较丰富，风化产物一般为土红色，为红壤，土质较为黏重。

以变质岩为主的亚区（M），主要分布于义乌尚阳一带，岩石较易风化，发育红壤、黄壤，土壤中铜、铅、锌等重金属含量较高。

以花岗岩类为主的亚区（G），岩石较易风化，由于长石、石英结晶较好，岩石风化后呈粗砂状，黏土矿物少，结构松散，保水、保肥能力差。

以玄武岩类为主的亚区（B），分布较为局限，主要为新近系嵊县组玄武岩的分布区，岩石较易风化，发育为红壤，土质黏重，富含铁、铜、镍、铬、锌、硒等元素。

以火山沉积岩为主的亚区（P），本区分布十分广泛，以沉积岩为主，夹有火山岩。以建德群或永康群、天台群地层为代表，含火山岩成分较多，以砂砾岩为主，泥质或钙质胶结，风化后土壤透水与透气性较好，富含钙、镁等元素，局部萤石矿富集区，氟含量特别高。

8.3　特色农产品种植优化布局

农业地质认为，生物体的元素组成，取决于两个方面的特征，一是地质环境性质（母岩、母质、土壤及地球化学），它能够为生物提供何种元素；二是生物体对化学元素吸收的特性（基因、品种等）。对本市一些特色农产品内在品质与地学关系的研究，揭示了优质农产品种植的地质背景、地球化学环境条件的特征和规律，为科学规划种植、优化布局调整提供了依据。让特色农产品种植在最适宜的环境中，对于规模化生产和产品品质的提升都具有现实意义。

8.3.1　优质茶种植区划

在茶叶种植规模化、产业化的大背景下，茶叶品质的优劣成为茶经济发展的关键所在。从生态学的角度，优良品质是茶树对其生长特定立地环境的响应。就大区域范围而言，茶树的生长与地形、气候有关，而在局部种植区，地质体岩性、成土母质、地球化学及环境则是影响茶叶品质的重要因素。

通过对茶叶种植适宜性的研究，建立了适宜性指标（表8-2），并依此进行了种植区划（图8-2）。

表 8-2　茶叶种植适生模式指标

因子	指标	最适宜	次适宜	适宜	不适宜
气候	年均气温/℃	14～16	14～16	14～16	<14，>16
	积温（$\Sigma T\geqslant 10\%$）	4300～5000	4300～5000	4300～5000	<4300，>5000
	年降水量/mm	2000～3000	1000～2000	1000～2000	<1000
地貌	地形地貌	低山丘陵	低山丘陵	低山丘陵	平原
土壤	pH	酸性	强酸性	强酸性	强酸性、中性
	肥力	高	中等	中等	一般
	微量元素	高 Si、K，低 Al、Fe	中 Si、K，低 Al、Fe、Ca	中 Si、K，低 Al、Fe、Ca	低 Si、K、高 Al、Fe、Ca

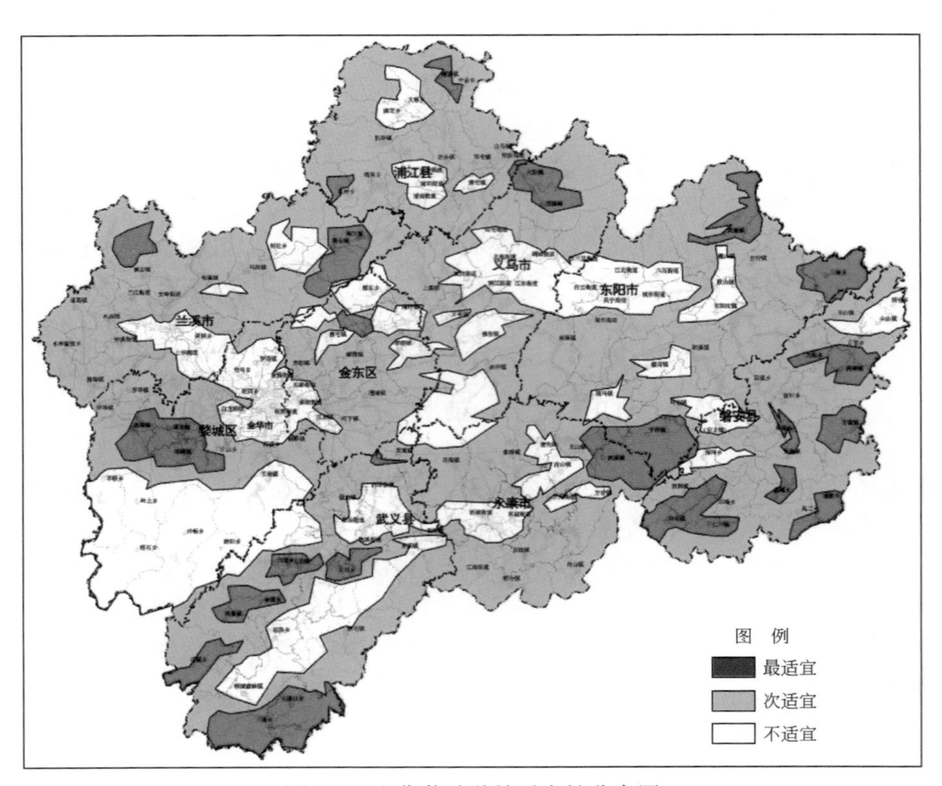

图 8-2　金华茶叶种植适宜性分布图

8.3.2　枇杷种植区划

枇杷在生长发育过程中要求较高的温度，一般年平均温度 12℃ 以上即能生长，而 15℃以上则更适宜。但枇杷不同生长发育期和植株的不同器官对温度的要求和适应能力是不同的；枇杷对地形地势要求不严，通常丘陵、山地、平原和滩涂都可种植。但坡度过大或山脊突出地段，土壤较瘠薄，保水能力差，且易受风害、旱害，对浅根系植物——枇杷生长发育的影响较大，不宜大面积栽培；选择山地栽培时，山坡方向一般以南向或东南向为宜，特别在枇杷栽培北线容易受西北寒流袭击，不宜选择北向或西北向山坡进行枇杷栽培。另外，坡向不同，接受太阳辐射量不同，光、热、水等生态条件有明显的差异。南坡日照充足，气温较高，枇杷生长势较旺，而北坡则相反；优质枇杷产地土壤以砂质岩、中酸性火山岩类发育而成的红壤较适宜，因为这种土壤土体深厚、质地适中，有利于根系发育。枇杷对土壤有机质含量和酸碱度的要求不严，但以土壤有机质含量为 2% ~3% 、pH 为 6 时最适宜。

依据各适宜性指标，对枇杷种植的适宜性进行了区划（图 8-3），其中最适宜面积占 12.8% ，不适宜面积占 33.6% 。

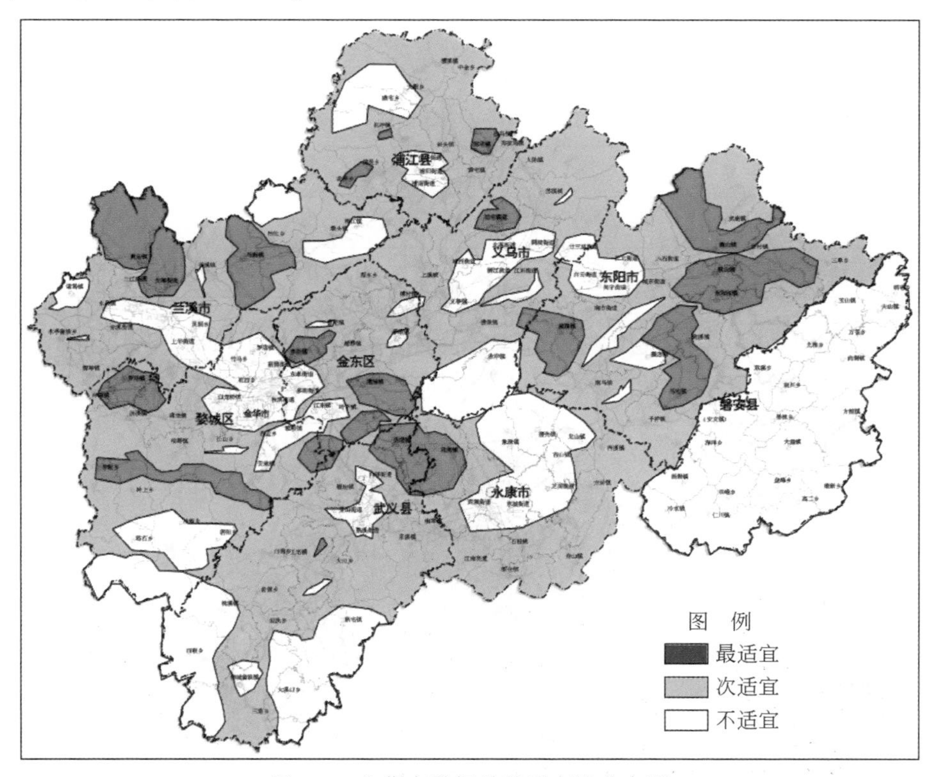

图 8-3　金华市枇杷种植适宜性分布图

8.3.3　桃形李种植区划

桃形李品质优劣与土壤地质背景具有相关性，土壤地质背景的差异导致桃形李的外观品质与内在品质产生明显的差异，在一定程度上影响了桃形李的商品性。土壤中 K、Ca、Mg、Fe、Cu、Zn、P、B、Si 等元素的丰富协调，对于促进桃形李生长发育，提高桃形李果实品质具有重要意义。根据对浦江桃形李适生性的地学研究，结合金华的自然地理特点，将桃形李种植的适宜性指标总结于表 8-3。

表 8-3　桃形李种植适宜模式指标

因子		最适宜	次适宜	不适宜
自然地理	年均气温/℃	14～16.6	14～16.6	14～16.6
	积温（ΣT ≥10%）	4500～5100	4500～5100	4500～5100
	年降水量/mm	1600～1500	1500～1300	1300～1100
	地形地貌	坡麓地带，阳坡	低山丘陵，阳坡	低山丘陵，阴坡
地质背景	地层岩性	白垩系沉积岩组	火山沉积岩组	火山熔岩、基性岩类
	成土母质	钙质砂泥岩风化物	砂泥岩夹凝灰岩风化物	熔岩类风化物
	化学元素	Ca、B、Cu、Zn、Si、K、Fe、P 含量丰富	Ca、B、Cu、Zn、Si、K、Fe、P 含量中等	矿质元素贫乏
土壤理化性质	酸碱性	酸性	强酸性	碱性
	土层厚度/m	>1	1～0.5	<0.5
	肥力水平	高、氮磷钾比适当	中等	中等
	环境质量	Ⅰ级	Ⅰ－Ⅱ级	>Ⅲ级

金华桃形李种植最适宜面积在 5.27 万 ha 左右，占 4.8%；次适宜 56.7 万 ha，占 51.8%；不适宜 47.83 万 ha，占 43.3%（图 8-4）。

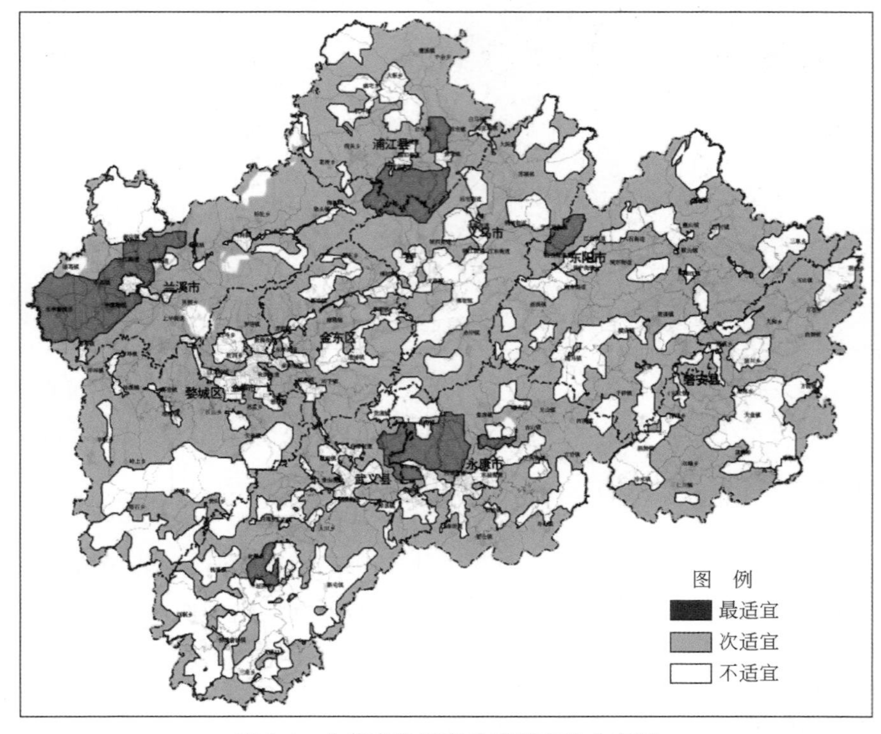

图 8-4　金华市桃形李种植适宜性分布图

8.4　农业资源环境保护区划

地质环境是农业自然环境的重要组成部分，在现代社会，由于农业科学技术和生产力的高度发展，人类对农业环境的影响越来越大。大量事实表明，农业自然环境质量的变化，已成为阻碍农业发展的重要原因，农业环境已不只是一个抽象的空间场所，而是农业生态系统生产能力的重要物质保证和必备前提。确立以资源环境保护为核心的农业发展战略，是当前面临的迫切任务，金华市农业地质环境调查，无疑为实施这一战略奠定了基础。

8.4.1　永久基本农田保护区划定

科学划定永久性优质农田保护区，是落实最严格的耕地保护制度及《基本农田保护条例》，坚守18亿亩耕地红线和保障国家粮食安全的重大措施。永久基本农田基于基本农田，又有别于基本农田，为确保优质耕地资源的永续利用，满足现代农业和经济社会可持续发展的需要，重点在基本农田范围内划出农业基础好、土壤肥沃、环境质量优良、抗灾能力强的优质农田或经建设提升至可实现高产稳产目标的农田永久性保护。

本次调查工作，为永久基本农田的划定，提供了系统的、准确翔实的资料。耕地（土壤）的养分丰缺状况、环境质量状况、健康状况的查明，以及土地质量的综合评价，为永久基本农田划定与保护奠定了基础。全市共划出适宜地区27个，面积4410km^2（图8-5，表8-4），这些范围内的耕地可以建设“粮食生产功能区”、“现在农业园区”、“高标准基本农田”和各类农业产业生产基地。

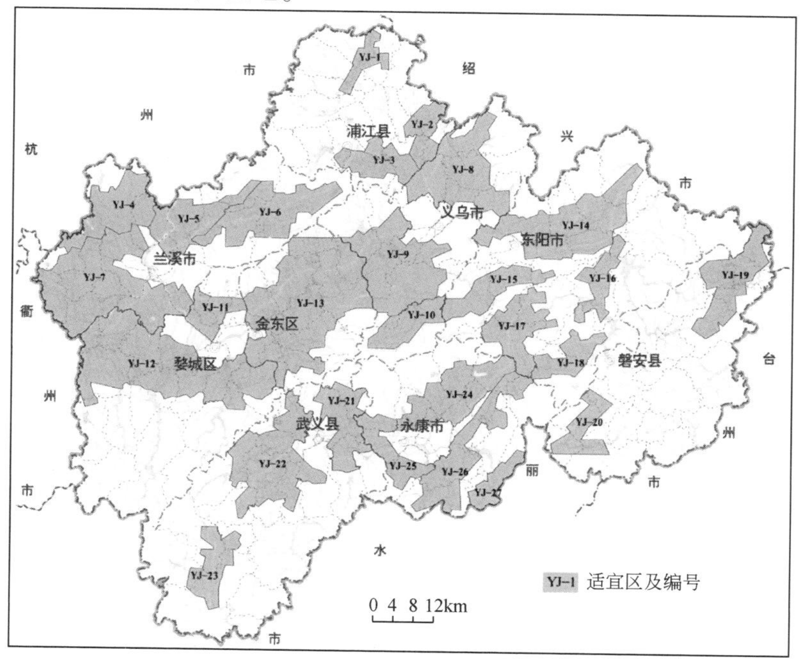

图8-5　金华市永久基本农田划定适宜分布图

表 8-4 金华市永久基本农田划定适宜区划一览表

名称及编号	地理分布	面积/km^2	土地特点	土壤质量特征
浦江县檀溪-大畈适宜区 YJ-1	浦江县檀溪镇、大畈乡、虞宅乡	47	低丘缓坡及河谷地，土壤类型以红壤为主，少量水稻土，表层土壤呈酸性，土地利用以林地为主，其次为水田和果园	土壤综合质量以二等为主，局部为中等
浦江县白马-郑宅适宜区 YJ-2	浦江县白马镇、郑宅镇、黄宅镇、郑家坞镇	66	缓坡地、岗地，土壤类型为紫色土、水稻土，表层土壤呈弱酸性-酸性，土地利用为水田、林地	土壤综合质量为一、二等
浦江县浦阳-黄宅适宜区 YJ-3	浦江县浦阳街道、黄宅镇、浦南街道等	91	地势平坦、土地平整、连片，土壤类型为水稻土，表层土壤呈酸性，土地利用为水田	土壤综合质量以二等为主，局部为中等
兰溪市黄店-永昌适宜区 YJ-4	兰溪市黄店镇、永昌镇、诸葛镇、女埠街道等	149	低丘缓坡及河谷地，土壤类型为粗骨土、紫色土、红壤和水稻土，表层土壤呈酸性，土地利用为果园、水田和林地	土壤综合质量以二等为主，局部为中等
兰溪市女埠-香溪适宜区 YJ-5	兰溪市女埠街道、香溪镇、马涧镇、柏社乡等	132	以平原岗地为主，土壤类型为水稻土、红壤和紫色土，表层土壤呈酸性—中性，土地利用以水田、园地为主	土壤综合质量以二等为主，局部为中等
兰溪市马涧-柏社适宜区 YJ-6	兰溪市马涧镇、柏社乡、梅江镇、横溪镇等	188	低丘缓坡及河谷地，土壤类型为紫色土和水稻土，表层土壤呈酸性—中性，土地利用为果园、水田和林地	土壤综合质量以二等为主，局部为一等、中等
兰溪市诸葛-游埠适宜区 YJ-7	兰溪市诸葛镇、永昌镇、兰江街道、水亭、赤溪街道、游埠镇和上华街道等	384	以平原岗地为主，土壤类型为水稻土，表层土壤呈中性，土地利用以水田为主	土壤综合质量以二等为主
义乌市大陈-苏溪适宜区 YJ-8	义乌市大陈镇、苏溪镇、后宅街道、稠城街道等	225	以平原岗地为主，土壤类型为水稻土、粗骨土、岩性土和红壤，表层土壤呈中性—酸性，土地利用以林地、水田为主	土壤综合质量以二等为主，少量一等
义乌市城西-上溪适宜区 YJ-9	义乌市城西街道、上溪镇、稠江街道、义亭镇、佛堂镇	256	地势平坦、土地平整、连片，土壤类型为水稻土，表层土壤呈中性，土地利用为水田	土壤综合质量为二等
义乌市赤岸适宜区 YJ-10	义乌市赤岸镇等	83	低丘缓坡及河谷地，土壤类型为红壤和水稻土，表层土壤呈酸性，土地利用为果园、水田和林地	土壤综合质量以二、三等为主，此区为原生 Cd 高背景区，且土壤富硒

续表

名称及编号	地理分布	面积/km²	土地特点	土壤质量特征
婺城区罗店-竹马适宜区 YJ-11	婺城区罗店镇、竹马乡等	66	地势平坦、土地平整、连片，土壤类型为水稻土，表层土壤呈中性，土地利用为水田	土壤综合质量为二、三等，局部 Cd 呈重度污染
婺城区罗埠-洋埠适宜区 YJ-12	婺城区罗埠镇、洋埠镇、汤溪镇、蒋堂镇、琅琊镇、长山乡、苏孟乡、雅畈镇等	451	以平原岗地为主，土壤类型为水稻土、紫色土和红壤，表层土壤呈酸性，土地利用以水田为主	土壤综合质量以一、二等为主，少量三等
金东区适宜区 YJ-13	金东区	476	以平原岗地为主，土壤类型为水稻土、紫色土，表层土壤呈中性—酸性，土地利用以水田为主	土壤综合质量以二等为主，少量一、三等
东阳市虎鹿-巍山适宜区 YJ-14	东阳市虎鹿镇、巍山镇、六石街道、江北街道、城东街道等	263	地势平坦、土地平整、连片，土壤类型为水稻土，表层土壤呈中性—酸性，土地利用为水田	土壤综合质量以一、二等为主
东阳市南市-画溪适宜区 YJ-15	东阳市南市街道、画溪镇等	99	以平原岗地为主，土壤类型为水稻土、紫色土，表层土壤呈中酸性，土地利用以水田为主	土壤综合质量以一、二等为主
东阳市东阳江-湖溪适宜区 YJ-16	东阳市东阳江镇、湖溪镇等	71	低丘缓坡及河谷地，土壤类型为水稻土、紫色土，表层土壤呈酸性，土地利用以水田为主	土壤综合质量以一、二等为主
东阳市横店-南马适宜区 YJ-17	东阳市横店镇、南马镇等	127	低丘缓坡及河谷地，土壤类型为水稻土、紫色土和粗骨土，表层土壤呈中酸性，土地利用以水田为主	土壤综合质量以一、二等为主
东阳市马宅-千祥适宜区 YJ-18	东阳市马宅镇、千祥镇等	72	低丘缓坡及河谷地，土壤类型为水稻土、紫色土，表层土壤呈中酸性，土地利用以水田、林地为主	土壤综合质量以一、二等为主
磐安县胡宅-玉山适宜区 YJ-19	磐安县胡宅乡、玉山镇、尖山镇、万苍乡和尚湖镇等	148	低丘缓坡及河谷地，土壤类型为红壤、水稻土，表层土壤呈酸性，土地利用以水田、林地为主	土壤综合质量以一、二等为主
磐安县新渥-冷水适宜区 YJ-20	磐安县新渥镇、冷水镇等	75	低丘缓坡及河谷地，土壤类型为红壤，表层土壤呈酸性，土地利用以旱地、林地为主	土壤综合质量以二等为主

续表

名称及编号	地理分布	面积/km^2	土地特点	土壤质量特征
武义县白洋-桐琴适宜区 YJ-21	武义县白洋街道、桐琴镇和泉溪镇等	118	以平原岗地为主，土壤类型为红壤、水稻土，表层土壤呈酸性，土地利用为林地、园地、水田	土壤综合质量以二等为主
武义县履坦-壶山适宜区 YJ-22	武义县履坦镇、壶山街道、王宅镇等	253	地势平坦、土地平整、连片，土壤类型为紫色土、水稻土，表层土壤呈酸性，土地利用为水田、园地和林地	土壤综合质量以一、二等为主
武义县桃溪-柳城适宜区 YJ-23	武义县桃溪镇、柳城等	94	低丘缓坡及河谷地，土壤类型为岩性土、紫色土、水稻土，表层土壤呈中酸性，土地利用以水稻、旱地、林地为主	土壤综合质量以三等为主
永康市象珠-唐先适宜区 YJ-24	永康市象珠镇、唐先镇、龙山镇、江南街道等	174	地势平坦、土地平整、连片，土壤类型为水稻土、紫色土，表层土壤呈中酸性，土地利用为水田	土壤综合质量以一、二等为主
永康市花街-西城适宜区 YJ-25	永康市花街镇、西城街道和江南街道等	86	地势平坦、土地平整、连片，土壤类型为水稻土、红壤，表层土壤呈酸性，土地利用为水田、林地	土壤综合质量以一、二等为主
永康市西溪-古山适宜区 YJ-26	永康市西溪镇、古山镇、石柱镇、南仓镇等	174	地势平坦、土地平整、连片，土壤类型为水稻土、紫色土，表层土壤呈酸性，土地利用为水田、林地	土壤综合质量以一、二等为主
永康市舟山适宜区 YJ-27	永康市舟山镇	50	低丘缓坡及河谷地，土壤类型为岩性土，表层土壤呈酸性，土地利用以林地、水田为主	土壤综合质量以二等为主

8.4.2 富硒土壤资源保护区划

依据富硒土壤的可利用价值评估，全市共划定婺城区蒋堂-琅琊富硒区、兰溪市上华富硒区、义乌市赤岸富硒区、磐安县玉山富硒区等富硒土壤保护区共12处（图8-6）。充分利用富硒土地资源，科学开发富硒产品，实现资源优势向经济优势的转化，是对富硒资源保护最有价值的思路，是转变农业经济发展方式的新途径。

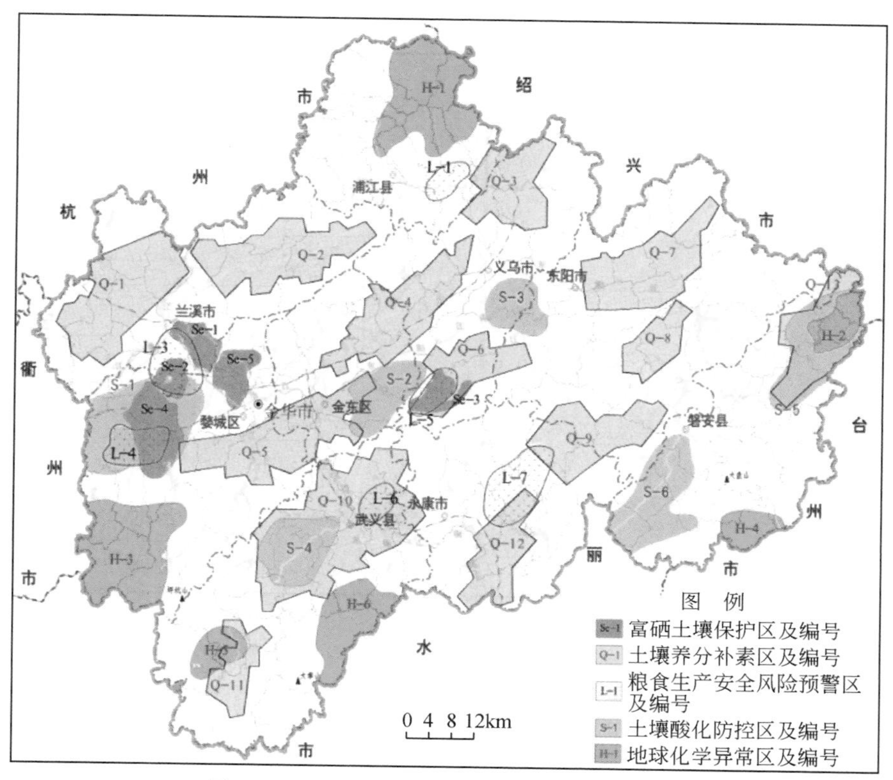

图 8-6　金华市农业地质环境保护综合区划图

8.4.3　土壤缺素区划

依据土壤养分分级评价结果，将金华市范围内相对集中连片含量水平在五至六级的土壤圈定划出，确定为缺素区，共圈出补素区 13 处（图 8-6，表 8-5），土壤中营养组分的丰缺，是衡量土壤肥力高低的重要指标，有机质、硼和钼的缺乏具有普遍性。缺素区即为补素区，划出缺素区，可为农业部门耕地质量提升工作提供靶区，为“测土配方”工程实施提供依据。

表 8-5　金华地区耕地土壤缺素区一览表

名称	编号	面积/km^2	含量水平		
			有机质/%	有效硼/(mg/kg)	有效钼/(mg/kg)
兰溪永昌有机质、硼、钼缺乏区	Q-1	289	0.83 ~2.87	0.08 ~0.25	0.05 ~0.20
兰溪马涧硼缺乏区	Q-2	255	0.98 ~2.83	0.06 ~0.22	0.04 ~0.10
义乌大陈钼、硼缺乏区	Q-3	173	0.84 ~3.25	0.09 ~0.22	0.06 ~0.17
金东孝顺-义乌义亭有机质、硼、钼缺乏区	Q-4	245	0.89 ~2.64	0.05 ~0.29	0.05 ~0.21

续表

名称	编号	面积/km²	含量水平		
			有机质/%	有效硼/(mg/kg)	有效钼/(mg/kg)
婺城苏孟-金东澧浦硼缺乏区	Q-5	294	1.20～3.01	0.05～0.20	0.05～0.16
义乌赤岸硼缺乏区	Q-6	154	1.47～3.15	0.07～0.16	0.07～0.18
东阳六石钼、硼缺乏区	Q-7	243	1.04～2.85	0.06～0.18	0.04～0.19
东阳湖溪硼缺乏区	Q-8	92	1.54～3.70	0.07～0.17	0.05～0.22
永康龙山-东阳马宅钼、硼缺乏区	Q-9	200	1.10～3.82	0.06～0.16	0.03～0.16
武义硼缺乏区	Q-10	499	1.20～3.65	0.06～0.18	0.04～0.15
武义柳城钼、硼缺乏区	Q-11	102	1.37～2.65	0.06～0.20	0.03～0.12
永康石柱钼、硼缺乏区	Q-12	151	1.06～3.42	0.06～0.20	0.03～0.18
磐安玉山硼缺乏区	Q-13	213	1.71～3.40	0.07～0.19	0.05～0.19

8.4.4 土壤酸化防控区划

土壤酸化是农业环境的又一个新问题。土壤酸化，可加速土壤中含铝的原生和次生矿物风化，释放出大量的铝离子造成对作物的危害；酸化也可以加速土壤矿质营养元素的流失，改变土壤结构，导致土壤贫瘠化；酸化也是造成土壤中重金属生物效应增强的重要因素。在自然条件下，酸化是缓慢的过程，而高投入、集约化、设施化的农业生产及酸雨频发是造成酸化的主要原因。

根据调查实测数据，把土壤 pH 在 5.0～4.5 和<4.5 的强酸—极强酸地区划出，作为必须控制和实施土壤改良的地区，全市共划出 6 个土壤酸化防控区（图 8-6，表 8-6），即婺城汤溪、金东澧浦、义乌江东、武义王宅、磐安玉山、磐安新渥酸化区。

表 8-6　金华地区土壤酸化防控区一览表

名称及编号	面积/km²	土地利用方式	土壤 pH 比例/%		
			5.5～5.0	5.0～4.5	<4.5
婺城汤溪酸化区 S-1	290	以耕地为主	17.4	48.0	25.3
金东澧浦酸化区 S-2	118	以耕地为主	21.9	39.8	24.2
义乌江东酸化区 S-3	86	以耕地为主	15.8	40.4	22.8
武义王宅酸化区 S-4	134	耕地、果园	21.2	45.4	27.4
磐安玉山酸化区 S-5	205	耕地、茶园	25.2	34.6	23.5
磐安新渥酸化区 S-6	188	耕地、茶园	31.2	36.3	14.1

8.4.5　地球化学异常监测区划

地球化学异常，是在地质作用（成岩作用、成矿作用、表生作用等）下，形成的化学元素显著超出背景的现象，依据地质背景条件和元素地球化学特征及空间分布特点，共圈出 8 处地球化学异常监测区（图 8-6，表 8-7），在正常自然状态下，这些异常一般不会造成大的危害（异常主要分布在山区林地），一旦外部环境条件发生变化，极易造成对土壤生态环境的影响，是需要予以监测的地区，尤其是水源地保护区的地球化学异常。

表 8-7　典型地球化学异常监测区一览表

元素	名称及编号	面积/km^2	伴生异常元素	异常地质成因
砷（As）	浦江东北部砷异常区 As-1	193	F、Cu	与玄武岩的风化富集作用有关
	婺城东南部砷异常区 As-2	39	F、Cd、Tl、Pb	与硫化矿物的矿化作用有关
铜（Cu）	磐安尖山铜异常区 Cu-1	63	Fe、Ni、Cr、Co	与玄武岩的风化富集作用有关
	永康方岩铜异常区 Cu-2	27	Zn、Pb、Cd	与安山玢岩的风化富集作用有关
镉（Cd）	婺城塔石镉异常区 Cd-1	241	Zn、Pb、Tl、Cu	与岩浆活动集成广作用有关
	磐安高二镉异常区 Cd-2	47	Zn	与岩性有关
氟（F）	武义桃溪氟异常区 F-1	65	Cu、S	朝川组下段、馆头组等高氟含量岩石（局部玄武质成分侵入混染）风化、富集
	武义新宅氟异常区 F-2	138	Tl、Pb	朝川组下段、馆头组、西山头组及安山玢岩等高氟含量岩石风化、富集

参考文献

陈林华，倪吾钟，李雪莲，等．2009. 常用肥料重金属含量的调查分析．浙江理工大学学报，26（2）：223-227

高业新，申建梅，刘文生，等．2008. 元氏石榴品质与岩土地球化学特征关系研究．中国生态学报，16（1）：52-56

关共凑，徐颂，黄金国．2006. 重金属在土壤-水稻体系中的分布、变化及迁移规律分析．生态环境，15（2）：315-318

黄明丽．2007. 苏南典型区土壤-作物系统重金属的空间分布及健康风险评价研究．南京大学博士学位论文

金华市农业区划委员会办公室．1987. 金华市农业资源与综合区划．杭州：浙江科学技术出版社

金华市统计局．2012. 金华市统计年鉴 2012. 北京：中国统计出版社

金华市土壤肥料工作站．1989. 金华市土壤．上海：上海交通大学出版社

李家熙，张光第，葛晓云，等．2000. 人体硒缺乏与过剩的地球化学环境特征及其预测．北京：地质出版社

李永华，王五一．2002. 硒的土壤环境化学研究进展．土壤通报，33（3）：230-233

梁月荣．2004. 绿色食品茶叶生产顶尖指南．北京：中国农业出版社：12-17

廖金凤．1998. 海南省土壤中的硒．地域研究与开发，17（2）：62-68

刘铮．1996. 中国土壤微量元素．南京：江苏科学技术出版社

潘贵仁，李春燕，邢海斌．2000. 唐山市大气颗粒物源解析研究．环境保护科学，22（5）：34-36

衢州市质量技术监督局．2010. DB3308/T 18 富硒土壤评价标准

邵时雄，侯春堂．1999. 中国农业地学研究新进展．Hong Kong：Scientist Press International，Inc.

沈轶，陈立民，孙久宽，等．2002. 上海市大气 PM2.5 中 Cu，Zn，Pb，As 等元素的浓度特征．复旦大学学报（自然科学版），41（4）：405-408

孙东怀，安芷生，苏瑞侠，等．2001. 古环境中沉积物粒度组分分离的数学方法及其应用．自然科学进展，11（3）：269-276

谭建安．1989. 中华人民共和国地方病与环境图集．北京：科学出版社：45-46

唐根年，陆景冈，王援高，等．2001. 浙江省及其邻近地区名茶形成的土壤地质环境分析．茶叶科学，21（2）：85-89

汪庆华，唐根年，李睿，等．2007. 浙江省特色农产品立地地质背景研究．北京：地质出版社

王起超，麻壮伟．2004. 某些市售化肥的重金属含量水平及环境风险．农村生态环境，20（2）：62-64

魏孝孚．1993. 浙江土种志．杭州：浙江科学技术出版社

吴绍华．2009. 经济快速发展下土壤重金属积累过程模拟及风险预测预警．南京大学博士学位论文

夏家淇，骆永明．2006. 关于土壤污染的概念和 3 类评价指标的探讨．生态与农村环境学报，22（1）：87-90

杨丽萍，陈发虎．2002. 兰州市大气降尘污染物来源研究．环境科学学报，22（4）：499-503

张俊清，刘明生，符乃光，等．2002. 中药材微量元素及重金属研究的意义与方法．中国野生植物，21（3）：48-49

章海波，骆永明，吴龙华，等．2005. 香港土壤研究 II. 土壤硒的含量、分布及其影响因素．土壤学报，42（3）：404-410

浙江省地质矿产局．1996. 浙江省岩石地层．武汉：中国地质大学出版社

Lantzy R，Mackenzie F. 1979. Atmospheric trace metals：global cycles and assessment of man's impact. Geochimica et Cosmochimica Acta，43（4）：511-525

Wu S H，Zhou S L，Yang D Z，et al. 2008. Spatial distribution and sources of soil heavy metals in the outskirts of Yixing city，Jiangsu province，China. Chinese Science Bulletin，53（Z1）：162-170

后　　记

时间进入21世纪第二个十年，全国以省部合作的方式开展的农业地质项目相继完成，当大多数省区还在为农业地质向何处去而纠结的时候，浙江的农业地质正在向深度和广度拓展。金华市农业地质环境调查项目的实施，也意味着浙江农业地质工作踏上了新的征程。金华市农业地质环境调查，历经三年，取得了多方面、多层次的调查研究成果，有些成果填补了空白，有些成果属首次发现，有些成果具有重要的科学价值，有些成果已经取得了显著的经济社会效益。基于这些调查成果，本着深化成果认识和促进成果交流之意，我们编著了《浙江金华地区农业地学研究》一书，希望能与全国的农业地质工作者产生共鸣。

从项目执行到本书完成，是多方面协作配合的结果，是集体劳动和智慧的结晶。参与项目工作的主要人员有：黄春雷、宋明义、魏迎春、简中华、殷汉琴、郑文、蔡子华、龚日祥、冯立新、周宗尧、徐明星、马学文、曲颖、岑静、潘卫丰、孔向军、陈华民、黄昭权、郑存江、钱东南、祝泽刚、袁名安等。参加过本项目工作的还有褚先尧、康占军、刘军保、任荣富、李恒溪、韩宁华、徐琼、朱子春、郑寨生、谢少娟、胡艳华、李向远、解怀生、施丽莎、魏颖亮等。

金华市农业地质环境调查，从项目立项设计、调查评价到成果应用转化整个过程，始终得到了浙江省国土资源厅和金华市人民政府领导的关心和支持。省国土资源厅在项目统筹协调与年度工作落实等方面，为调查工作的顺利推进，提供了有力的组织领导保障。金华市人民政府专门成立多部门参加的项目工作领导小组，负责各子项目实施方案审查、野外验收、子课题成果评审及相关协调工作，为项目工作提供了重要的业务支持。金华市国土资源局、农业局、财政局、环保局、质监局，金华市土肥站、疾控中心，婺城区、金东区、兰溪市、东阳市、义乌市、永康市、浦江县、武义县、磐安县国土资源局（分局）、农业（林）局，磐安县中药材站，婺城区蒋堂、兰溪市上华、义乌市赤岸镇政府（街道办）和浙江旺盛达农业开发有限公司、金华市蒋堂建富粮食专业合作社、金华市愚汉爱清近原生态农业研究所等部门、单位为调查工作的开展提供了大力的支持，在此表示衷心的感谢。

同时还要感谢中国科学院南京土壤研究所赵其国院士，南京大学薛禹群院士，中国地质调查局奚小环、肖桂义教授级高级工程师，中国地质调查局农业地质应用研究中心董岩翔、汪庆华教授级高级工程师，中国地质大学（北京）杨忠芳教授，中国地质科学院物化探研究所周国华教授级高级工程师，南京地质调查中心陈国光教授级高级工程师，浙江省国土资源厅邱鸿坤处长、胡开明、周展高级工程师，浙江省农业厅朱有为研究员，浙江大学翁焕新教授，浙江省农业科学院符建荣研究员等对项目开展和本书编写给予的指导和帮助。

中国地质调查局农业地质应用研究中心潘圣明主任在百忙之中认真审阅了本书，并为之作序，令作者们备受鼓舞，在此特别致谢！